计算机科学丛书

MATLAB
数值计算

[美] 克利夫·B. 莫勒（Cleve B. Moler）著

喻文健 译

Numerical Computing with MATLAB

Numerical Computing with MATLAB

典藏版

Cleve B. Moler

siam

机械工业出版社
China Machine Press

图书在版编目（CIP）数据

MATLAB 数值计算（典藏版）/（美）克利夫·B. 莫勒（Cleve B. Moler）著；喻文健译.
—北京：机械工业出版社，2020.3
（计算机科学丛书）
书名原文：Numerical Computing with MATLAB

ISBN 978-7-111-64966-3

I. M⋯　II. ①克⋯　②喻⋯　III. 计算机辅助计算 – Matlab 软件 – 高等学校 – 教材
IV. TP391.75

中国版本图书馆 CIP 数据核字（2020）第 039497 号

本书版权登记号：图字　01-2019-7981

Numerical Computing with MATLAB（ISBN 978-0-89871-560-6）by Cleve B. Moler,
copyright © 2004 by Society for Industrial and Applied Mathematics.

Published by China Machine Press with permission.

Chinese edition copyright © 2020 by China Machine Press.

本书中文简体字版由美国 Society for Industrial and Applied Mathematics 授权机械工业出版
社独家出版。未经出版者书面许可，不得以任何方式复制或抄袭本书内容。

本书是关于数值方法、MATLAB 软件和工程计算的优秀教材，着重介绍数学软件的使用及其内在
的高效算法。主要内容包括：MATLAB 介绍、线性方程组、插值、方程求根、最小二乘法、数值积分、
常微分方程、傅里叶分析、随机数、特征值与奇异值、偏微分方程。本书配备大量 MATLAB 示例源代
码及习题，其中涉及密码学、Google 网页分级、大气科学和图像处理等前沿问题，可以帮助读者快速
掌握数学函数的正确使用及 MATLAB 编程技巧。

本书适合作为高年级本科生或研究生的教材，也可供相关科研人员参考。

出版发行：机械工业出版社（北京市西城区百万庄大街 22 号　邮政编码：100037）
责任编辑：何　方　　　　　　　　　　　　　责任校对：殷　虹
印　　刷：大厂回族自治县益利印刷有限公司　版　　次：2020 年 4 月第 1 版第 1 次印刷
开　　本：185mm×260mm　1/16　　　　　　　印　　张：17.5
书　　号：ISBN 978-7-111-64966-3　　　　　　定　　价：69.00 元

客服电话：（010）88361066　88379833　68326294　　投稿热线：（010）88379604
华章网站：www.hzbook.com　　　　　　　　　　　　读者信箱：hzjsj@hzbook.com

版权所有·侵权必究
封底无防伪标均为盗版
本书法律顾问：北京大成律师事务所　韩光 / 邹晓东

文艺复兴以来,源远流长的科学精神和逐步形成的学术规范,使西方国家在自然科学的各个领域取得了垄断性的优势;也正是这样的优势,使美国在信息技术发展的六十多年间名家辈出、独领风骚。在商业化的进程中,美国的产业界与教育界越来越紧密地结合,计算机学科中的许多泰山北斗同时身处科研和教学的最前线,由此而产生的经典科学著作,不仅擘划了研究的范畴,还揭示了学术的源变,既遵循学术规范,又自有学者个性,其价值并不会因年月的流逝而减退。

近年,在全球信息化大潮的推动下,我国的计算机产业发展迅猛,对专业人才的需求日益迫切。这对计算机教育界和出版界都既是机遇,也是挑战;而专业教材的建设在教育战略上显得举足轻重。在我国信息技术发展时间较短的现状下,美国等发达国家在其计算机科学发展的几十年间积淀和发展的经典教材仍有许多值得借鉴之处。因此,引进一批国外优秀计算机教材将对我国计算机教育事业的发展起到积极的推动作用,也是与世界接轨、建设真正的世界一流大学的必由之路。

机械工业出版社华章公司较早意识到"出版要为教育服务"。自1998年开始,我们就将工作重点放在了遴选、移译国外优秀教材上。经过多年的不懈努力,我们与Pearson、McGraw-Hill、Elsevier、MIT、John Wiley & Sons、Cengage等世界著名出版公司建立了良好的合作关系,从它们现有的数百种教材中甄选出Andrew S. Tanenbaum、Bjarne Stroustrup、Brian W. Kernighan、Dennis Ritchie、Jim Gray、Afred V. Aho、John E. Hopcroft、Jeffrey D. Ullman、Abraham Silberschatz、William Stallings、Donald E. Knuth、John L. Hennessy、Larry L. Peterson等大师名家的一批经典作品,以"计算机科学丛书"为总称出版,供读者学习、研究及珍藏。大理石纹理的封面,也正体现了这套丛书的品位和格调。

"计算机科学丛书"的出版工作得到了国内外学者的鼎力相助,国内的专家不仅提供了中肯的选题指导,还不辞劳苦地担任了翻译和审校的工作;而原书的作者也相当关注其作品在中国的传播,有的还专门为其书的中译本作序。迄今,"计算机科学丛书"已经出版了近500个品种,这些书籍在读者中树立了良好的口碑,并被许多高校采用为正式教材和参考书籍。其影印版"经典原版书库"作为姊妹篇也被越来越多实施双语教学的学校所采用。

权威的作者、经典的教材、一流的译者、严格的审校、精细的编辑,这些因素使我们的图书有了质量的保证。随着计算机科学与技术专业学科建设的不断完善和教材改革的逐渐深化,教育界对国外计算机教材的需求和应用都将步入一个新的阶段,我们的目标是尽善尽美,而反馈的意见正是我们达到这一终极目标的重要帮助。华章公司欢迎老师和读者对我们的工作提出建议或给予指正,我们的联系方法如下:

华章网站:www.hzbook.com

电子邮件:hzjsj@hzbook.com

联系电话:(010)88379604

联系地址:北京市西城区百万庄南街1号

邮政编码:100037

华章科技图书出版中心

数值计算，也称为科学计算（scientific computing），已成为当今科学研究的三种基本手段之一。它是计算数学、计算机科学和其他工程学科相结合的产物，并随着计算机的普及和各门类科学技术的迅速发展日益受到人们的重视。发达国家普遍比较重视数值计算在科学与工程中的研究和应用，甚至将其作为衡量国家综合实力的一个重要方面。近年来，科学技术逐渐发展到纳米时代，新技术、高科技领域产生出大量高复杂度计算问题，更使得对数值计算的重视达到空前的程度。

国内外现有的数值计算和数值分析的教材很多，本书就是其中非常出色的一本。它不像一般的教材那样主要进行原理性的介绍，而更着重于介绍数学软件的使用及其内在的高效算法。同时，书中的应用实例涉及密码学、Google 网页分级、大气科学和图像处理等科技前沿问题，这使得它不同于一般的数值分析教材，更适合于高年级本科生、研究生以及相关科研人员学习和参考。

与国内外同类教材相比，本书最大的特色包括：

1. 权威作者。作者 Cleve B. Moler 博士，是出品 MATLAB 软件的美国 MathWorks 公司的创始人之一，现任公司首席科学家兼董事长。他曾在美国著名大学担任教授达 20 年之久，并撰写过三本有关数值计算的书籍。作者与 MATLAB 软件的深厚渊源及其学术背景保证了本书内容的权威性，书中不少内容是有关数值计算的难得资料。

2. 内容生动。这是一本关于数值方法、MATLAB 和工程计算的生动教材，它包含大量的图片和例子。同时，附带的程序包中还有交互式图形演示程序，因此特别有助于读者充分学习、理解各种数值方法，并考察它们的优缺点。

3. 实用性强。本书基于 MATLAB，主要讲解工程实际中最有用的数值算法。随书还配备了 70 多个 MATLAB 例程的源代码以及 200 多道练习题。读者通过编程练习，不但可以很好地理解一些理论知识，还能够掌握 MATLAB 中数学函数的正确使用以及 MATLAB 编程技巧。

4. 结构新颖。"数值分析"是理工科大学的一门重要的专业基础课程，本书将 MATLAB 软件与传统的"数值分析"教学内容进行了很好的结合，非常具有借鉴意义。此外，本书对应的网站 www.mathworks.com/moler 还免费提供电子课件的下载。

美国 SIAM（工业与应用数学学会）是数值计算方面的权威学术组织，出版了大量书籍和顶级学术刊物。机械工业出版社从 SIAM 引进这本书是一件非常有意义的事情，希望本书的出版对推动国内数值计算类课程的建设有所助益。

在本书的翻译过程中，邹轶、王峰、陈志东、曾姗参加了部分章节的翻译工作，张梦生对部分书稿进行了仔细校对，在此对他们的辛勤劳动表示感谢。在翻译本书的过程中，我们力求忠实、准确地反映原著的风格和内容。对于某些没有确定中文译法的术语，按我们自己的理解进行了翻译。鉴于译者水平和时间所限，难免会有错误和不足之处，敬请广大读者不吝指正。

本书是一本关于数值方法、MATLAB 软件和工程计算的介绍性课程的教材，其特点是突出了数学软件的广泛应用。通过本书，读者能充分学习 MATLAB 中的数学函数，正确使用它们，了解它们的局限性，并在必要时根据需要加以修改。本书主要内容包括：

- MATLAB 介绍
- 线性方程组
- 插值
- 方程求根

- 最小二乘法
- 数值积分
- 常微分方程
- 傅里叶分析

- 随机数
- 特征值与奇异值
- 偏微分方程

20 世纪 60 年代后期，George Forsythe 首先在美国斯坦福大学开创了基于软件的数值方法课程。Forsythe、Malcolm 和 Moler 三人合写的教材[20]，以及后来 Kahaner、Moler 和 Nash 合写的教材[33]均起源于斯坦福大学的这门课程，同时基于 Fortran 语言编写的程序库。

本书基于 MATLAB，一个超过 70 个 M 文件的程序包 NCM 构成了本书的基本部分。书中的 200 多道习题中有很多都涉及修改和扩展 NCM 中的程序。本书还大量使用计算机图形，包括对数值算法的交互式图形演示。

阅读本书或选修对应课程的先决条件为：

- 学过微积分。
- 了解常微分方程知识。
- 了解矩阵知识。
- 具有一定的计算机编程经验。

对于以前从未用过 MATLAB 的读者，本书第 1 章将有助于初学者从头开始学习。对于已经比较熟悉 MATLAB 的读者，可以快速浏览第 1 章的大部分内容，但建议所有人都阅读其中关于浮点算术的一节。

对于一个学期的课程，本书内容可能偏多。建议教师讲授前面几章的全部内容，并选讲后四章中感兴趣的内容。

在阅读本书的过程中，请确保自己的计算机或所在的网络中装有 NCM 程序包，它可通过本书的网站免费获得：

```
https://www.mathworks.com/moler/chapters.html
```

其中有三种格式的 NCM 文件：

- gui 文件：交互式的图形演示。
- tx 文件：本书包含的 MATLAB 内部函数的实现。
- 其他：其他各种文件，主要是和习题相关的。

在获得 NCM 程序包之后，在 MATLAB 中执行

```
ncmgui
```

即生成下图。其中，每个小图实际上是一个按钮，点击后启动相应的 gui。

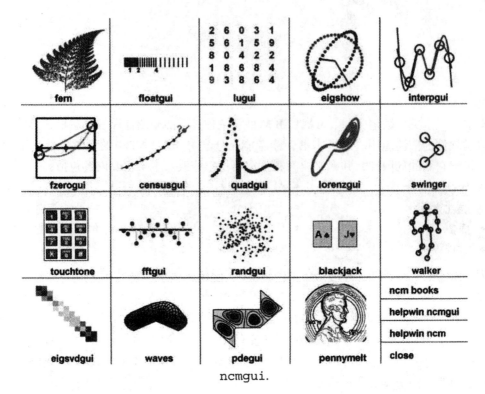

ncmgui.

如果没有 The MathWorks 公司和 SIAM 的帮助，本书不可能完成。这两个团队中的人都很敬业、有创造力，也乐于合作，他们对本书给予了特别的支持。在许多做出了贡献的朋友和同事中，我特别要介绍其中的五位。Kathryn Ann Moler 多次在斯坦福大学的课程中使用本书的早期版本，并且给了我很多中肯的意见。Tim Davis 和 Charlie Van Loan 审阅了本书，提出了特别好的建议。Lisl Urban 为本书做了完美的编辑工作。我的妻子 Patsy 和我的笔记本电脑一起陪着我工作，并一直深爱着我。感谢所有人！

Cleve B. Moler

2004 年 3 月 28 日

出版者的话

译者序

前言

第1章 MATLAB 介绍 ·············· 1

1.1 黄金分割比 ·············· 1

1.2 斐波那契数 ·············· 6

1.3 分形蕨 ·············· 11

1.4 幻方 ·············· 15

1.5 密码系统 ·············· 22

1.6 $3n+1$ 序列 ·············· 26

1.7 浮点算术 ·············· 29

1.8 更多阅读资料 ·············· 35

习题 ·············· 35

第2章 线性方程组 ·············· 44

2.1 求解线性方程组 ·············· 44

2.2 MATLAB 反斜线操作符 ·············· 44

2.3 一个 3×3 例子 ·············· 45

2.4 排列和三角形矩阵 ·············· 46

2.5 LU 分解 ·············· 47

2.6 为什么必须选主元 ·············· 48

2.7 lutx、bslashtx 和 lugui ·············· 50

2.8 舍入误差的影响 ·············· 52

2.9 范数和条件数 ·············· 54

2.10 稀疏矩阵和带状矩阵 ·············· 59

2.11 PageRank 和马尔可夫链 ·············· 61

2.12 更多阅读资料 ·············· 67

习题 ·············· 68

第3章 插值 ·············· 77

3.1 插值多项式 ·············· 77

3.2 分段线性插值 ·············· 81

3.3 分段三次埃尔米特插值 ·············· 82

3.4 保形分段三次插值 ·············· 83

3.5 三次样条 ·············· 84

3.6 pchiptx 和 splinetx ·············· 88

3.7 interpgui ·············· 90

习题 ·············· 91

第4章 方程求根 ·············· 98

4.1 二分法 ·············· 98

4.2 牛顿法 ·············· 99

4.3 一个不正常的例子 ·············· 101

4.4 割线法 ·············· 102

4.5 逆二次插值 ·············· 103

4.6 zeroin 算法 ·············· 103

4.7 fzerotx 和 feval ·············· 104

4.8 fzerogui ·············· 108

4.9 寻找函数为某个值的解和反向插值 ·············· 111

4.10 最优化和 fmintx ·············· 111

习题 ·············· 113

第5章 最小二乘法 ·············· 118

5.1 模型和曲线拟合 ·············· 118

5.2 范数 ·············· 119

5.3 censusgui ·············· 120

5.4 Householder 反射 ·············· 121

5.5 QR 分解 ·············· 123

5.6 伪逆 ·············· 126

5.7 不满秩 ·············· 127

5.8 可分离最小二乘法 ·············· 130

5.9 更多阅读资料 ·············· 132

习题 ·············· 132

第6章 数值积分 ·············· 138

6.1 自适应数值积分 ·············· 138

6.2 基本的数值积分公式 ·············· 139

6.3 quadtx 和 quadgui ·············· 141

6.4 指定被积函数 ·············· 142

6.5 性能 ·············· 144

6.6 积分离散数据 ·············· 146

6.7 更多阅读资料 ·············· 148

VIII

习题 ·········· 148

第7章 常微分方程 ·········· 155

7.1 微分方程求积 ·········· 155

7.2 方程组 ·········· 155

7.3 线性化的微分方程 ·········· 157

7.4 单步法 ·········· 158

7.5 BS23 算法 ·········· 160

7.6 ode23tx ·········· 162

7.7 实例 ·········· 165

7.8 洛伦茨吸引子 ·········· 167

7.9 刚性 ·········· 169

7.10 事件 ·········· 173

7.11 多步法 ·········· 176

7.12 MATLAB ODE 求解程序 ·········· 176

7.13 误差 ·········· 177

7.14 性能 ·········· 180

7.15 更多阅读资料 ·········· 181

习题 ·········· 181

第8章 傅里叶分析 ·········· 196

8.1 按键式拨号盘 ·········· 196

8.2 离散傅里叶变换 ·········· 199

8.3 fftgui ·········· 200

8.4 太阳黑子 ·········· 203

8.5 周期时间序列 ·········· 205

8.6 快速离散傅里叶变换 ·········· 206

8.7 ffttx ·········· 207

8.8 傅里叶矩阵 ·········· 208

8.9 其他傅里叶变换和级数 ·········· 209

8.10 更多阅读资料 ·········· 210

习题 ·········· 210

第9章 随机数 ·········· 212

9.1 伪随机数 ·········· 212

9.2 均匀分布 ·········· 212

9.3 正态分布 ·········· 215

9.4 randtx 和 randntx ·········· 217

习题 ·········· 218

第10章 特征值与奇异值 ·········· 221

10.1 特征值与奇异值分解 ·········· 221

10.2 一个简单例子 ·········· 223

10.3 eigshow ·········· 224

10.4 特征多项式 ·········· 226

10.5 对称矩阵和埃尔米特矩阵 ·········· 227

10.6 特征值的敏感度和精度 ·········· 227

10.7 奇异值的敏感度和精度 ·········· 231

10.8 约当型和舒尔型 ·········· 232

10.9 QR 算法 ·········· 234

10.10 eigsvdgui ·········· 235

10.11 主分量 ·········· 237

10.12 圆生成器 ·········· 240

10.13 更多阅读资料 ·········· 244

习题 ·········· 244

第11章 偏微分方程 ·········· 250

11.1 模型问题 ·········· 250

11.2 有限差分法 ·········· 250

11.3 矩阵表示 ·········· 252

11.4 数值稳定性 ·········· 254

11.5 L 形区域 ·········· 255

习题 ·········· 259

参考文献 ·········· 265

索引 ·········· 269

MATLAB 介绍

本书包括两个方面的内容，即 MATLAB 软件和数值计算。本章主要研究几个比较基本但很有趣的数学问题，通过解决它们的 MATLAB 程序来介绍 MATLAB 软件。对于有编程经验的读者，可以通过简单分析这些程序了解 MATLAB 是如何工作的。

如果需要更详细的介绍，可参考 MathWorks 公司的在线帮助手册。在 MATLAB 命令窗口上面的工具栏中选择 **Help**，然后点击 **MATLAB Help**，在打开的新窗口中再点击"**Getting Started**"文字。通过点击文字"**Printable versions**"还能得到 PDF 版本的帮助手册，这个手册也可通过访问 MathWorks 公司的网站获得[42]。MathWorks 公司制作的许多其他文档手册也可通过上述的联机方式或网站得到。

我们可通过[43]获得一个文献列表，它包含 600 多种其他作者出版的多种语言的 MAT-LAB 书籍。其中有三本介绍 MATLAB 的书特别值得注意：一本是由 Sigmon 和 Davis 写的篇幅较短的入门级读物[52]，一本是 Higham 和 Higham 写的篇幅中等、数学味较浓的教材[30]，一本是 Hanselman 和 Littlefield 写的篇幅较长的详细手册[28]。

在阅读本书时，建议安装好一套 MATLAB 软件，以便在读到例子程序时能方便地运行它们。本书用到的所有程序均集中在下面这个目录或文件夹里：

```
NCM
```

（目录名实际上就是本书英文名字的缩写）。我们可在这个目录下启动 MATLAB，或使用命令

```
pathtool
```

将这个目录加到 MATLAB 默认路径中。

1.1 黄金分割比

什么是世界上最有趣的数字？可能有人会想到 π、e、17，等等。一些人也许会推荐黄金分割比（golden ratio）φ，下面用我们的第一条 MATLAB 命令计算这个数。

```
phi = (1 + sqrt(5))/2
```

得到下面的结果：

```
phi =
    1.6180
```

可通过下面几条命令显示更多的数字位数。

```
format long
phi

phi =
    1.61803398874989
```

这并没有重新计算 φ，只是把显示数字的有效位由 5 位变到 15 位。

黄金分割比在数学的许多方面都有应用，本书将举几个例子。黄金分割比得名于"黄金矩形"，如图 1-1 所示。"黄金矩形"的主要特点是将它裁去一个正方形后，剩下的小矩形仍保持原来大矩形的形状。

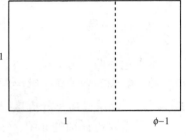

两个矩形长宽比的相等关系给出了 ϕ 的定义公式：

$$\frac{1}{\phi} = \frac{\phi - 1}{1}$$

这个公式表明，可通过将 ϕ 减去 1 得到它的倒数。还有哪些数有这样的特性呢？

将上述关于长宽比的等式两边都乘以 ϕ，得到多项式方程

$$\phi^2 - \phi - 1 = 0$$

图 1-1　黄金矩形

该方程的根可通过二次求根公式得到：

$$\phi = \frac{1 \pm \sqrt{5}}{2}$$

其中正数根就是黄金分割比。

如果我们忘记了二次求根公式，可以用 MATLAB 来求多项式方程的根。在 MATLAB 中，一个多项式用它的降序排列的系数组成的向量来表示。因此，向量

```
p = [1 -1 -1]
```

代表多项式

$$p(x) = x^2 - x - 1$$

它的根可通过函数 roots 求得。

```
r = roots(p)
```

输出结果为

```
r =
  -0.61803398874989
   1.61803398874989
```

这两个数就是满足倒数等于自身减 1 的所有数了。

MATLAB 中的符号工具箱连接着 MATLAB 和 Maple，我们也可以用它来求解长宽比方程，而不需转化为多项式。方程用一个字符串表示，solve 函数可求得它的两个解。

```
r = solve('1/x = x-1')
```

输出结果为

```
r =
[ 1/2*5^(1/2)+1/2]
[ 1/2-1/2*5^(1/2)]
```

函数 pretty 能按类似正常排版的方式显示结果。

```
pretty(r)
```

输出结果为

```
[      1/2      ]
[1/2 5     + 1/2]
[               ]
[             1/2]
[1/2 - 1/2 5    ]
```

变量 *r* 是含两个分量的向量，且分量为解的数学符号形式。我们可通过下面的命令得到第一个分量

```
phi = r(1)
```

它的输出结果为

```
phi =
1/2*5^(1/2)+1/2
```

这个表达式可通过两种方式转化为数值。一种方式是，用可变精度算术函数 vpa，得到任意位数字的表达式。

```
vpa(phi,50)
```

计算出 50 位有效数字。

```
1.6180339887498948482045868343656381177203091798058
```

另一种方式就是，用 double 函数将其转换为双精度浮点数（float point），这是 MATLAB 中表示数的主要方式。

```
phi = double(phi)
```

输出结果为

```
phi =
    1.61803398874989
```

这个长宽比方程非常简单，可以用解析公式来表示准确的解，而更多复杂的方程只能近似地求解。MATLAB 中的 inline 函数可方便地把一个字符串表示的函数转换为对象数据，然后这个函数就可作为参数，提供给其他的函数加以处理。

```
f = inline('1/x - (x-1)');
```

定义了函数 $f(x) = 1/x - (x-1)$，其输出显示为

```
f =
     Inline function:
     f(x) = 1/x - (x-1)
```

在自变量区间 $0 \leqslant x \leqslant 4$ 上，$f(x)$ 的函数曲线示于图 1-2，它由下述命令得到

```
ezplot(f,0,4)
```

命令名 ezplot 的意思是"轻松绘图"（easy plot），但一些英语语种国家的人可能会读成"e-zed plot"。虽然当 $x \to 0$ 时，函数 $f(x)$ 的值为无限大，但 ezplot 会自动选择一个合适的纵轴坐标。

命令

```
phi = fzero(f,1)
```

在 $x = 1$ 附近寻找函数 $f(x)$ 为零的解。结果是一个精度非常高的 ϕ 的近似值，我们可用下列命令将它显示于图 1-2 中。

```
hold on
plot(phi,0,'o')
```

下面的一段程序可生成图 1-1 所示的黄金矩形图形，它包含在名为 goldrect.m 的 M 文

件中，因此我们输入下述命令

```
goldrect
```

运行这段程序并生成图形。

```
% GOLDRECT   Plot the golden rectangle

phi = (1+sqrt(5))/2;
x = [0 phi phi 0 0];
y = [0 0 1 1 0];
u = [1 1];
v = [0 1];
plot(x,y,'b',u,v,'b--')
text(phi/2,1.05,'\phi')
text((1+phi)/2,-.05,'\phi - 1')
text(-.05,.5,'1')
text(.5,-.05,'1')
axis equal
axis off
set(gcf,'color','white')
```

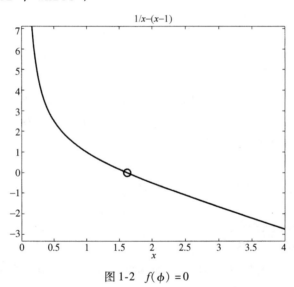

图 1-2 $f(\phi) = 0$

向量 x 和 y 各包含 5 个分量，用直线依次连接连续的点 (x_k, y_k) 则生成外框矩形。向量 u 和 v 各包含两个分量，连接点 (u_1, v_1) 和 (u_2, v_2) 的直线将矩形分割为一个正方形和一个小矩形。这些直线由 plot 函数绘出，其中 $x - y$ 线为蓝色实线，$u - v$ 线为蓝色虚线。紧接着的 4 条命令在不同的位置显示文字，其中用字符串 '\phi' 代表希腊字母。两条 axis 命令使得 x 和 y 方向的坐标尺寸保持一致，并且关闭坐标轴的显示。最后一条命令将 gcf 的背景颜色设置为白色，gcf 的意思是取当前图（get current figure）。

连续分数（continued fraction）是指一种下列形式的无穷表达式

$$
a_0 + \cfrac{1}{a_1 + \cfrac{1}{a_2 + \cfrac{1}{a_3 + \cdots}}}
$$

如果所有的 a_k 均等于 1，则连续分数就成为黄金分割比的另一种表达形式：

$$\phi = 1 + \cfrac{1}{1 + \cfrac{1}{1 + \cfrac{1}{1 + \cdots}}}$$

下面的 MATLAB 函数生成并计算截断的连续分数，以此近似 ϕ 值。这些程序代码存于名为 goldfract.m 的 M 文件中。

```
function goldfract(n)
%GOLDFRACT    Golden ratio continued fraction.
%    GOLDFRACT(n) displays n terms.

p = '1';
for k = 1:n
    p = ['1+1/(' p ')'];
end
p

p = 1;
q = 1;
for k = 1:n
    s = p;
    p = p + q;
    q = s;
end
p = sprintf('%d/%d',p,q)

format long
p = eval(p)

format short
err = (1+sqrt(5))/2 - p
```

执行命令

```
goldfract(6)
```

输出结果为

```
p =
1+1/(1+1/(1+1/(1+1/(1+1/(1+1/(1))))))

p =
21/13
p =
   1.61538461538462

err =
   0.0026
```

这三个 p 是同一个 ϕ 近似值的不同表达。

　　第一个 p 是截断 6 项的连续分数，其中含 6 个右括号。它的产生过程可看成是在一个'1'（也即 goldfract(0)）前面不断插入字符串'1 + 1/('，同时在'1'后面不断插入字符串')'。无论最后这样的字符串多长，它都是合法的 MATLAB 表达。

　　第二个 p 是约简第一个 p 得到的"正常"分数，它有一个整数分子和一个整数分母。这

种约简的依据是

$$1 + \frac{1}{\dfrac{p}{q}} = \frac{p+q}{p}$$

因此这个迭代过程开始于

$$\frac{1}{1}$$

并反复将

$$\frac{p}{q}$$

替换为

$$\frac{p+q}{p}$$

命令

```
p = sprintf('%d/%d',p,q)
```

将 p 和 q 以十进制整数形式输出，中间加一个"/"符号显示最后的分数。

第三个 p 和前面两个是同一个数字，只是它用常规的十进制展开式来表示。我们使用 MATLAB 函数 eval 来做第二个 p 中的除法，得到第三个 p 的表达。

最后一个量 err 是 p 和 ϕ 在数值上的差。由于仅使用了 6 项进行截断，所以近似值只有三位数字。要得到 10 位数字的精度，需要取多少项呢？

从理论上讲，随着项的数目 n 增加，由 goldfract(n) 生成的截断连续分数将趋近于 ϕ。但由于在分子和分母上的整数最大值的限制，以及实际浮点数除法中的舍入(roundoff)误差，理论上的结论并不成立。读者可通过习题 1.3 来研究函数 goldfract(n) 精确度的限制。

1.2 斐波那契数

斐波那契(Leonardo Pisano Fibonacci)约出生于 1170 年，大约于 1250 年在现在意大利的比萨逝世，他旅行的足迹遍布欧洲和北非。他著有多本数学教材，此外还把阿拉伯数字表示引入欧洲。虽然他的书都是手抄本，但它们还是广为流传。斐波那契最著名的一本书是 *Liber Abaci*，出版于 1202 年。其中提出了下述问题：

> 某人将一对兔子放于一个四周都是围墙的地方，如果假设每对兔子每个月生出一对兔子，且新生的兔子从第二个月开始就能生育，那么一年之后由最初的那对兔子一共产生出多少对兔子？

今天，这个问题的解称为斐波那契序列(Fibonacci sequence)或斐波那契数(Fibonacci number)。现在斐波那契数已成为数学专业一个小的分支，在因特网上搜索"Fibonacci"将找到几十个相关网站和几百页的有关资料，甚至还有一个 Fibonacci Association，这个协会出版一种学术刊物 *Fibonacci Quarterly*。

如果斐波那契没有假设新出生的兔子过一个月才能成熟、生育，那么将不会有一个以他的名字命名的序列，这样兔子的对数会每过一个月翻一倍，n 个月过后，将总共有 2^n 对兔子。这是相当多的数量，但在数学上却没多少独特性。

设 f_n 为过 n 个月后兔子的对数，最关键的一个事实是，月末兔子的对数等于月初兔子的对数加上由成熟兔子生育出来的兔子的对数：

$$f_n = f_{n-1} + f_{n-2}$$

初始条件是第一个月有 1 对兔子, 第二个月有 2 对兔子:

$$f_1 = 1, \ f_2 = 2$$

下面为 M 文件 fibonacci.m 中的 MATLAB 函数, 它能生成包含前 n 个斐波那契数的向量。

```
function f = fibonacci(n)
% FIBONACCI  Fibonacci sequence
% f = FIBONACCI(n) generates the first n Fibonacci numbers.
f = zeros(n,1);
f(1) = 1;
f(2) = 2;
for k = 3:n
  f(k) = f(k-1) + f(k-2);
end
```

根据初始条件, 用下面的命令计算出一年后兔子的总对数, 就得到斐波那契原始问题的答案

```
fibonacci(12)
```

运行后的输出显示为

```
    1
    2
    3
    5
    8
   13
   21
   34
   55
   89
  144
  233
```

最后的答案是 233 对兔子。(如果每个月兔子数目翻倍, 则 12 个月后的总数是 4096 对。)

　　让我们再仔细看看程序 fibonacci.m, 这是创建 MATLAB 函数的一个很好示例。第一行语句是

```
function f = fibonacci(n)
```

第一行中第一个单词"function"表明这是一个 M 文件, 而不是个命令脚本。第一行剩下的内容说明, 这个函数有一个输出量 f, 一个输入参数 n。第一行中写的函数名其实并没有用, 因为 MATLAB 使用 M 文件的名字, 所以为使用方便通常应让两个名字相同。下面两行是注释, 并在使用 help 命令时被显示出来。

```
help fibonacci
```

输出显示为

```
FIBONACCI  Fibonacci sequence
f = FIBONACCI(n) generates the first n Fibonacci numbers.
```

显示出的函数名是大写的, 这是因为历史上 MATLAB 曾不区别大小写, 且运行于只有一种字体的终端上。用大写字母可能使 MATLAB 的初次使用者不习惯, 但这作为传统还是被保留了下来。在注释程序中重复函数的输入、输出参数很重要, 因为 help 命令的输出, 不会显示

函数文件中的第一行内容。

下一行

```
f = zeros(n,1);
```

生成一个包含全零元素的 n×1 矩阵，并将它赋值给 f。在 MATLAB 中，仅有一列的矩阵就是列向量，而仅有一行的矩阵则为行向量。

下面两行，

```
f(1) = 1;
f(2) = 2;
```

9 设定了初始条件。

最后三行是一个 for 语句，它完成了主要工作。

```
for k = 3:n
    f(k) = f(k-1) + f(k-2);
end
```

我们习惯用三个空格来将 for 和 if 语句缩进，也有人习惯用两个或四个空格，或者一个制表符。其实也可以将这三行语句写成一行，只要在第一句后面加一个逗号。

这个函数的写法看上去和其他编程语言中的函数写法非常像，它生成了一个向量，但并没有使用 MATLAB 中的向量或矩阵操作。稍后我们将介绍这些操作。

下面是另一个斐波那契函数：fibnum.m，它仅仅输出第 n 个斐波那契数。

```
function f = fibnum(n)
% FIBNUM  Fibonacci number.
% FIBNUM(n) generates the nth Fibonacci number.
if n <= 1
    f = 1;
else
    f = fibnum(n-1) + fibnum(n-2);
end
```

执行命令

```
fibnum(12)
```

的输出结果为

```
ans =
    233
```

fibnum 函数是一个递归（recursive）函数。实际上，递归这个词在数学和计算机科学领域都有含义。关系式 $f_n = f_{n-1} + f_{n-2}$ 被称为递推关系（recursive relation），而一个调用自身的函数则常称为递归函数（recursive function）。

一个递归程序形式上很简洁，但运行时开销较大。我们可以用命令 tic 和 toc 来测量程序运行时间。试试执行下面的命令

```
tic, fibnum(24), toc
```

但不要执行这条命令（译者注：运行时间会很长）

```
tic, fibnum(50), toc
```

现在，我们比较一下 goldfract(6) 和 fibonacci(7) 的运行结果。前者包含分数 21/13，

而后者以 13 和 21 结尾。这不仅仅是个巧合，事实上连续分数约简时不断执行下面的操作

```
p = p + q;
```

而斐波那契数根据

```
f(k) = f(k-1) + f(k-2);
```

来生成。因此，如果令 ϕ_n 为 n 项截断的黄金分割比连续分数，那么

$$\frac{f_{n+1}}{f_n} = \phi_n$$

两边取极限，则相继的两个斐波那契数的比值就逼近黄金分割比：

$$\lim_{n \to \infty} \frac{f_{n+1}}{f_n} = \phi$$

为说明这点，我们计算 40 个斐波那契数。

```
n = 40;
f = fibonacci(n);
```

然后计算相邻两数的比值。

```
f(2:n)./f(1:n-1)
```

这条命令取从 f(2) 到 f(n) 的向量分量，依次对应地除以从 f(1) 到 f(n-1)，输出结果中开始的若干行如下：

```
2.00000000000000
1.50000000000000
1.66666666666667
1.60000000000000
1.62500000000000
1.61538461538462
1.61904761904762
1.61764705882353
1.61818181818182
```

结束的几行为

```
1.61803398874990
1.61803398874989
1.61803398874990
1.61803398874989
1.61803398874989
```

读者看出来为什么选 n = 40 吗？按下计算机键盘上的上箭头键，可以回到前一个输入的命令，然后修改它为

```
f(2:n)./f(1:n-1) - phi
```

再按下回车键。看看输出显示中最后一个数值是多少。

斐波那契兔子围栏中的数量并没有每个月翻倍，而是以每月乘以黄金分割比来增加。

可以找到一个解析公式来表示斐波那契循环规律，关键在于假设斐波那契数符合下面的表达式的解法

$$f_n = c\rho^n$$

再求解常数 c 和 ρ，根据递推关系式

$$f_n = f_{n-1} + f_{n-2}$$

我们得出

$$\rho^2 = \rho + 1$$

其实这个方程前面讨论过，ρ 有两个解分别为 ϕ 和 $1 - \phi$。因此，斐波那契数的通用公式为

$$f_n = c_1\phi^n + c_2(1 - \phi)^n$$

上式中的常数 c_1 和 c_2 由初始条件确定。现在我们可方便地得到下面的两个等式

$$f_0 = c_1 + c_2 = 1$$

$$f_1 = c_1\phi + c_2(1 - \phi) = 1$$

在习题 1.4 中，要求用 MATLAB 的反斜线操作符来求解这个 2×2 的线性方程组，其实对这个问题手工计算也很容易求出

$$c_1 = \frac{\phi}{2\phi - 1}$$

$$c_2 = -\frac{(1 - \phi)}{2\phi - 1}$$

将它们代入通解公式，有

$$f_n = \frac{1}{2\phi - 1}(\phi^{n+1} - (1 - \phi)^{n+1})$$

这是个很有意思的公式，等号的右边包含了无理数的幂和商，但其计算结果却是整数序列。这可以通过 MATLAB 来检验，显示结果是这些数的科学计数法表示形式。

```
format long e
n = (1:40)';
f = (phi.^(n+1) - (1-phi).^(n+1))/(2*phi-1)
```

上面命令中的 ".^" 符号是按分量依次求幂操作。由于 (2 * phi - 1) 是一个标量，在最后一条命令中没必要用 "./" 做除法。下面给出部分计算结果，开始的几行为

```
f =
    1.000000000000000e+000
    2.000000000000000e+000
    3.000000000000000e+000
    5.000000000000001e+000
    8.000000000000002e+000
    1.300000000000000e+001
    2.100000000000000e+001
    3.400000000000001e+001
```

最后的几行为

```
    5.702887000000007e+006
    9.227465000000011e+006
    1.493035200000002e+007
    2.415781700000003e+007
    3.908816900000005e+007
    6.324598600000007e+007
    1.023341550000001e+008
    1.655801410000002e+008
```

由于舍入误差，结果并不都是精确的整数。但是我们可以执行

```
f = round(f)
```

来得到满意的结果。

1.3　分形蕨

M 文件 fern. m 和 finitefern. m 可生成 Michael Barnsley 在 *Fractals Everywhere*（无处不在的分形）一书中描绘的"分形蕨"（Fractal Fern），这些文件生成并在平面上画出无限多的随机但却是精心筹划的点。输入命令

```
fern
```

后，程序会一直运行，产生出一个点越来越密的图形。命令

```
finitefern(n)
```

生成 n 个点，绘出的图形如图 1-3 所示。命令

```
finitefern(n,'s')
```

显示这些点的生成过程，一次一个。命令

```
F = finitefern(n);
```

生成 n 个点但不绘图，返回一个由 0 和 1 组成的数组，用于稀疏矩阵和图像处理。

NCM 程序包还包含一个 fern.png 文件，这是一个含 50 万个点的 768 × 1024 彩色图片，它可以通过浏览器或图画软件来看，也可以通过下面的 MATLAB 命令观看这个图片。

```
F = imread('fern.png');
image(F)
```

13

图 1-3　分形蕨

如果喜欢这幅图，我们可以用它作为计算机的桌面背景。当然，这样做之前我们应该在自己的计算机中实际运行 fern 程序，看看在高分辨率情况下生成的分形蕨的效果。

分形蕨的生成过程实际上是对平面上的一个点不断做变换。设 x 为一个含两个分量，x_1 和 x_2 的向量，表示一个点。有四种不同的变换，都遵循下面的形式

$$x \to Ax + b$$

而取不同的矩阵 A 和向量 b。这被称为仿射变换(affine transformation)。最常用的变换有

$$A = \begin{bmatrix} 0.85 & 0.04 \\ -0.04 & 0.85 \end{bmatrix}, \ b = \begin{bmatrix} 0 \\ 1.6 \end{bmatrix}$$

这个变换可缩短并旋转向量 x，然后在它的第二个分量上增加 1.6。反复应用这个变换将点向上、向右移动，朝着蕨的顶尖生成点。在这个过程中，偶尔也会随机地采用另外三种变换中的一个，它们分别将点移到右边的子蕨、左边的子蕨和茎干的位置上。

下面列出完整的生成分形蕨的程序。

```
function fern
%FERN  MATLAB implementation of the Fractal Fern
%Michael Barnsley, Fractals Everywhere, Academic Press,1993
%This version runs forever, or until stop is toggled.
%See also: FINITEFERN.

shg
clf reset
set(gcf,'color','white','menubar','none', ...
  'numbertitle','off','name','Fractal Fern')
x = [.5; .5];
h = plot(x(1),x(2),'.');
darkgreen = [0 2/3 0];
set(h,'markersize',1,'color',darkgreen,'erasemode','none');
axis([-3 3 0 10])
axis off
stop = uicontrol('style','toggle','string','stop', ...
  'background','white');
drawnow

p = [ .85 .92 .99 1.00];
A1 = [ .85 .04; -.04 .85]; b1 = [0; 1.6];
A2 = [ .20 -.26; .23 .22]; b2 = [0; 1.6];
A3 = [-.15 .28; .26 .24]; b3 = [0; .44];
A4 = [ 0  0;  0  .16];

cnt = 1;
tic
while ~get(stop,'value')
  r = rand;
  if r < p(1)
    x = A1*x + b1;
  elseif r < p(2)
    x = A2*x + b2;
  elseif r < p(3)
```

```
     x = A3*x + b3;
   else
     x = A4*x;
   end
   set(h,'xdata',x(1),'ydata',x(2));
   cnt = cnt + 1;
   drawnow
 end
 t = toc;
 s = sprintf('%8.0f points in %6.3f seconds',cnt,t);
 text(-1.5,-0.5,s,'fontweight','bold');
 set(stop,'style','pushbutton','string','close', ...
   'callback','close(gcf)')
```

15

下面逐一看看这个程序中的一些语句。

```
shg
```

代表"显示绘图窗口"(show graph window)。运行它,将一个已有的绘图窗口置于最前,若没有则创建一个新的窗口。

```
clf reset
```

将大部分图的属性设置为默认值。

```
set(gcf,'color','white','menubar','none', ...
    'numbertitle','off','name','Fractal Fern')
```

将绘图窗口的背景颜色由默认的灰色改为白色,并为窗口设定一个定制的文字标题。

```
x = [.5; .5];
```

设定初始点的坐标。

```
h = plot(x(1),x(2),'.');
```

在平面上画一个点并保存这个绘图句柄(handle)h,这样后面可以修改它的一些属性。

```
darkgreen = [0 2/3 0];
```

定义了一种颜色,它的红、蓝分量均为零,而绿分量为最大值的三分之二。

```
set(h,'markersize',1,'color',darkgreen,'erasemode','none');
```

使句柄 h 对应的点更小,改变它的颜色,并设置当点坐标改变时,屏幕上已绘制的这个点的图像不被抹去。这些旧的点的记录会保存在计算机的图形硬件上(直到整个图被清除),而 MATLAB 本身并不记录它们。

```
axis([-3 3 0 10])
axis off
```

指定整个图的绘制范围为

$$-3 \leqslant x_1 \leqslant 3,\ 0 \leqslant x_2 \leqslant 10$$

但不画坐标轴。

```
stop = uicontrol('style','toggle','string','stop', ···
    'background','white');
```

在整个图靠近左下角的默认位置，创建一个用户控制按钮，其上用白色标明'stop'(停止)，
它的控制句柄存为变量 stop。

```
drawnow
```

在计算机屏幕上画出包含初始点的图形。
语句

```
p = [ .85  .92  .99  1.00];
```

建立一个概率构成的向量。语句

```
A1 = [ .85   .04;  -.04   .85];  b1 = [0; 1.6];
A2 = [ .20  -.26;   .23   .22];  b2 = [0; 1.6];
A3 = [-.15   .28;   .26   .24];  b3 = [0; .44];
A4 = [  0     0 ;    0    .16];
```

定义了四个仿射变换。语句

```
cnt = 1;
```

初始化一个计数器，它用来记录绘制的点的数目。语句

```
tic
```

设置计时的开始。语句

```
while ~get(stop,'value')
```

开始一个 while 循环，只要 stop 按钮的'value'属性值等于 0 这个循环就一直执行下去。
而点击 stop 按钮，将这个值由 0 变为 1，从而终止循环。

```
r = rand;
```

生成一个 0 和 1 之间的伪随机(pseudorandom)数。下面的复合 if 语句

```
if r < p(1)
    x = A1*x + b1;
elseif r < p(2)
    x = A2*x + b2;
elseif r < p(3)
    x = A3*x + b3;
else
    x = A4*x;
end
```

取出四个仿射变换中的一个。由于 p(1)是 0.85，有 85% 的机会选择第一个变换，而其他三
个变换被选择的机会相对不太多。

```
set(h,'xdata',x(1),'ydata',x(2));
```

改变句柄 h 指向新的点(x_1, x_2)并画出这个新的点。由于 get(h, 'erasemode')为'none'，
所以旧的点还保留在屏幕上。

```
cnt = cnt + 1;
```

表示点计数器加 1。

```
drawnow
```

让 MATLAB 重绘图形，显示新的点和所有旧点。如果没有这条命令，图上什么都画不出来。

```
end
```

与循环开始的 while 语句匹配。最后

```
t = toc;
```

读取计时器的值。

```
s = sprintf('%8.0f points in %6.3f seconds',cnt,t);
text(-1.5,-0.5,s,'fontweight','bold');
```

显示从 tic 设置开始花费的总时间，以及绘制的点数。最后

```
set(stop,'style','pushbutton','string','close', ...
    'callback','close(gcf)')
```

改变控制按钮为关闭窗口的按钮。

1.4 幻方

MATLAB 这个名称源于矩阵实验室（Matrix Laboratory）。这些年以来，MATLAB 已发展为一个功能广泛的工程计算集成环境，但其中有关向量、矩阵和线性代数的功能仍然是它最大的特色。

幻方（Magic Square）代表的是一类非常有趣的特殊矩阵。用 help 命令查询 magic 函数获得的信息如下：

```
MAGIC(N) is an N-by-N matrix constructed from the integers
1 through N^2 with equal row, column, and diagonal sums.
Produces valid magic squares for all N > 0 except N = 2.
```

在公元前 2000 多年的中国就出现了幻方，这个 3×3 的矩阵被称为“洛书”（Lo Shu）。传说公元前 23 世纪人们在一个从洛河里爬上来的乌龟背上发现了洛书，洛书为古代中国的平衡、协调哲学提供了数学基础。在 MATLAB 中，执行下面的命令生成洛书。

```
A = magic(3)
```

它的输出结果为

```
A =
     8     1     6
     3     5     7
     4     9     2
```

命令

```
sum(A)
```

对每一列的矩阵元素求和，其结果为

```
15      15      15
```

命令

```
sum(A')'
```

将矩阵 A 转置,然后求每列的和,再将结果转置,则成为矩阵每行的和

```
15
15
15
```

命令

```
sum(diag(A))
```

求矩阵 A 主对角元素(从左上角到右下角)之和,结果为

```
15
```

从矩阵的右上角到左下角称为反对角线,矩阵的反对角线在线性代数中意义不大,因此求反对角线上元素之和需要一点点技巧。一种办法是使用函数,使矩阵"从上到下"翻转过来。

```
sum(diag(flipud(A)))
```

输出结果为

```
15
```

这验证了矩阵 A 各行、各列和两条对角线上的元素之和均相等。

为什么这些和均等于 15 呢? 输入命令

```
sum(1:9)
```

它告诉我们整数 1 至 9 的和为 45,如果将这些整数放于 3 列,每列和相等,则这个和必然是

```
sum(1:9)/3
```

结果即 15。

一共有 8 种方式把一张透明幻灯片放于投影仪之上。类似地,通过对矩阵 A 旋转和作镜像也能生成 8 种不同的三阶幻方。程序

```
for k = 0:3
    rot90(A,k)
    rot90(A',k)
end
```

能显示出这 8 个矩阵。

```
8    1    6        8    3    4
3    5    7        1    5    9
4    9    2        6    7    2

6    7    2        4    9    2
1    5    9        3    5    7
8    3    4        8    1    6

2    9    4        2    7    6
7    5    3        9    5    1
6    1    8        4    3    8

4    3    8        6    1    8
```

```
9     5     1        7     5     3
2     7     6        2     9     4
```

这些是所有的三阶幻方。

现在让我们转到线性代数有关的内容。三阶幻方的行列式

```
det(A)
```

的计算结果为

```
-360
```

逆矩阵

```
X = inv(A)
```

的计算结果为

```
X =
     0.1472    -0.1444     0.0639
    -0.0611     0.0222     0.1056
    -0.0194     0.1889    -0.1028
```

如果用有理数的形式表示，逆矩阵将更直观。

```
format rat
X
```

显示了 X 的元素均为分数，且分母为 det(A)。

```
X =
    53/360       -13/90       23/360
   -11/180         1/45       19/180
    -7/360        17/90      -37/360
```

命令

```
format short
```

把显示输出格式改为默认的设置。

数值线性代数中还有另外三个重要的量：矩阵范数（matrix norm）、特征值（eigenvalue）和奇异值（singular value），用下面的命令分别计算它们。

```
r = norm(A)
e = eig(A)
s = svd(A)
```

显示计算结果为

```
r =
    15

e =
   15.0000
    4.8990
   -4.8990

s =
   15.0000
    6.9282
    3.4641
```

幻方和 15 在三个结果中都出现, 这是由于元素全为 1 的向量, 既是这个矩阵的特征向量, 也是它的左、右奇异向量。

到目前为止, 所有的计算都采用的是浮点算术。浮点算术几乎用于所有的科学和工程计算中, 尤其对于大的矩阵。但对于 3×3 的矩阵, 采用符号算术或者连接到 Maple 的符号工具箱来重复前面的计算也非常容易。命令

```
A = sym(A)
```

将 A 的内部表示改变为符号形式, 其显示为

```
A =
[ 8, 1, 6]
[ 3, 5, 7]
[ 4, 9, 2]
```

现在, 下面这些命令

```
sum(A), sum(A')', det(A), inv(A), eig(A), svd(A)
```

产生符号结果。特别值得注意的是, 这个矩阵的特征值问题可以精确地求解, 其结果为

```
e =
[          15]
[   2*6^(1/2)]
[  -2*6^(1/2)]
```

21

西方文艺复兴时期有一幅由 Albrecht Dürer 创作的版画 *Melancolia*, 其画面显示了包括 4×4 幻方在内的几个数学主题, 通过一个 MATLAB 的数据文件我们可以看到这幅版画的电子版。执行

```
load durer
whos
```

其输出结果为

```
X           648x509         2638656   double array
caption       2x28              112   char array
map         128x3              3072   double array
```

其中矩阵 X 的元素为灰度彩色图 map 的索引, 这幅版画可通过执行下面的命令加以显示。

```
image(X)
colormap(map)
axis image
```

用鼠标点击工具条中的 "+" 号放大镜按钮, 可将版画右上角的幻方图像放大, 这时可明显地看出图像扫描时采用的分辨率。命令

```
load detail
image(X)
colormap(map)
axis image
```

显示了幻方周围图像的高分辨率扫描结果。

命令

```
A = magic(4)
```

生成一个 4×4 幻方。

```
A =
    16     2     3    13
     5    11    10     8
     9     7     6    12
     4    14    15     1
```

命令

```
sum(A), sum(A'), sum(diag(A)), sum(diag(flipud(A)))
```

的计算结果均为 34，验证了 A 确实是个幻方矩阵。

　　由 MATLAB 生成的 4×4 幻方与 Dürer 版画中的有所不同。我们可以交换矩阵 A 的第二、三列再看看。

```
A = A(:,[1 3 2 4])
```

22

这样矩阵 A 变为

```
A =
    16     3     2    13
     5    10    11     8
     9     6     7    12
     4    15    14     1
```

交换矩阵的列不会改变列元素之和或行元素之和，通常它会改变对角线元素之和，但对这个例子，交换第二、三列后，两个对角线元素之后仍是 34。这时我们得到的幻方就和 Dürer 版画中的完全一样了。Dürer 在画中选择这个 4×4 幻方，可能是为了让他工作的日期"1514"年正好在矩阵最后一行的中间位置显示。

　　上面讨论了两个不同的 4×4 幻方，其实总共有 880 个 4 阶幻方，而 5 阶幻方则有 275 305 224 个。确定 6 阶幻方或更高阶幻方的数量是一个未解的数学难题。

　　4×4 幻方的行列式，det(A)，为 0。如果我们计算它的逆

```
inv(A)
```

得到下面的显示

```
Warning: Matrix is close to singular or badly scaled.
         Results may be inaccurate.
```

可见幻方矩阵可能是奇异矩阵。那么，到底哪些阶次的幻方矩阵可能奇异呢？我们用矩阵的秩 (rank) 来定义矩阵中线性无关的行或列的数量，则当且仅当一个 $n \times n$ 矩阵的秩小于 n 时，它为奇异矩阵。

　　执行命令

```
for n = 1:24, r(n) = rank(magic(n)); end
[(1:24)' r']
```

输出一个幻方阶数和秩的对应表：

```
 1       1
 2       2
 3       3
 4       3
 5       5
 6       5
 7       7
 8       3
 9       9
10       7
11      11
12       3
13      13
14       9
15      15
16       3
17      17
18      11
19      19
20       3
21      21
22      13
23      23
24       3
```

23

由于 magic(2) 其实不是严格意义上的幻方，我们忽略表中 $n = 2$ 的情况。仔细观察这个对应表，看看能否发现什么规律。为便于观察，我们再用一个柱状图来显示。

```
bar(r)
title('Rank of magic squares')
```

生成图1-4。

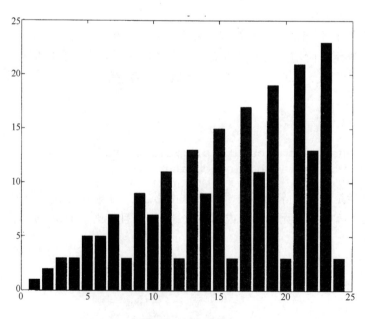

图1-4　幻方的秩

根据矩阵的秩，可将幻方分为三种类型：

- 奇数阶：n 是奇数。
- 单偶数阶：n 是 2 的倍数，但不是 4 的倍数。
- 双偶数阶：n 是 4 的倍数。

通过观察阶数和秩的对应表，以及图 1-4 的柱状图，我们得出如下结论：奇数阶幻方，即 $n =$ 3，5，7，…，有满秩 n，因此它们是非奇异矩阵并存在逆矩阵；双偶数阶幻方，即 $n = 4$，8，12，…，无论 n 多大，其秩均为 3，因此可以说它们非常奇异（very singular）；单偶数阶幻方，即 $n = 6$，10，14，…，秩为 $n/2 + 2$，它们也是奇异矩阵，但相比双偶数阶幻方来说行或列的 线性相关性更小。 24

在 MATLAB 第 6 版或更新的版本中，可以查看生成幻方的 M 文件。执行

```
edit magic.m
```

或

```
type magic.m
```

将看到程序代码中三种不同的处理方式。

不同的幻方产生不同的三维表面图。采用不同的参数 n 执行下面的命令

```
surf(magic(n))
axis off
set(gcf,'doublebuffer','on')
cameratoolbar
```

当采用不同的照相工具移动视点时，两次缓存防止了图像的闪烁。下面的程序代码生成 图 1-5。

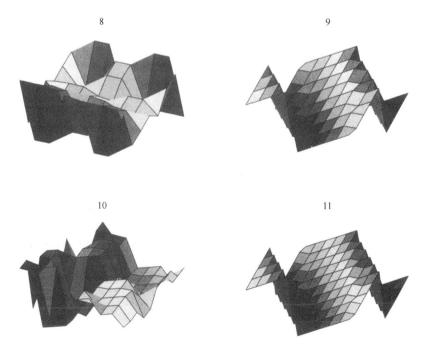

图 1-5　幻方矩阵的表面图

```
for n = 8:11
    subplot(2,2,n-7)
    surf(magic(n))
    title(num2str(n))
    axis off
    view(30,45)
    axis tight
end
```

1.5 密码系统

本节用一个密码系统的例子来展示 MATLAB 是如何处理文本和字符串的这个加密技术也称为希尔密码(Hill cipher)，它涉及在一个有限区域(finite field)内的算术运算。

几乎所有的现代计算机都采用 ASCII 字符集来存储基本的文字。ASCII 的全称是美国信息交换标准代码(American Standard Code for Information Interchange)，这套字符集采用 8 位字节中的 7 位来为 128 种字符编码。前 32 个字符是不可打印的控制符，比如 tab(制表符)、backspace(退格符)和 end-of-line(行结束符)。第 128 个字符是另一个不可打印的控制符，对应于键盘上的 Delete(删除)键。在这些控制符之间是 95 个可打印字符，包括 space(空格符)、10 个数字、26 个小写英文字母、26 个大写英文字母，以及 32 个标点符号。

MATLAB 能方便地将所有可打印字符按其在 ASCII 码中的顺序显示。先输入命令

```
x = reshape(32:127,32,3)'
```

产生一个 3×32 的矩阵

```
x =
    32    33    34    ...    61    62    63
    64    65    66    ...    93    94    95
    96    97    98    ...   125   126   127
```

函数 char 将数字转换为字符。执行命令

```
c = char(x)
```

输出结果为

```
c =
 !"#$%&'()*+,-./0123456789:;<=>?
@ABCDEFGHIJKLMNOPQRSTUVWXYZ[\]^_
`abcdefghijklmnopqrstuvwxyz{|}~
```

由于矩阵 x 中的最后一个元素是 127，对应于不可打印的删除字符，因此在上面的字符串 c 中没有显示出来。读者可以试试上面的命令，看看实际显示的情况。

字符串 c 的第一个位置是空的，说明

```
char(32)
```

等同于空格符

```
' '
```

c 中的最后一个可打印字符是波浪线(tilde)，说明

```
char(126)
```

等同于

　　`'~'`

表示数字的字符显示于 c 的第一行。事实上

　　`d = char(48:57)`

显示了一个长度为 10 的字符串：

```
d =
0123456789
```

通过使用 double 或 real 函数，这个字符串可转化为对应的数值。执行

　　`double(d) - '0'`

其输出结果为

```
 0   1   2   3   4   5   6   7   8   9
```

比较 c 的第二行和第三行，我们发现在给大写字母的 ASCII 编码加上 32 后，便得到对应的小写字母的 ASCII 编码。理解了这种编码规则，将使我们能在 MATLAB 中用向量和矩阵操作来处理文本。

人们常常将 ASCII 编码标准加以扩展以使用一个字节中的所有 8 位，但那些扩展出的字符的显示，则取决于所用的计算机、操作系统、选择的字体甚至用户所在的国家。试试在自己机器上运行

　　`char(reshape(160:255,32,3)')`

看看输出什么样的结果。

这里讨论的加密技术使用了模运算(modular arithmetic)，其中涉及的所有量均为整数，而计算结果都需要对一个素数 p 来取余数或模数(modulus)。函数 rem(x, y) 和 mod(x, y) 都可计算 x 除以 y 后得到的余数，若 x 和 y 正负号相同，则两者得到相同的结果，且结果的正负号和 x 或 y 的一致；若 x 和 y 正负号相反，则 rem(x, y) 的计算结果和 x 的正负号相同，而 mod(x, y) 的计算结果和 y 的正负号相同。下面用一个表格来加以说明。

```
x = [37 -37 37 -37]';
y = [10 10 -10 -10]';
r = [ x  y  rem(x,y) mod(x,y)]
```

27

显示结果为

```
 37    10     7     7
-37    10    -7     3
 37   -10     7    -3
-37   -10    -7    -7
```

这里使用所有 ASCII 可打印字符(而不仅仅是英文字母)来对文本加密，一共包括 95 个字符。可表示的最大素数 p 为 97，因此通过对 p 的求模运算可以用整数 0 : p-1 来表示这 p 个字符。

假设一次对 2 个字符进行编码，则将它们用一个二维向量 x 来表示。例如，要考虑的文本中有两个字符'TV'，它们对应的 ASCII 编码值为 84 和 86，减去 32，可使表示字符的值从 0

开始，从而得到列向量

$$x = \begin{bmatrix} 52 \\ 54 \end{bmatrix}$$

加密过程是通过做 2×2 的矩阵和向量乘法，再对 p 取模来实现的。此外，我们采用符号 "$\equiv$" 来指明两个整数对指定的素数有相等的余数：

$$y \equiv Ax, \bmod p$$

其中矩阵 A 为

$$A = \begin{bmatrix} 71 & 2 \\ 2 & 26 \end{bmatrix}$$

在我们的例子中，计算乘积 Ax 得

$$Ax = \begin{bmatrix} 3800 \\ 1508 \end{bmatrix}$$

再将它对 p 取模，最后的结果为

$$y = \begin{bmatrix} 17 \\ 53 \end{bmatrix}$$

通过加 32，可将它们转换为字符形式，即 '1U'。

下面有一个很有趣的现象，就是对整数 p 取模之后，矩阵 A 就等于它自己的逆。如果

$$y \equiv Ax, \bmod p$$

那么

$$x \equiv Ay, \bmod p$$

换句话说，在对 p 的模运算中，A^2 是个单位矩阵，可以用 MATLAB 验证这一点。

```
p = 97;
A = [71 2; 2 26]
I = mod(A^2,p)
```

运行结果为

```
A =
    71     2
     2    26

I =
     1     0
     0     1
```

这表明加密的过程就是它自身的逆过程，同样的一个函数既可以用来对一条信息加密，也可以用来解密。

M 文件 crypto.m 用下面的文字作为序言。

```
function y = crypto(x)
% CRYPTO Cryptography example.
% y = crypto(x) converts an ASCII text string into another
% coded string.  The function is its own inverse, so
%   crypto(crypto(x)) gives x back.
% See also: ENCRYPT.
```

在给素数 p 赋值的语句前有一段注释：

```
% Use a two-character Hill cipher with arithmetic
% modulo 97, a prime.
p = 97;
```

选择两个大于 128 的 ASCII 字符，将输出的字符集从 95 个扩展为 97 个。

```
c1 = char(169);
c2 = char(174);
x(x==c1) = 127;
x(x==c2) = 128;
```

将字符转换为对应的数值的语句为

```
x = mod(real(x-32),p);
```

为了作矩阵向量乘，将输入的字符串表示为两行多列矩阵的形式。

```
n = 2*floor(length(x)/2);
X = reshape(x(1:n),2,n/2);
```

进行了上述准备后，我们可方便地进行有限范围的算术运算了。

```
% Encode with matrix multiplication modulo p.
A = [71 2; 2 26];
Y = mod(A*X,p);
```

29

将计算结果再还原为一行表示：

```
y = reshape(Y,1,n);
```

如果长度 length(x) 为奇数，对最后一个字符的编码为

```
if length(x) > n
    y(n+1) = mod((p-1)*x(n+1),p);
end
```

最后，将数字再转换为字符：

```
y = char(y+32);
y(y==127) = c1;
y(y==128) = c2;
```

下面详细看看 y = crypto('Hello world') 的计算过程。首先初始化字符串：

```
x = 'Hello world'
```

再转换为整数向量：

```
x =
    40   69   76   76   79    0   87   79   82   76   68
```

由于 length(x) 为奇数，所以形成两行多列矩阵时直接忽略了最后一个元素：

```
X =
    40   76   79   87   82
    69   76    0   79   76
```

通过一般的矩阵向量乘我们得到一个中间结果:

2978	5548	5609	6335	5974
1874	2128	158	2228	2140

然后, mod(.,p)取模运算生成

```
Y =
    68    19    80    30    57
    31    91    61    94     6
```

它被重新排列成一个行向量:

```
y =
    68    31    19    91    80    61    30    94    57     6
```

现在 x 的最后一个元素单独编码,再加到 y 的末尾。

```
y =
    68    31    19    91    80    61    30    94    57     6    29
```

最后把 y 转换回字符串,得到了加密后的结果。

```
y = 'd?3{p]>~Y&='
```

如果再计算 crypto(y),将得到原始的字符串'Hello world'。

1.6 $3n+1$ 序列

本节介绍数论中一个著名的未解决问题。假设从任意一个正整数 n 开始,重复下列步骤:

- 若 $n=1$,停止;
- 若 n 为偶数,将其替换为 $n/2$;
- 若 n 为奇数,将其替换为 $3n+1$。

例如,从 $n=7$ 开始,生成的整数序列为

$$7, 22, 11, 34, 17, 52, 26, 13, 40, 20, 10, 5, 16, 8, 4, 2, 1$$

这个序列经过 17 步后终止。注意,只要 n 的值达到 2 的整数幂,那么序列将再过 $\log_2 n$ 步后停止。

未解决的问题是,上面这个过程总会停止吗? 或者说,是否存在某个初始的 n 值,使得上述过程不停地继续? 其生成的数越来越大,或者形成了某种周期性循环。

这就是著名的 $3n+1$ 问题,包括 Collatz、Ulam 和 Kakatani 在内的许多著名数学家都对它进行过研究,Jeffrey Lagarias 也曾写过一篇讨论它的综述性文章[35]。

下面的 MATLAB 代码生成从指定的 n 开始的 $3n+1$ 序列。

```
y = n;
while n > 1
   if rem(n,2)==0
      n = n/2;
   else
      n = 3*n+1;
   end
   y = [y n];
end
```

我们事先无法知道存储该序列的向量 y 的长度是多少, 但语句

```
y = [y n];
```

每次执行都自动把 length(y) 增加 1。

大体上, 未解决的问题等价于, 上面这段程序能一直运行下去吗? 但实际上, 当 $3n+1$ 大于 2^{53} 时, 浮点数运算的舍入误差将使计算不准确。然而, 仍然可以通过上述程序来研究中等大小的 n 值。

我们将上面的程序嵌入到一个图形用户界面中, 完整的函数在 M 文件 threenplus1.m 中。例如, 我们执行

```
threenplus1(7)
```

生成图 1-6。

31

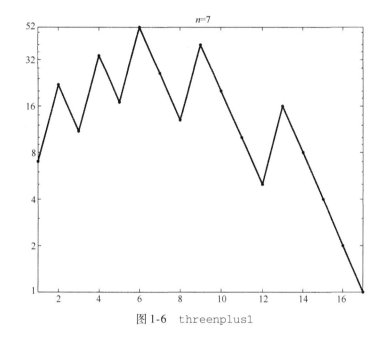

图 1-6   threenplus1

这个 M 文件的开始部分是该函数标题的序言和 help 信息。

```
function threenplus1(n)
% ``Three n plus 1''.
% Study the 3n+1 sequence.
% threenplus1(n) plots the sequence starting with n.
% threenplus1 with no arguments starts with n = 1.
% uicontrols decrement or increment the starting n.
% Is it possible for this to run forever?
```

下一部分代码将当前的图像窗口置于最前面并将其重置。在图的下面中央位置显示两个默认类型 uicontrol 的按钮, 其像素坐标分别为 [260, 5] 和 [300, 5], 大小均为 25×22 像素, 分别标有 ′<′ 和 ′>′。如果按下其中一个按钮, 将执行 ′callback′, 分别使用 ′-1′ 和 ′+1′ 参数递归调用该函数。当前图 gcf 的 ′tag′ 属性设置为一个特殊字符串, 以防止这段代码被重复执行。

```
if ~isequal(get(gcf,'tag'),'3n+1')
    shg
    clf reset
    uicontrol( ...
        'position',[260 5 25 22], ...
        'string','<', ...
        'callback','threeplus1(''-1'')');
    uicontrol( ...
        'position',[300 5 25 22], ...
        'string','>', ...
        'callback','threeplus1(''+1'')');
    set(gcf,'tag','3n+1');
end
```

下一段程序设置 n 值。如果函数的输入参数 nargin 为 0，则给 n 赋值 1。如果函数的输入参数是通过按钮回调所传递的字符串，则 n 的值取决于图形的'userdata'域，并相应地加 1 或减 1。如果输入参数不是字符串，则 n 用于后续的计算。任何情况下，n 都存于'userdata'域中，以便后续函数调用。

```
if nargin == 0
    n = 1;
elseif isequal(n,'-1')
    n = get(gcf,'userdata') - 1;
elseif isequal(n,'+1')
    n = get(gcf,'userdata') + 1;
end
if n < 1, n = 1; end
set(gcf,'userdata',n)
```

下面这段程序在前面已介绍过，它执行了实际的计算过程。

```
y = n;
while n > 1
    if rem(n,2)==0
        n = n/2;
    else
        n = 3*n+1;
    end
    y = [y n];
end
```

最后一段代码用直线连接的点画出了生成的整数序列，图中纵坐标使用了对数标尺以及定制的坐标刻度。

```
semilogy(y,'.-')
axis tight
ymax = max(y);
ytick = [2.^(0:ceil(log2(ymax))-1) ymax];
if length(ytick) > 8, ytick(end-1) = []; end
set(gca,'ytick',ytick)
title(['n = ' num2str(y(1))]);
```

1.7 浮点算术

很多人认为：

- 数值分析是关于浮点算术的研究。
- 浮点算术不可预料，更难于理解。

本书的内容将说明上述观点都是错的。在本书中，实际上只有很少一部分内容是关于浮点算术的，但讨论到这方面问题时，我们将说明浮点算术不但是强大的计算工具，而且在数学上也非常优美。

当我们仔细考虑像加法、乘法等基本算术运算的定义时，便不可避免要涉及实数这样的数学抽象。由于实数的定义包含了极限和无限等概念，所以不适合在实际计算中使用。事实上，MATLAB 和大多数其他的科学计算环境使用浮点算术体系，其中包含一个有限精度的有限数的集合，这会导致舍入（roundoff）、下溢（underflow）和上溢（overflow）等现象的出现。通常在使用 MATLAB 时，我们不需要考虑这些细节，但偶尔根据它们可以解释浮点数的一些属性和限制。

20 年前，关于浮点数使用的状况比现在复杂得多。那时，每种计算机都有自己的浮点数体系，有的使用二进制，有的使用十进制，甚至还有一种俄罗斯的计算机使用三进制算术。而在二进制计算机中，有些使用 2 为基数，有些使用 8 或 16，并且各自用不同的精度来表示数。1985 年，IEEE 标准委员会和美国国家标准局为二进制浮点数体系共同采纳了 ANSI/IEEE 754—1985 标准。这个标准文件是大学、计算机制造商、微处理器公司的 92 位数学家、计算机科学家和工程师组成的工作组历时十年的工作结晶。

1985 年以后的计算机都使用 IEEE 标准的浮点算术体系，这并不意味着它们有完全相同的计算结果，因为在这个标准内还允许有少量的变化。但是，我们现在的确有了一个与计算机类型无关的模型，可以研究浮点算术的行为。

MATLAB 传统上使用 IEEE 的双精度格式。单精度格式可以节省存储空间，但在速度上较慢。MATLAB 7 对单精度浮点算术提供了支持，但在本书中将只讨论双精度格式。此外，还有一个可选的扩展精度格式，这也是各种计算机之间不完全统一的原因。

大多数的非零浮点数是规范化的，这意味着可以表示为

$$x = \pm(1+f) \cdot 2^e$$

其中 f 为小数或称为尾数，而 e 是指数。小数 f 满足

$$0 \leqslant f < 1$$

并且必须用最多 52 位的二进制数表示，也就是说 $2^{52}f$ 是如下区间内的整数：

$$0 \leqslant 2^{52}f < 2^{52}$$

指数 e 是如下区间内的整数：

$$-1022 \leqslant e \leqslant 1023$$

f 有限的取值造成了精度上的限制，e 有限的取值造成了范围上的限制，任何不满足这些限制的数必须加以近似才能表示。

一个双精度浮点数存储为一个 64 位的字中，其中 52 位存 f，11 位存 e，1 位表示数的正负号。通过存储 $e+1023$ 免去了对 e 正负号的考虑，因为前者值的范围为 1 到 $2^{11}-2$。指数域上的两个极值，0 和 $2^{11}-1$，被保留用于表示浮点数例外值，后面将加以介绍。

浮点数的整个小数部分不是 f，而是 $1+f$，它占 53 位。然而，首位的 1 并不需要存储，这

样 IEEE 格式便将 65 位的信息打包成 64 位的一个字。

程序 floatgui 显示了一个带可变参数的模型浮点数系统中正数的分布情况。参数 t 为用来存储 f 的位数，换言之，$2^t f$ 是个整数。参数 e_{min} 和 e_{max} 指定指数的范围，因此 $e_{min} \leq e \leq e_{max}$。在初始状态，floatgui 设置 $t=3$，$e_{min} = -4$，而 $e_{max} = 3$，生成的浮点数分布如图 1-7 所示。

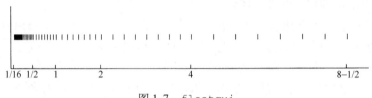

图 1-7　floatgui

在每个二进制区间 $2^e \leq x \leq 2^{e+1}$ 中，数按间隔 2^{e-t} 等距离排列。例如，当 $e=0$ 且 $t=3$ 时，1 和 2 之间数的间隔为 1/8。当 e 变大时，这个间隔也变大。

采用对数刻度来显示浮点数的分布也很有意义。图 1-8 显示了选中 logscale 属性后 floatgui 函数的输出，其中 $t=5$，$e_{min} = -4$，$e_{max} = 3$。在对数刻度下，可以明显地看出每个二进制间隔中数的分布是一样的。

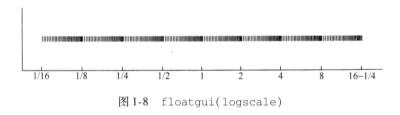

图 1-8　floatgui(logscale)

在 floatgui 的图形界面上，高亮部分显示了浮点算术体系中非常重要的量。在 MATLAB 中这个量被称为 eps，是 machine epsilon 的缩写。

eps 是从 1 到下一个较大的浮点数的距离。

在 floatgui 显示的模型浮点系统中，eps = 2^(-t)。

在 IEEE 标准设立前，不同的机器有不同的 eps 值。现在，对于 IEEE 双精度系统，

35

```
eps = 2^(-52)
```

换算为十进制的近似数为 $2.2204 \cdot 10^{-16}$。eps/2 或 eps 通常被称为舍入误差级别。当一个计算结果用最接近的浮点数来近似时，可能造成的最大相对误差为 eps/2，而两个浮点数的最大相对间距为 eps。不论何种情况，舍入误差级别大约是 16 位十进制数。

一个最常发生舍入的例子就是下面的 MATLAB 语句

```
t = 0.1
```

由于用二进制表达十进制分数 1/10 需要一个无穷级数，存储于 t 的数值并不精确等于 0.1。事实上，

$$\frac{1}{10} = \frac{1}{2^4} + \frac{1}{2^5} + \frac{0}{2^6} + \frac{0}{2^7} + \frac{1}{2^8} + \frac{1}{2^9} + \frac{0}{2^{10}} + \frac{0}{2^{11}} + \frac{1}{2^{12}} + \cdots$$

在第一项之后，后续项的系数按 1，0，0，1 重复出现，根据这个规律以四项为一组进行合并后，可得到一个基为 16 或十六进制（hexadecimal）的序列。

$$\frac{1}{10} = 2^{-4} \cdot \left(1 + \frac{9}{16} + \frac{9}{16^2} + \frac{9}{16^3} + \frac{9}{16^4} + \cdots\right)$$

需要在二进制表达式的第 52 项，或十六进制表达式的第 13 项截断这个无穷级数的小数部分，进行向上或向下舍入，才能得到 1/10 的浮点数近似值。因此

$$t_1 < 1/10 < t_2$$

其中

$$t_1 = 2^{-4} \cdot \left(1 + \frac{9}{16} + \frac{9}{16^2} + \frac{9}{16^3} + \cdots + \frac{9}{16^{12}} + \frac{9}{16^{13}}\right)$$

$$t_2 = 2^{-4} \cdot \left(1 + \frac{9}{16} + \frac{9}{16^2} + \frac{9}{16^3} + \cdots + \frac{9}{16^{12}} + \frac{10}{16^{13}}\right)$$

可以发现 1/10 更接近于 t_2，因此 t 等于 t_2。换句话说，

$$t = (1 + f) \cdot 2^e$$

其中

$$f = \frac{9}{16} + \frac{9}{16^2} + \frac{9}{16^3} + \cdots + \frac{9}{16^{12}} + \frac{10}{16^{13}}$$

$$e = -4$$

MATLAB 命令

```
format hex
```

将 t 显示为

```
3fb999999999999a
```

字符 a 到 f 代表十六进制的"数字"10 到 15。前三个字符 3fb 为十进制数 1019 的十六进制表示，即 e 为 -4 时，对应的偏置指数为 $e + 1023$。其他 13 个字符是小数 f 的十六进制表示。

　　总之，存于 t 中的数非常接近 0.1，但不精确等于 0.1。这种差别有时很重要，例如

```
0.3/0.1
```

并不精确等于 3，因为实际的分子比 0.3 小一点，而实际的分母比 0.1 大一点。

　　长度为 t 的十步并不精确地等于长度为 1 的一步。MATLAB 进行了仔细处理，使得向量

```
0:0.1:1
```

的最后一个元素精确地等于 1。但如果自己通过重复加 0.1 来构造这个向量，将不能精确地达到最后的那个 1。

　　黄金分割比的浮点数近似是怎样的呢？

```
format hex
phi = (1 + sqrt(5))/2
```

生成结果

```
phi =
    3ff9e3779b97f4a8
```

第一个十六进制数 3，在二进制中为 0011。第一个二进制位是表示浮点数的正负号：0 为正，1 为负，因此 phi 为正数。前三个十六进制数字的其他部分表示 $e + 1023$，在这个例子中用

十六进制表示的 3ff 即为十进制的 $3 \cdot 16^2 + 15 \cdot 16 + 15 = 1023$。因此
$$e = 0$$

事实上，任何 1.0 和 2.0 之间的浮点数都有 $e = 0$，因此它的 hex 输出都以 3ff 开始。其他的 13 个十六进制数表示 f。在此例子中，

$$f = \frac{9}{16} + \frac{14}{16^2} + \frac{3}{16^3} + \cdots + \frac{10}{16^{12}} + \frac{8}{16^{13}}$$

以这些 f 和 e 的值，有

$$(1 + f)2^e \approx \phi$$

下面的程序段提供了另一个例子。

```
format long
a = 4/3
b = a - 1
c = 3*b
e = 1 - c
```

若精确计算 e 将为 0，但使用浮点数，输出结果为

```
a =
    1.33333333333333
b =
    0.33333333333333
c =
    1.00000000000000
e =
    2.220446049250313e-016
```

在上述程序段的第一条语句中，仅在执行除法时产生了舍入，除非是用俄罗斯的三进制计算机，否则商不可能精确地等于 4/3。因此，存储于 a 的数近似但不精确等于 4/3。减法 b = a - 1，生成一个最后一位是 0 的 b，这意味着执行乘法 3 * b 时，不存在舍入。存于 c 的值不精确等于 1，因此 e 也就不等于 0。在使用 IEEE 标准之前，这段程序用于快速估计各种计算机的舍入误差级别。

舍入误差级别 eps 有时被称为"浮点零"，但这是用词不当，因为有许多远小于 eps 的浮点数。最小的正规范化浮点数有 $f = 0$ 且 $e = -1022$，最大的浮点数则有比 1 小一点的 f 且 $e = 1023$。在 MATLAB 中，这些数被称为 realmin 和 realmax。和 eps 一起，它们组成了这个标准体系。

	Binary	Decimal
eps	2^(-52)	2.2204e-16
realmin	2^(-1022)	2.2251e-308
realmax	(2-eps)*2^1023	1.7977e+308

如果出现计算结果大于 realmax 的情况，称为上溢出。这个计算结果为一个例外浮点数，称无穷大 (infinity) 或 Inf，表示为 $f = 0$ 且 $e = 1024$，并满足关系 1/Inf = 0、Inf + Inf = Inf。

还可能计算出一个在实数系统中从未定义的值，这个例外值称为"非数"(NaN)。出现这种情况的例子有 0/0 和 Inf-Inf，在浮点数体系中表示为 $e = 1024$ 和 f 非零。

如果出现计算结果小于 realmin 的情况，称为下溢出。这涉及 IEEE 标准中一个可选但有争议的方面。许多但不是所有机器，允许在 realmin 和 eps * realmin 之间有例外的非规范

或次规范的浮点数。最小的正非规范数大约为 $0.494e-323$，任何小于它的数都设为 0。在没有定义非规范数的机器里，任何小于 realmin 的数都设为 0。非规范数填充了 floatgui 模型系统中 0 和最小正数之间的空隙。这样提供了处理下溢的简洁办法，但对于 MATLAB 风格的计算，其重要性不大。采用 $e=-1023$ 来表示非规范数，这样实际存储的指数 $e+1023$ 为 0。

MATLAB 用浮点数系统来处理整数。数 3 和 3.0 在数学上是完全一样的，但许多编程语言采用不同的方式表示它们。MATLAB 并不区别它们。有时人们用浮点整数(flint)描述值为整数的浮点数。只要计算结果不太长，浮点整数的运算不会有舍入误差。若结果不超过 2^{53}，浮点整数的加、减、乘法运算是精确的，且结果仍为浮点整数。若涉及浮点整数的除法和平方根的计算结果为整数，则也用浮点整数表示。例如，sqrt($363/3$)结果为 11，计算中不出现舍入。 [38]

两个 MATLAB 函数 log2 和 pow2，分别具有将浮点数分离和合并的功能。

```
help log2
help pow2
```

输出结果为

```
[F,E] = LOG2(X) for a real array X, returns an array F
of real numbers, usually in the range 0.5 <= abs(F) < 1,
and an array E of integers, so that X = F .* 2.^E.
Any zeros in X produce F = 0 and E = 0.

X = POW2(F,E) for a real array F and an integer array E
computes X = F .* (2 .^ E).  The result is computed quickly
by simply adding E to the floating-point exponent of F.
```

函数 log2 和 pow2 中的量 F 和 E 比 IEEE 浮点数标准更早被使用，因此与本节前面介绍的 f 和 e 有点区别。事实上，$f=2*F-1$，而 $e=E-1$。

```
[F,E] = log2(phi)
```

输出结果为

```
F =
    0.80901699437495
E =
    1
```

而

```
phi = pow2(F,E)
```

还原出

```
phi =
    1.61803398874989
```

作为一个舍入误差影响矩阵计算的例子，考虑 2×2 线性方程组

$$17x_1 + 5x_2 = 22$$
$$1.7x_1 + 0.5x_2 = 2.2$$

这个问题的一个明显的解为 $x_1=1$，$x_2=1$。但 MATLAB 程序 [39]

```
A = [17 5; 1.7 0.5]
b = [22; 2.2]
x = A\b
```

的输出结果为

```
x =
  -1.0588
   8.0000
```

这个结果是怎么得来的？注意到这个方程组其实是奇异的，而且是相容的，第二个方程正好是第一个方程的 0.1 倍。MATLAB 计算出来的 x 正是无穷多解中的一个，但由于 A(2,1) 不精确等于 17/10，矩阵 *A* 的浮点数表示并非奇异矩阵。

求解的过程是，将第一个方程乘以一个常数再减第二个方程，这个常数为 mu =1.7/17，它通过截断 1/10 的二进制的展开式得到。矩阵 A 和右端项 b 被修改为

```
A(2,:) = A(2,:) - mu*A(1,:)
b(2) = b(2) - mu*b(1)
```

如果计算过程是精确的，A(2,2) 和 b(2) 都将为零，但在浮点算术体系下，它们都为 eps 的非零倍数。

```
A(2,2) = (1/4)*eps
       = 5.5511e-17
  b(2) = 2*eps
       = 4.4408e-16
```

MATLAB 认为 A(2,2) 是个很小的量，输出一条警告信息，提示矩阵接近奇异，然后通过将一个舍入误差除以另一个舍入误差来求解修改后的第二个方程。

```
x(2) = b(2)/A(2,2)
     = 8
```

这个值代回第一个方程，得到

```
x(1) = (22 - 5*x(2))/17
     = -1.0588
```

由于舍入误差的作用，MATLAB 在解一个奇异线性方程组时，从无限多可能的解中选出一个特殊的解。

本章最后一个例子画了一个七次多项式的图。

```
x = 0.988:.0001:1.012;
y = x.^7-7*x.^6+21*x.^5-35*x.^4+35*x.^3-21*x.^2+7*x-1;
plot(x,y)
```

图 1-9 显示的结果图完全不像一个多项式，它非常不光滑，原因是舍入误差在起作用。y 轴坐标的单位刻度非常小，为 10^{-14}。这些很小的 y 值是计算像 $35 \cdot 1.012^4$ 这么大的数的和以及差得到的，其中出现了严重的相减抵消现象。这个例子是用符号工具箱展开 $(x-1)^7$ 得到的，并仔细选取 x 轴的范围在 $e = 1$ 附近。如果 y 值用

```
y = (x-1).^7;
```

来计算，则将得到一个光滑（而且很平）的曲线结果。

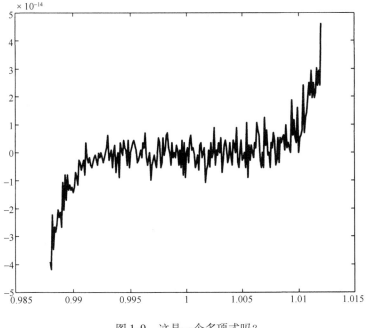

图 1-9   这是一个多项式吗?

1.8   更多阅读资料

关于浮点运行和舍入误差的更多信息可参考 Higham 和 Overton 的著作[32, 46]。

习题

1.1   在下列日常生活中常见的矩形中, 哪个最接近黄金矩形? 使用 MATLAB 中向量的分量
除法操作 w. /h 进行计算。

- 3×5 英寸⊖的索引卡片。
- 8.5×11 英寸的 U. S. 信纸。
- 8.5×14 英寸的 U. S. 法律文书。
- 9×12 英尺⊜的地毯。
- 9 : 16 的"信箱"电视画面。
- 768×1024 像素点的计算机屏幕。

1.2   ISO 标准的 A4 型纸张, 在除美国和加拿大之外的世界各地得到普遍使用, 它的大小是
210×297 毫米。这不是一个黄金矩形, 但它的长宽比却近似于另一个人们熟悉的无理
数。这个数是什么? 假设把一张 A4 大小的纸对半折叠, 半张 A4 纸的长宽比是多少?
修改 M 文件 goldrect. m 来说明上述性质。

1.3   要使近似 ϕ 的误差小于 10^{-10}, 需对连续分数取多少项截断? 当取的项数增加时, 舍入
误差会对结果产生干扰。在双精度浮点算术体系下, 可期望的最好计算精度是什么,
对应在连续分数中取多少项?

41

1.4 使用 MATLAB 中的反斜线操作符，求解 2×2 的联立线性方程组

$$c_1 + c_2 = 1$$
$$c_1 \phi + c_2 (1 - \phi) = 1$$

中的 c_1 和 c_2。关于反斜线操作符的使用，可浏览本书的下一章，或使用下面的命令阅读联机帮助：

```
help \
help slash
```

1.5 命令

```
semilogy(fibonacci(18),'-o')
```

生成一个斐波那契数相对其索引的对数曲线，此图近似于一条直线，请问直线的斜率是多少？

1.6 命令 fibnum(n) 的运行时间如何依赖于 fibnum(n-1) 和 fibnum(n-2) 的运行时间？请根据这个关系推导计算 fibnum(n) 运行时间的近似公式，并估计在你的计算机上，计算 fibnum(50) 需要多少时间。注意：可能不需要实际运行 fibnum(50)。

1.7 如果不考虑舍入误差，MATLAB 中采用双精度能精确表示的最大斐波那契数的下标是多少？MATLAB 中采用双精度能近似表示多大的斐波那契数，而不发生上溢？

1.8 在 MATLAB 中输入语句

```
A = [1 1; 1 0]
X = [1 0; 0 1]
```

再执行命令

```
X = A*X
```

现在按上箭头键，接着按回车键，如此反复按这两个键，会出现什么现象？生成的矩阵元素有何规律？在矩阵 X 上溢出之前，需要执行上述过程多少次？

1.9 请改变分形蕨图形的颜色搭配，采用黑色背景、粉红色点，别忘了按停止按钮。

1.10 （a）当分形蕨正在绘制的时候，改变图画窗口的尺寸，将出现什么后果？为什么？

（b）M 文件 finitefern.m 可生成分形蕨的打印输出。请解释为何用 finitefern.m 打印是可能的，而用 fern.m 则不行。

1.11 交换 x 和 y 坐标，将分形蕨的图形翻转。

1.12 如果改变矩阵 A4 中仅有的非零元素，输出的分形蕨将有何变化？

1.13 分形蕨茎干最下端的坐标是多少？

1.14 分形蕨上面顶尖点的坐标，可通过求解一个 2×2 的联立线性方程组得到，这个方程组是什么？顶尖点的坐标是多少？

1.15 在分形蕨算法中，随机采用四个不同的公式中的一个来计算下一个点的位置。如果一直固定使用第 k 个公式，将在 (x, y) 平面上画出一条确定的轨迹。修改文件 finitefern.m，使得在分形蕨的图上，再画出这 4 条确定轨迹，每条轨迹都从点 $(-1, 5)$ 开始，用 o 标记每步生成的点并用直线连接形成轨迹，画出尽量多的点，以显示每条轨迹的极限点。可以用下面的命令在已有的图上添加多个其他的图。

```
plot(...)
hold on
plot(...)
plot(...)
hold off
```

1.16　使用下面的程序, 从分形蕨生成你自己的可更换的网络图像文件, 然后比较这幅图和 ncm/fern.png。

```
bg = [0 0 85];      % Dark blue background
fg = [255 255 255]; % White dots
sz = get(0,'screensize');
rand('state',0)
X = finitefern(500000,sz(4),sz(3));
d = fg - bg;
R = uint8(bg(1) + d(1)*X);
G = uint8(bg(2) + d(2)*X);
B = uint8(bg(3) + d(3)*X);
F = cat(3,R,G,B);
imwrite(F,'myfern.png','png','bitdepth',8)
```

43

1.17　修改 fern.m 或 finitefern.m 文件, 使其生成 Sierpinski 三角形 (Sierpinski's triangle)。首先令

$$x = \begin{bmatrix} 0 \\ 0 \end{bmatrix}$$

在每个迭代步, 用 $Ax + b$ 代替 x, 其中 A 为

$$A = \begin{bmatrix} 1/2 & 0 \\ 0 & 1/2 \end{bmatrix}$$

而 b 从下面三个向量中随机等概率地选择

$$b = \begin{bmatrix} 0 \\ 0 \end{bmatrix}, \quad b = \begin{bmatrix} 1/2 \\ 0 \end{bmatrix}, \quad b = \begin{bmatrix} 1/4 \\ \sqrt{3}/4 \end{bmatrix}$$

1.18　程序 greetings(phi) 生成的分形图案依赖于参数 phi, 其默认值为黄金分割比, 若取其他值会有什么现象? 请试试简单的分数和无理数的小数近似。

1.19　A = magic(4) 是奇异矩阵, 也即它的列线性相关。请运行 null(A)、null(A,'r')、null(sym(A)) 和 rref(A), 看看它们的结果怎么说明这种相关性。

1.20　令 A = magic(n), n = 3, 4 或 5, 执行操作

```
p = randperm(n); q = randperm(n); A = A(p,q);
```

看看对下面一些计算结果有何影响。

```
sum(A)
sum(A')'
sum(diag(A))
sum(diag(flipud(A)))
rank(A)
```

1.21　字符 char(7) 是控制字符, 它的作用是什么?

1.22　在你的计算机上, char([169 174]) 的显示结果是什么?

1.23 下面的字符串中隐藏了什么物理定律?

```
s = '/b_t3{$H~MO6JTQI>v~#3GieW*l(p,nF'
```

1.24 找到两个文件 encrypt.m 和 gettysburg.txt, 用 encrypt 来加密 gettys-burg.txt, 然后将结果解密,并用其来加密自身。

1.25 将 NCM 加入 MATLAB 运行路径,用下面的命令可读入林肯的盖茨堡演讲的文本:

```
fp = fopen('gettysburg.txt');
G = char(fread(fp))'
fclose(fp);
```

(a) 这段文字有多少个字符?

(b) 使用 unique 函数,得到其中出现的不重复字符。

(c) 文字中有多少个空格? 有哪些标点符号? 各有多少个?

(d) 删除文字中的空格和标点符号,并把字母全都转换为大写或小写,使用 histc 函数计算字母的数目。哪个字母使用频率最高? 哪个字母未出现?

(e) 根据 help histc 中的描述,使用 bar 函数画出字母使用频率的柱状图。

(f) 用 get(gca,'xtick') 和 get(gca,'xticklable') 查看柱状图的 x 坐标是如何标注的,然后用

```
set(gca,'xtick',...,'xticklabel',...)
```

将 x 轴标记为使用文本中的字母。

1.26 如果 x 是仅含两个空格的字符串

```
x = '  '
```

那么 crypto(x) 正好等于 x。这是为什么? 还有其他的含两个字符的字符串经过 crypto 后不变吗?

1.27 寻找另一个 2×2 整数矩阵,使得

```
mod(A*A,97)
```

是单位矩阵。用刚才找到的矩阵替代 crypto.m 中的矩阵,并验证这个函数仍能正常工作。

1.28 函数 crypto 工作时使用 97 个字符,而不是 95 个字符,它能正确地处理输入、输出结果,其中包含了两个 ASCII 编码值大于 127 的字符。这两个字符是什么? 为什么需要它们? 对其他 ASCII 编码值大于 127 的字符会怎样处理?

1.29 创造一个新的 crypto 函数,它使用包括 26 个小写字母、空格、句号和逗号在内的 29 个字符,此外还需要寻找一个 2×2 的整数矩阵 A, 使得 mod(A * A, 29) 为单位阵。

1.30 当 n 为 5, 10, 20, 40, $\cdots$, 即 2 的整数幂的 5 倍时, $3n+1$ 序列的图形有明显的特点,是什么? 为什么会这样?

1.31 从 $n = 108$, 109 和 110 开始的 $3n+1$ 序列的图非常相似,这是为什么?

1.32 令 $L(n)$ 为从 n 开始的 $3n+1$ 序列的长度,编写一个 MATLAB 函数计算 $L(n)$, 而不使用任何向量或任何非固定大小的存储空间。画出 $1 \le n \le 1000$ 时 $L(n)$ 的图形,在此范围内, n 为何值时 $L(n)$ 取最大值,最大值是多少? 对这个特别的 n 值用 three-plus1 画出这个序列。

1.33 修改 floatgui.m 程序,去掉最后一行的注释符号,并修改问号得到一个计算模型系

统中浮点数个数的简单表达式。

1.34　解释下列程序的输出结果:

```
t = 0.1
n = 1:10
e = n/10 - n*t
```

1.35　分别说明下面三个程序的功能,每个程序生成多少行输出? 打印的最后两个 x 值为多少?

```
x = 1; while 1+x > 1, x = x/2, pause(.02), end
```

```
x = 1; while x+x > x, x = 2*x, pause(.02), end
```

```
x = 1; while x+x > x, x = x/2, pause(.02), end
```

1.36　下面三个是 format hex 模式下的浮点数,它们分别近似于哪些实数?

```
4059000000000000
3f847ae147ae147b
3fe921fb54442d18
```

1.37　令 $\mathcal{F}$ 为所有 IEEE 双精度浮点数的集合,其中不含十六进制指数 7ff 对应的 NaN 和 Inf,以及十六进制指数 000 对应的非规范数。

(a) $\mathcal{F}$ 集合中有多少元素?

(b) $\mathcal{F}$ 集合中属于区间 $1 \leqslant x < 2$ 的元素占多大比例?

(c) $\mathcal{F}$ 集合中属于区间 $1/64 \leqslant x < 1/32$ 的元素占多大比例?

(d) 用随机采样的方法,近似地确定 $\mathcal{F}$ 集合中满足以下 MATLAB 逻辑关系式的元素 x 占多大比例:

```
x*(1/x) == 1
```

1.38　经典二次求根公式,给出二次方程

$$ax^2 + bx + c = 0$$

的两个根为

$$x_1, x_2 = \frac{-b \pm \sqrt{b^2 - 4ac}}{2a}$$

在 MATLAB 中用这个公式计算下述情况的根:

$$a = 1, b = -100\,000\,000, c = 1$$

将计算结果与

```
roots([a b c])
```

做比较。手算或者用计算器的情况会怎样? 应该发现,这个经典公式能很好地计算一个根,但计算另一个时误差很大。因此,请准确计算一个根,然后用

$$x_1 x_2 = \frac{c}{a}$$

计算另一个。

1.39　$\sin x$ 的幂级数序列为

$$\sin x = x - \frac{x^3}{3!} + \frac{x^5}{5!} - \frac{x^7}{7!} + \cdots$$

下面的 MATLAB 函数用这个序列计算 $\sin x$。

```
function s = powersin(x)
% POWERSIN.  Power series for sin(x).
% POWERSIN(x) tries to compute sin(x)
% from a power series
s = 0;
t = x;
n = 1;
while s+t ~= s;
   s = s + t;
   t = -x.^2/((n+1)*(n+2)).*t;
   n = n + 2;
end
```

上面程序中的 while 循环何时停止？

对于 $x = \pi/2,\ 11\pi/2,\ 21\pi/2$ 和 $31\pi/2$，回答下面的问题：

（a）计算结果的准确性如何？

（b）需要取多少项？

（c）其中最大的项有多大？

关于使用浮点算术和幂级数公式计算函数值，从上面可得出什么结论？

1.40 图像密码(steganography)是一种在图像数据的低字节位上隐藏信息或其他图像的技术。MATLAB 的 image 函数就有一个包含其他图像的隐藏图，要看顶层图像，可输入命令

```
image
```

然后，改善它的显示效果：

```
colormap(gray(32))
truesize
axis ij
axis image
axis off
```

47

上面这些操作仅仅是个开始，NCM 程序 stegano 可帮助你继续研究。

（a）在默认图的 cdata 中有多少隐藏图？

（b）这和浮点数的结构有何必然联系？

1.41 素数螺旋。Ulam 素数螺旋是一个素数位置图，它采用从网格中心螺旋展开的整数编号方案。NCM 文件 primespiral(n, c)生成从中心点整数 c 开始的 $n \times n$ 素数螺旋，默认的 $c = 1$。图 1-10 为 primespiral(7)，而图 1-11 为 primespiral(250)。

43	44	45	46	**47**	48	49
42	21	22	**23**	24	25	26
41	20	7	8	9	10	27
40	**19**	6	1	**2**	**11**	28
39	18	**5**	4	**3**	12	**29**
38	**17**	16	15	14	**13**	30
37	36	35	34	33	32	**31**

图 1-10 primespiral(7)

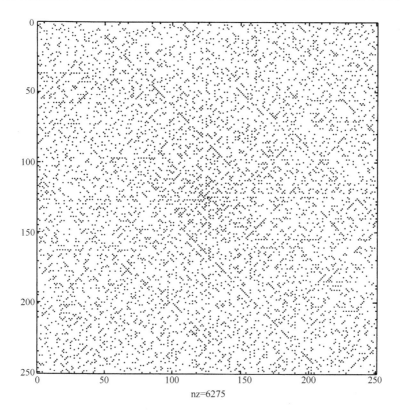

图 1-11 `primespiral(250)`

在图中素数的分布明显集中于一些对角线上的线段，但其原因还未可知。位置(i, j)处元素的值为关于i, j的分段二次函数，因此每个对角线段代表一个素数分布的最小法则。这个现象在 1963 年被 Stanislaw Ulam 发现，并出现于 1964 年的 *Scientific American* 杂志封面。有许多有趣的网站是关于素数螺旋的，包括[49]和[63]。

(a) MATLAB 的 demos 目录包含一个 M 文件 `spiral.m`，从 1 到 n^2 的整数从矩阵中心开始，按螺旋展开的方式进行排列。`demos/spiral.m` 中的程序写得不太简洁，下面是一个更好的版本。

```
function S = spiral(n)
%SPIRAL SPIRAL(n) is an n-by-n matrix with elements
%   1:n^2 arranged in a rectangular spiral pattern.
S = [];
for m = 1:n
    S = rot90(S,2);
    S(m,m) = 0;
    p = ???
    v = (m-1:-1:0);
    S(:,m) = p-v';
    S(m,:) = p+v;
end
if mod(n,2)==1
    S = rot90(S,2);
end
```

在循环中每次应给 p 赋什么值, 才能生成和 demos 目录下的 spiral.m 一样的矩阵?

(b) 为什么 spiral(n) 有一半的对角线不含素数?

(c) 令 S = spiral(2 * n), 而 r1 和 r2 为通过矩阵中间, 长度大约为一半的行:

```
r1 = S(n+1,1:n-2)
r2 = S(n-1,n+2:end)
```

为什么这些行里没有素数?

(d) 下列函数的输出结果特别值得注意:

```
primespiral(17,17)
primespiral(41,41)
```

48
~
49

它是什么?

(e) 寻找小于 50 的数 n 和 c, 它们不等于 17 或 41, 使得

```
[S,P] = primespiral(n,c)
```

存在一条对角线段, 其上有 8 个或更多的素数。

1.42   三角数(triangular number)是 $n(n+1)/2$ 形式的整数, 这个名称来自每边 n 个点的三角形网格总共有 $n(n+1)/2$ 个点的事实。编写一个函数 trinums(m), 能生成所有小于等于 m 的三角数, 然后使用 trinums 把 primespiral 修改为 trinumspiral。

1.43   有一个难题可能和本章的内容联系不大, 但可能非常有趣。下面的图显示了整数的哪个熟悉的性质?

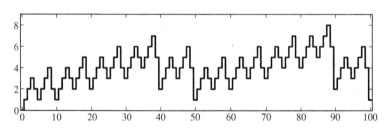

1.44   在格里历(Gregorian calendar)中, 某年 y 为闰年(leap year)的充分必要条件为

```
(mod(y,4) == 0) & (mod(y,100) ~= 0) | (mod(y,400) == 0)
```

因此, 2000 年是闰年, 而 2100 年则不是。这条规则说明, 每过 400 年格里历就重复一次。在 400 年期间, 共出现 97 个闰年、4800 个月、20 871 个星期和 146 097 天。MATLAB 函数 datenum、datevec、datestr 和 weekday 使用这些规则来处理关于日期的计算。例如, 命令

```
[d,w] = weekday('Aug. 17, 2003')
```

或

```
[d,w] = weekday(datenum([2003 8 17]))
```

得出 2003 年我的生日, 是在一个星期天。

使用 MATLAB 回答下列问题。

（a）你出生于星期几？

（b）在一个 400 年的格里历循环中，你的生日最可能出现在星期几？

（c）某个月的 13 日为星期五的概率是多少？结果近似为 1/7。

1.45　人体生理周期预测（biorhythm）在 20 世纪 60 年代非常流行。现在仍然可以找到一些网站，提供人体生理周期预测，或者销售有关的软件。人体生理周期预测往往基于对影响我们生活的三个循环周期的观察，生理循环 23 天一个周期，情绪循环 28 天一个周期，而智力循环 33 天一个周期。对任何人，这些循环都是从出生时开始的。图 1-12 `50` 是我的生理周期预测，它开始于 1939 年 8 月 17 日，其中画出了以 2003 年 10 月 19 日为中心的 8 个星期的一段时间。这个图显示了 2003 年 10 月 19 日的前一天我的智力达到峰值，而体力和情绪将在下一个星期的同一天 6 小时之内先后达到峰值，在 11 月初三个循环都将达到它们的最低点。

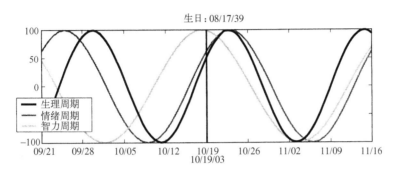

图 1-12　我的生理周期预测

MATLAB 中的日期和图形函数使得生理周期预测的计算和显示非常方便。日期用日期数表示，它是从理论日历零年零天开始的天数。函数 datenum 返回任何给定时间的日期数，例如，datenum（'Oct.19,2003'）为 731873。表达式 fix(now) 返回今天的日期数。下面的代码是以当前日期为中心的八个星期生理周期预测程序的一部分。

```
t0 = datenum(mybirthday);
t1 = fix(now);
t = (t1-28):1:(t1+28);
y = 100*[sin(2*pi*(t-t0)/23)
         sin(2*pi*(t-t0)/28)
         sin(2*pi*(t-t0)/33)];
plot(t,y)
```

（a）使用你自己的生日，以及 line、datetick、title、datestr 和 legend 等函数完成该程序，你的程序应生成类似图 1-12 的输出。

（b）在你出生时，三个循环从零开始，它们同时回到初始状态要多久？那个时候你多大年龄？画出那个日期附近你的生理周期预测图。lcm 函数将会有用。

（c）是否可能存在完全相同的一个时间，三个周期同时达到最大或最小？ `51`

线性方程组

科学计算中最经常遇到的一个问题，就是线性方程组的求解。本章介绍用于求解线性方程组的高斯消元法，以及数据误差和计算中的舍入误差对解的影响。

2.1 求解线性方程组

采用矩阵记号，一个线性方程组可表示为

$$Ax = b$$

通常情况下，变量和方程的数目一样多。此时，A 为已知的 n 阶方阵，b 是含 n 个分量的已知列向量，而 x 为含 n 个分量的未知列向量。

学过线性代数的人都知道，$Ax = b$ 的解可写成 $x = A^{-1}b$，其中 A^{-1} 为矩阵 A 的逆。然而，在大多数实际计算问题中，实际计算 A^{-1} 既没必要也很不明智。举一个极端但有说服力的例子，考虑仅含一个方程的线性方程组，如

$$7x = 21$$

求解该方程的最好方法是用除法：

$$x = \frac{21}{7} = 3$$

使用矩阵的逆则导致

$$x = 7^{-1} \times 21 = 0.142\ 857 \times 21 = 2.999\ 97$$

通过求逆来计算需要更多的计算量——一次除法和一次乘法，而不仅是一次除法——而且还得到一个不太准确的答案。同样的道理适用于含不止一个方程的线性方程组。甚至对于有相同矩阵 A 但不同的右端项 b 的多个线性方程组求解问题，上面的分析一般也是成立的。因此，我们将讨论的重点集中于线性方程组的直接求解，而不关心矩阵逆的计算。

2.2 MATLAB 反斜线操作符

为强调求解线性方程组和计算矩阵逆的区别，MATLAB 使用反斜线（backward slash）操作符和正斜线（forward slash）操作符引入了非标准记号"\"和"/"。

如果 A 为一个任意大小和形状的矩阵，而矩阵 B 和 A 的行数一样多，那么线性方程组

$$AX = B$$

的解可用下式表示：

$$X = A \backslash B$$

可把这看成将等式的左右两边都除以系数矩阵 A。由于矩阵乘法是不可交换的，且 A 在原方程中出现在左边，这也称为左除。

类似地，求解矩阵 A 在右边，而矩阵 B 和 A 的列数一样多的线性方程组

$$XA = B$$

时，可使用右除，

$$X = B/A$$

这个记号可用于 A 不是方阵的情况，此时方程的数目并不等于变量的数目。然而本章仅限

于讨论系数矩阵为方阵的线性方程组求解。

2.3　一个 3×3 例子

为说明一般的线性方程组求解算法，考虑下面的三阶线性方程组：

$$\begin{bmatrix} 10 & -7 & 0 \\ -3 & 2 & 6 \\ 5 & -1 & 5 \end{bmatrix} \begin{bmatrix} x_1 \\ x_2 \\ x_3 \end{bmatrix} = \begin{bmatrix} 7 \\ 4 \\ 6 \end{bmatrix}$$

当然，它代表了三个联立的方程

$$10x_1 - 7x_2 = 7$$
$$-3x_1 + 2x_2 + 6x_3 = 4$$
$$5x_1 - x_2 + 5x_3 = 6$$

求解算法的第一步是，用第一个方程消去其他方程中的 x_1。这通过将第一个方程的 0.3 倍加到第二个方程上以及用第三个方程减去第一个方程的 0.5 倍来实现。第一个方程中 x_1 的系数 10 称为第一个主元(pivot)，而用其他方程中 x_1 的系数除以主元得到的数 -0.3 和 0.5 称为乘子(multiplier)。经过第一步，方程组变为 |54|

$$\begin{bmatrix} 10 & -7 & 0 \\ 0 & -0.1 & 6 \\ 0 & 2.5 & 5 \end{bmatrix} \begin{bmatrix} x_1 \\ x_2 \\ x_3 \end{bmatrix} = \begin{bmatrix} 7 \\ 6.1 \\ 2.5 \end{bmatrix}$$

第二步可以用第二个方程消去第三个方程中的 x_2。但第二个方程中 x_2 的系数，即第二个主元 -0.1 小于其他的系数。因此，我们交换后两个方程。这被称为选主元。在这个例子中，由于没有舍入误差，选主元其实并不必要，但在一般情况下，则非常关键：

$$\begin{bmatrix} 10 & -7 & 0 \\ 0 & 2.5 & 5 \\ 0 & -0.1 & 6 \end{bmatrix} \begin{bmatrix} x_1 \\ x_2 \\ x_3 \end{bmatrix} = \begin{bmatrix} 7 \\ 2.5 \\ 6.1 \end{bmatrix}$$

现在第二个主元是 2.5，我们可以将第二个方程乘以 0.04 倍，再加到第三个方程上，从而消去其中含 x_2 的项。(如果不进行方程交换，乘子应该是多少？)

$$\begin{bmatrix} 10 & -7 & 0 \\ 0 & 2.5 & 5 \\ 0 & 0 & 6.2 \end{bmatrix} \begin{bmatrix} x_1 \\ x_2 \\ x_3 \end{bmatrix} = \begin{bmatrix} 7 \\ 2.5 \\ 6.2 \end{bmatrix}$$

得到最后一个方程为

$$6.2x_3 = 6.2$$

求解它，我们得到 $x_3 = 1$。将它代入第二个方程：

$$2.5x_2 + (5)(1) = 2.5$$

因此，求得 $x_2 = -1$。最后，将 x_2 和 x_3 的值都代入第一个方程：

$$10x_1 + (-7)(-1) = 7$$

因此 $x_1 = 0$。最后的解可写成

$$x = \begin{bmatrix} 0 \\ -1 \\ 1 \end{bmatrix}$$

用原始的方程组，我们可以方便地检查解的正确性。

$$\begin{bmatrix} 10 & -7 & 0 \\ -3 & 2 & 6 \\ 5 & -1 & 5 \end{bmatrix} \begin{bmatrix} 0 \\ -1 \\ 1 \end{bmatrix} = \begin{bmatrix} 7 \\ 4 \\ 6 \end{bmatrix}$$

上述整个计算过程可以用矩阵记号紧凑地加以表示。对这个例子，令

$$L = \begin{bmatrix} 1 & 0 & 0 \\ 0.5 & 1 & 0 \\ -0.3 & -0.04 & 1 \end{bmatrix}, U = \begin{bmatrix} 10 & -7 & 0 \\ 0 & 2.5 & 5 \\ 0 & 0 & 6.2 \end{bmatrix}, P = \begin{bmatrix} 1 & 0 & 0 \\ 0 & 0 & 1 \\ 0 & 1 & 0 \end{bmatrix}$$

矩阵 L 包含了在消去变量过程中用到的乘子，矩阵 U 是最后得到的系数矩阵，而矩阵 P 则反映了选主元的情况。使用这三个矩阵，我们有

$$LU = PA$$

换句话说，原始的系数矩阵可表示为结构较简单的矩阵的乘积。

2.4　排列和三角形矩阵

排列矩阵(permutation matrix)是单位矩阵经过行列交换而得到的，它在每行或每列上有且仅有一个 1，而其他的矩阵元素均为 0。例如，

$$P = \begin{bmatrix} 0 & 0 & 0 & 1 \\ 1 & 0 & 0 & 0 \\ 0 & 0 & 1 & 0 \\ 0 & 1 & 0 & 0 \end{bmatrix}$$

对矩阵 A 左乘一个排列矩阵 P 得到 PA，其等价于对矩阵 A 的行进行排列。若进行右乘，即 AP，则等价于排列矩阵 A 的列。

MATLAB 也可以用一个排列向量(permutation vector)作为行或列的索引，来对一个矩阵的行或列进行重新组织。针对上面给出的 P 矩阵，令 p 为向量

```
p = [4 1 3 2]
```

则 P * A 和 A(p, :) 的计算结果是一样的。在结果矩阵中，原来 A 的第四行变成了第一行，原来 A 的第一行变成了第二行，以此类推。类似地，A * P 和 A(:, p) 都对矩阵 A 的列进行了相同的重新排列。记号 P * A 接近于传统数学的表示方式，而 A(p, :) 计算速度则更快，也更省内存。

系数矩阵为排列矩阵的线性方程组，非常易于求解。求解

$$Px = b$$

仅仅需要重新排列一下 b 的各个分量：

$$x = P^{\mathrm{T}} b$$

上三角(upper triangular)矩阵中，所有的非零元素都在主对角线上或其上方，而单位下三角(unit lower triangular)矩阵中，主对角线上全为 1，且所有的其他非零元素都在主对角线的下方。例如，

$$U = \begin{bmatrix} 1 & 2 & 3 & 4 \\ 0 & 5 & 6 & 7 \\ 0 & 0 & 8 & 9 \\ 0 & 0 & 0 & 10 \end{bmatrix}$$

是上三角矩阵，而

$$L = \begin{bmatrix} 1 & 0 & 0 & 0 \\ 2 & 1 & 0 & 0 \\ 3 & 5 & 1 & 0 \\ 4 & 6 & 7 & 1 \end{bmatrix}$$

是单位下三角矩阵。

56

系数矩阵为三角矩阵的线性方程组也很容易求解。用于求解 $n \times n$ 上三角线性方程组 $Ux = b$ 的算法有两个不同的版本。二者均先用最后一个方程求解最后一个变量，然后用倒数第二个方程，求解倒数第二个变量，以此类推。一种算法是从 b 中逐次减去矩阵 U 的列的倍数。

```
x = zeros(n,1);
for k = n:-1:1
    x(k) = b(k)/U(k,k);
    i = (1:k-1)';
    b(i) = b(i) - x(k)*U(i,k);
end
```

另一个算法使用矩阵 U 的行和解出的部分 x 作内积运算。

```
x = zeros(n,1);
for k = n:-1:1
    j = k+1:n;
    x(k) = (b(k) - U(k,j)*x(j))/U(k,k);
end
```

2.5 LU 分解

使用最广泛的求解线性方程组的算法——系统消元法——是最古老的数值算法之一，它通常以大数学家高斯的名字来命名。从 1955 年到 1965 年这一时期的研究工作表明，高斯消元法中有两个常被忽视的方面非常重要：一个是主元的选择，另一个是舍入误差影响的合理解释。

总体上，高斯消元法包括两个阶段：前向消去（forward elimination）和回代（back substitution）。前向消去过程有 $n-1$ 步，在第 k 步，将剩下的方程分别减去第 k 个方程的若干倍，从而消去其中的第 k 个变量。如果第 k 个方程中 x_k 的系数"很小"，那么在执行上述步骤之前，进行方程交换是明智的选择。上述消去的操作可同时应用于右端项，或者先记下方程交换和乘子的数值，稍后将它们应用于右端项。回代过程包括用最后一个方程求 x_n，然后用倒数第二个方程求 x_{n-1}，以此类推，直到根据第一个方程解出 x_1。

令 $P_k(k = 1, \cdots, n-1)$ 表示单位矩阵经过行交换后得到的排列矩阵，用同样的交换方法，在消去过程的第 k 步，对矩阵 A 做行交换。令 M_k 代表一个单位下三角矩阵，它是通过将第 k 步消去过程中使用的各乘子的相反数，依次插入单位矩阵第 k 列的对角线下面而得到的。令 U 为经过 $n-1$ 步消去后最终得到的上三角矩阵。前面介绍的整个消去过程可用一个矩阵方程加以描述：

$$U = M_{n-1}P_{n-1} \cdots M_2 P_2 M_1 P_1 A$$

这个方程也可改写为

$$L_1 L_2 \cdots L_{n-1} U = P_{n-1} \cdots P_2 P_1 A$$

57

其中 L_k 通过将 M_k 进行行交换，并改变其对角线下各乘子的符号而得到的。因此，如果令

$$L = L_1 L_2 \cdots L_{n-1}$$
$$P = P_{n-1} \cdots P_2 P_1$$

那么有

$$LU = PA$$

单位下三角矩阵 L 包含了在消去过程中用到的所有乘子, 而排列矩阵 P 则说明了所有的行交换。

对于前面提到的例子

$$A = \begin{bmatrix} 10 & -7 & 0 \\ -3 & 2 & 6 \\ 5 & -1 & 5 \end{bmatrix}$$

在消去过程中使用的矩阵为

$$P_1 = \begin{bmatrix} 1 & 0 & 0 \\ 0 & 1 & 0 \\ 0 & 0 & 1 \end{bmatrix}, M_1 = \begin{bmatrix} 1 & 0 & 0 \\ 0.3 & 1 & 0 \\ -0.5 & 0 & 1 \end{bmatrix}$$

$$P_2 = \begin{bmatrix} 1 & 0 & 0 \\ 0 & 0 & 1 \\ 0 & 1 & 0 \end{bmatrix}, M_2 = \begin{bmatrix} 1 & 0 & 0 \\ 0 & 1 & 0 \\ 0 & 0.04 & 1 \end{bmatrix}$$

对应的 L 矩阵为

$$L_1 = \begin{bmatrix} 1 & 0 & 0 \\ 0.5 & 1 & 0 \\ -0.3 & 0 & 1 \end{bmatrix}, L_2 = \begin{bmatrix} 1 & 0 & 0 \\ 0 & 1 & 0 \\ 0 & -0.04 & 1 \end{bmatrix}$$

关系式 $LU = PA$ 称为矩阵 A 的 LU 分解(LU factorization)或三角分解(triangular decomposition)。应当指出, 上面的推导过程并没有什么新东西, 而从计算角度来看, 消去过程应该通过对系数矩阵的行操作来完成, 而并不进行实际的矩阵乘法。LU 分解仅仅是高斯消元法的矩阵表示。

通过这个矩阵分解公式, 一般的线性代数方程组

$$Ax = b$$

可以等价地变成一对三角形线性代数方程组

$$Ly = Pb$$
$$Ux = y$$

2.6 为什么必须选主元

矩阵 U 的对角线元素称为主元。在消去过程的第 k 步, 第 k 个方程中第 k 个变量的系数为整个消去过程的第 k 个主元。在前面的 3×3 例子中, 主元为 10、2.5 和 6.2。无论是计算乘子还是在回代过程中都需要除以主元, 因此, 只要有一个主元为零, 算法就不能执行下去。直觉也告诉我们, 如果有某个主元接近于 0, 那么完成整个计算恐怕也不太好。为了说明这点, 我们对前面的例子做一点点修改:

$$\begin{bmatrix} 10 & -7 & 0 \\ -3 & 2.099 & 6 \\ 5 & -1 & 5 \end{bmatrix} \begin{bmatrix} x_1 \\ x_2 \\ x_3 \end{bmatrix} = \begin{bmatrix} 7 \\ 3.901 \\ 6 \end{bmatrix}$$

将前面例子中的元素由 2.000 改为 2.099，对右端项也进行相应修改，使得精确解仍然是 $(0,-1,1)^{\mathrm{T}}$。假设我们在一台假想的计算机上执行计算，该机采用五位有效数字的十进制浮点数运算。

消去过程的第一步生成

$$\begin{bmatrix} 10 & -7 & 0 \\ 0 & -0.001 & 6 \\ 0 & 2.5 & 5 \end{bmatrix} \begin{bmatrix} x_1 \\ x_2 \\ x_3 \end{bmatrix} = \begin{bmatrix} 7 \\ 6.001 \\ 2.5 \end{bmatrix}$$

与其他矩阵元素相比，现在矩阵位置 $(2,2)$ 的元素数值相当小。我们先不进行任何行交换来完成消去过程。下一步需要将第二个方程乘以 $2.5 \cdot 10^3$ 倍后加到第三个方程：

$$(5 + (2.5 \cdot 10^3)(6)) x_3 = (2.5 + (2.5 \cdot 10^3)(6.001))$$

对于右端项，则是将 6.001 乘以 $2.5 \cdot 10^3$，其结果为 $1.500\,25 \cdot 10^4$，无法在我们的假想浮点运算系统中精确表示。因此，这个结果必须舍入为 $1.5002 \cdot 10^4$，然后加上 2.5 再进行舍入。换句话说，在下面的方程

$$(5 + 1.5000 \cdot 10^4) x_3 = (2.5 + 1.500\,25 \cdot 10^4)$$

中，两个斜体的 5 都将由于舍入误差而被舍弃。在我们的假想计算机中，最后一个方程变为

$$1.5005 \cdot 10^4 x_3 = 1.5004 \cdot 10^4$$

回代过程的第一步为

$$x_3 = \frac{1.5004 \cdot 10^4}{1.5005 \cdot 10^4} = 0.999\,93$$

由于 $x_3 = 1$ 为精确解，这一步并未显示出多严重的误差。不幸的是，x_2 必须由下面的方程确定：

$$-0.001 x_2 + (6)(0.999\,93) = 6.001$$

它的计算结果为

$$x_2 = \frac{1.5 \cdot 10^{-3}}{-1.0 \cdot 10^{-3}} = -1.5$$

59

最后，x_1 的解由第一个方程确定：

$$10 x_1 + (-7)(-1.5) = 7$$

它给出结果为

$$x_1 = -0.35$$

上述计算我们得到的解为 $(-0.35, -1.5, 0.999\,93)^{\mathrm{T}}$，而精确解为 $(0,-1,1)^{\mathrm{T}}$。

上面的过程什么地方出了错？这里并没有由于成千上万次算术运算造成的"舍入误差累积"，矩阵也不接近于奇异。真正的原因在于，消去过程的第二步使用了一个数值很小的主元。它导致乘子为 $2.5 \cdot 10^3$，最后一个方程的系数变为原来问题中系数的 10^3 倍。虽然舍入误差相对于这些大的系数很小，但它们对于原来的矩阵和精确解而言，则是无法接受的。

如果在上面的消去过程中将第二个方程和第三个方程交换，则不会产生大的乘子，最后的结果也是准确的。这留给读者自行验证。一般来说，如果消去过程用到的乘子在数量级上都小于或等于 1，那么可证明计算的结果是比较好的。可以采用一种称为部分选主元（partial pivoting）的方法，来保证乘子的绝对值小于 1。在前向消去的第 k 步，选主元为矩阵第 k 列未消去部分中绝对值最大的元素，将该主元所在的行与第 k 行进行交换，可把它置于 (k, k) 位置。同样的交换操作也要应用于右端项 b 的元素上，而由于矩阵 A 的列不进行交

换，则未知向量 x 不需交换顺序。

2.7 lutx、bslashtx 和 lugui

MATLAB 中有三个函数实现了本章讨论的算法。第一个函数 lutx 是 MATLAB 内部函数 lu 的可阅读版本。在这个函数中，有一个关于 k 的外部 for 循环，k 用于记录消去过程的步数。关于 i 和 j 的内部循环，用向量和矩阵运算加以实现，以保证整个函数有高的执行效率。

```
function [L,U,p] = lutx(A)
%LU Triangular factorization
%    [L,U,p] = lutx(A) produces a unit lower triangular
%    matrix L, an upper triangular matrix U, and a
%    permutation vector p, so that L*U = A(p,:).

[n,n] = size(A);
p = (1:n)'

for k = 1:n-1

    % Find largest element below diagonal in k-th column
    [r,m] = max(abs(A(k:n,k)));
    m = m+k-1;
    % Skip elimination if column is zero
    if (A(m,k) ~= 0)

        % Swap pivot row
        if (m ~= k)
            A([k m],:) = A([m k],:);
            p([k m]) = p([m k]);
        end

        % Compute multipliers
        i = k+1:n;
        A(i,k) = A(i,k)/A(k,k);

        % Update the remainder of the matrix
        j = k+1:n;
        A(i,j) = A(i,j) - A(i,k)*A(k,j);
    end
end

% Separate result
L = tril(A,-1) + eye(n,n);
U = triu(A);
```

仔细研究这个函数发现，几乎所有的运行时间都花费在下面的语句上：

```
A(i,j) = A(i,j) - A(i,k)*A(k,j);
```

在消去过程的第 k 步，i 和 j 是长度为 n−k 的索引向量。运算 A(i,k)*A(k,j)，用一个列向量乘以一个行向量，得到一个 n−k 阶的秩为 1 的方阵，然后用矩阵 A 右下角的同样大小的子矩阵减去这个方阵。在没有向量和矩阵运算的编程语言里，矩阵 A 这个部分的更新通过关于 i 和 j 的双重嵌套的循环来实现。

第二个函数 bslashtx 是 MATLAB 内部反斜线操作符的简化版本。在它的开始处，先检查三种重要的特殊情况：下三角矩阵、上三角矩阵和对称正定矩阵。具有这些特性的线性方程组，可以比一般的情况更快地进行求解。

```
function x = bslashtx(A,b)
% BSLASHTX  Solve linear system (backslash)
% x = bslashtx(A,b) solves A*x = b

[n,n] = size(A);
if isequal(triu(A,1),zeros(n,n))
   % Lower triangular
   x = forward(A,b);
   return
elseif isequal(tril(A,-1),zeros(n,n))
   % Upper triangular
   x = backsubs(A,b);
   return
elseif isequal(A,A')
   [R,fail] = chol(A);
   if ~fail
      % Positive definite
      y = forward(R',b);
      x = backsubs(R,y);
      return
   end
end
```

如果没有发现上述特殊情况，bslashtx 调用 lutx 函数，对系数矩阵进行排列和分解，然后完成线性方程组的求解。

```
% Triangular factorization
[L,U,p] = lutx(A);

% Permutation and forward elimination
y = forward(L,b(p));

% Back substitution
x = backsubs(U,y);
```

bslashtx 函数使用子函数来分别对下三角和上三角线性方程组进行求解。

```
function x = forward(L,x)
% FORWARD. Forward elimination.
% For lower triangular L, x = forward(L,b) solves L*x = b.
[n,n] = size(L);
for k = 1:n
   j = 1:k-1;
   x(k) = (x(k) - L(k,j)*x(j))/L(k,k);
end
```

```
function x = backsubs(U,x)
% BACKSUBS.   Back substitution.
% For upper triangular U, x = backsubs(U,b) solves U*x = b.
[n,n] = size(U);
for k = n:-1:1
    j = k+1:n;
    x(k) = (x(k) - U(k,j)*x(j))/U(k,k);
end
```

第三个函数 lugui 可以显示高斯消元法的各个步骤,正是 lutx 的该版本允许用户试验各种主元选择策略。在消去过程的第 k 步,系数矩阵第 k 列剩余部分中,绝对值最大的元素以洋红色显示,这也是部分选主元策略所确定的主元。用户可从下面四种不同的选主元策略中选择:

- 手工选主元。使用鼠标点选一个矩阵元素作为主元。
- 对角线选主元。使用对角线上元素作为主元。
- 部分选主元。与函数 lu 和 lutx 使用相同的策略。
- 完全选主元。使用剩余子矩阵部分中绝对值最大的元素作为主元。

选中的主元显示为红色,并执行相应的消去过程。随着步骤的执行,L 矩阵中新出现的列显示为绿色,而 U 矩阵中新出现的行用红色显示。

2.8   舍入误差的影响

在求解线性方程组的过程中引入的舍入误差总会导致数值解,我们记为 x_*,它或多或少地不同于理论解 $x = A^{-1}b$。事实上,如果向量 x 的各分量都不是浮点数,则 x 也不可能等于 x。有两种测量 x 的偏差的量:误差(error)

$$e = x - x_*$$

和剩余(residual)

$$r = b - Ax_*$$

矩阵理论告诉我们,由于 A 是非奇异矩阵,如果上面两个量中有一个为零,则另一个一定是零。但在实际计算中,它们的值并不一定同时达到"很小"。考虑下面的例子:

$$\begin{bmatrix} 0.780 & 0.563 \\ 0.913 & 0.659 \end{bmatrix} \begin{bmatrix} x_1 \\ x_2 \end{bmatrix} = \begin{bmatrix} 0.217 \\ 0.254 \end{bmatrix}$$

如果我们在一个三位有效数字的十进制计算机上进行高斯消元,会怎样?首先,交换这两行方程以使 0.913 成为主元。再计算乘子,

$$\frac{0.780}{0.913} = 0.854(保留 3 位)$$

然后用新的第二行减去新的第一行的 0.854 倍得到

$$\begin{bmatrix} 0.913 & 0.659 \\ 0 & 0.001 \end{bmatrix} \begin{bmatrix} x_1 \\ x_2 \end{bmatrix} = \begin{bmatrix} 0.254 \\ 0.001 \end{bmatrix}$$

最后,执行回代步骤:

$$x_2 = \frac{0.001}{0.001} = 1.00(精确)$$

$$x_1 = \frac{0.254 - 0.659x_2}{0.913}$$

$$= -0.443(保留 3 位)$$

则计算结果为

$$x_* = \begin{bmatrix} -0.443 \\ 1.000 \end{bmatrix}$$

为了在不知道精确解的情况下评估计算结果，我们计算剩余（精确地）：

$$r = b - Ax_* = \begin{bmatrix} 0.217 - ((0.780)(-0.443) + (0.563)(1.00)) \\ 0.254 - ((0.913)(-0.443) + (0.659)(1.00)) \end{bmatrix}$$

$$= \begin{bmatrix} -0.000\ 460 \\ -0.000\ 541 \end{bmatrix}$$

剩余向量的分量均小于 10^{-3}。我们不能期望三位有效数字的计算机能给出更好的计算结果，但是很容易发现这个方程的精确解是

$$x = \begin{bmatrix} 1.000 \\ -1.000 \end{bmatrix}$$

因此我们计算结果的分量不但正负号错了，而且误差比解本身还要大。

上面例子中出现的小的剩余，仅仅是个巧合吗？我们不难发现，其实这个例子是典型的人为构造的，其中矩阵非常接近奇异，不是现实遇到的问题中常见的。尽管如此，我们还是要仔细研究一下出现小的剩余的内在原因。

如果在有六位或更多位有效数字的计算机上，用部分选主元的高斯消元法求解这个例子，则前向消去法得到一个类似

$$\begin{bmatrix} 0.913\ 000 & 0.659\ 000 \\ 0 & -0.000\ 001 \end{bmatrix} \begin{bmatrix} x_1 \\ x_2 \end{bmatrix} = \begin{bmatrix} 0.254\ 000 \\ 0.000\ 001 \end{bmatrix}$$

的线性方程组。注意其中元素 $U_{2,2}$ 的正负号，不同于前面用三位有效数字计算所得到的。然后回代过程计算出

$$x_2 = \frac{0.000\ 001}{-0.000\ 001} = -1.000\ 00$$

$$x_1 = \frac{0.254 - 0.659x_2}{0.913}$$

$$= 1.000\ 00$$

即精确解。在三位有效数字的计算机上，x_2 由两个量相除得到，而这两个量都和舍入误差在一个数量级上，且其中一个正负号还错了，因此算出的 x_2 几乎可能是任何值，而随后它又被代入第一个方程计算出 x_1。

我们可合理地期望第一个方程的剩余很小，这是由 x_1 的计算过程做出的判断。现在让我们注意一个微妙但很关键的问题。我们也可以期望第二个方程的剩余很小，这是由于这个矩阵非常接近奇异。这两个方程可近似看成互相呈倍数关系，因此近似满足于第一个方程的任何 (x_1, x_2)，也将近似满足于第二个方程。如果系数矩阵完全就是奇异的，则我们就不需要第二个方程了，因为第一个方程的任何一个解都自动满足第二个。

在图 2-1 中，上述方程组的精确解用一个圆圈标记，而计算出的解用一个星号标记。虽然数值解与精确解相去甚远，但它离两个方程代表的直线都很近，因为这两条直线几乎是重合的。

虽然这个例子是人为构造的，也不是太典型，但我们得到的结论却普遍成立。它可能是自从数字计算机发明以来，人们得到的关于矩阵计算的最重要的一个事实：

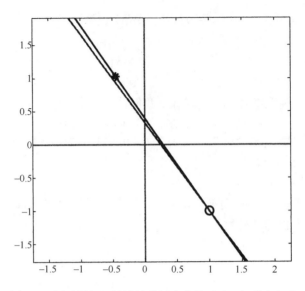

图 2-1   用星号标记的计算结果有大的误差，但剩余很小

采用部分选主元的高斯消元法，可以保证得到较小的计算剩余。

对于这个结论，我们有必要再给出一些有意义的说明。这里的"保证"是指基于特定浮点算术系统的细节，可以精确地证明剩余向量的各分量必定满足的不等式关系。如果算术运算单元以另一种方式工作，或者在特定的程序中存在漏洞，则这种"保证"就无效了。另外，这里的"较小的"是指在舍入误差的数量级上，它与三个量有关：原始系数矩阵中元素的大小，在消去过程的中间步骤得到的系数矩阵中元素的大小，以及计算结果中元素的大小。如果这些量中的任何一个"比较大"，则剩余的绝对值就不一定会很小。最后，即便剩余很小，也不能断言误差也很小。剩余大小和误差大小的关系，部分地由一个称为矩阵条件数（condition number）的量决定，这是下一节内容的重点。

2.9   范数和条件数

线性方程组中，系数矩阵和右端项往往并不是精确给出的。一些方程组产生于实验结果，因此系数受观测误差的影响。另一些方程组的系数由公式计算出，但这些公式的计算也会引进舍入误差。即使存在计算机中的线性方程组已经是精确的了，在它的求解过程中也不可避免会带来舍入误差。高斯消元过程中的舍入误差，与原来系数本身的误差一样，会对计算结果造成影响。

因此，我们必须考虑一个基本的问题：如果在一个线性方程组的系数矩阵上加一些数值扰动，那么计算结果会改变多少？换句话说，对于 $Ax = b$，我们如何定量分析 x 对 A 和 b 改变的敏感性？

要回答这个问题，首先要明确接近奇异（nearly singular）这个概念。如果矩阵 A 为奇异矩阵，那么对某些 b 将不存在 x 的解，而对另一些 b 解不唯一。因此，如果矩阵 A 接近奇异，我们可以预计，A 和 b 上小的改变将导致 x 上很大的变化。另一方面，如果矩阵 A 是单位矩阵，那么 b 和 x 将是相等的向量。因此，如果 A 接近于单位矩阵，在 A 和 b 上小的改变将相应地导致在 x 上较小的变化。

初看起来，在采用部分选主元的高斯消元过程中，主元的大小应该与矩阵接近奇异的程度(nearness to singularity)有某些联系,这是因为,如果计算过程完全精确,则所有主元均非零等价于矩阵非奇异。从某种程度上讲,如果主元很小,那么矩阵近似于奇异。然而,当出现了舍入误差后,这种规律则不成立,即虽然没有哪个主元很小,矩阵仍有可能接近奇异。

为了得到矩阵接近奇异程度更准确可靠的描述,我们需要先引入一个向量范数(norm)的概念。范数是一个用来度量向量大小的数,常用的是一类称为 l_p 的向量范数,它的计算取决于参数 $p(1 \leqslant p \leqslant \infty)$ 的取值:

$$\| x \|_p = \Big(\sum_{i=1}^{n} | x_i |^p \Big)^{1/p}$$

基本上 p 的取值为 $p=1$、$p=2$ 或 $\lim p \to \infty$:

$$\| x \|_1 = \sum_{i=1}^{n} | x_i |$$

$$\| x \|_2 = \Big(\sum_{i=1}^{n} | x_i |^2 \Big)^{1/2}$$

$$\| x \|_\infty = \max_i | x_i |$$

l_1 范数也称为曼哈顿(Manhattan)范数,因为它对应于城市街道网格上的距离。l_2 范数是大家熟悉的欧几里得距离,l_∞ 范数也称为切比雪夫范数。

p 的值往往并不重要,所以我们一般就用符号 $\| x \|$ 代表范数。所有的向量范数都满足下面与距离有关的性质: |66|

$$\| x \| > 0, 若 x \neq 0$$
$$\| 0 \| = 0$$
$$\| cx \| = | c | \| x \|, 对所有标量 c$$
$$\| x + y \| \leqslant \| x \| + \| y \| (三角不等式)$$

在 MATLAB 中,用 norm(x, p) 计算 $\| x \|_p$,而 norm(x) 则与 norm(x, 2) 一样。例如,

```
x = (1:4)/5
norm1 = norm(x,1)
norm2 = norm(x)
norminf = norm(x,inf)
```

输出结果为

```
x =
    0.2000    0.4000    0.6000    0.8000

norm1 =
    2.0000

norm2 =
    1.0954

norminf =
    0.8000
```

将向量 x 乘上一个矩阵 A,得到新的向量 Ax,它的范数可能与 x 有很大区别。这种范数的变化与我们所关心的敏感性测量直接相关,可能的变化范围可以用两个数表示:

$$M = \max \frac{\|Ax\|}{\|x\|}$$

$$m = \min \frac{\|Ax\|}{\|x\|}$$

其中取最大和最小操作是针对所有非零向量 x 的。如果 A 为奇异矩阵，则 $m = 0$。比值 M/m 称为矩阵 A 的条件数：

$$\kappa(A) = \frac{\max \dfrac{\|Ax\|}{\|x\|}}{\min \dfrac{\|Ax\|}{\|x\|}}$$

$\kappa(A)$ 的实际数值依赖于所使用的向量范数，但我们通常仅对条件数的数量级估计感兴趣，因此具体使用哪个范数并不重要。

考虑一个线性方程组

$$Ax = b$$

和改变右端项后的另一个线性方程组

$$A(x + \delta x) = b + \delta b$$

这里 δb 为右端 b 的误差，而 δx 为由此导致的解向量 x 的误差，不需要假设它们都很小。因为 $A(\delta x) = \delta b$，所以根据 M 和 m 的定义我们有

$$\|b\| \le M \|x\|$$

和

$$\|\delta b\| \ge m \|\delta x\|$$

因此，如果 $m \ne 0$，则有

$$\frac{\|\delta x\|}{\|x\|} \le \kappa(A) \frac{\|\delta b\|}{\|b\|}$$

上式中 $\|\delta b\| / \|b\|$ 为右端向量的相对误差，而 $\|\delta x\| / \|x\|$ 为解向量的相对误差。使用相对误差概念的好处是它与绝对大小无关，也就是说它不受向量按比例缩放的影响。

上面的不等式说明，条件数是一个相对误差的放大因子，解的相对误差是右端相对误差的 $\kappa(A)$ 倍。可以证明，对于系数矩阵的改变，上面关于条件数的结论依然成立。

条件数同时也是对矩阵接近奇异程度的度量。虽然我们没有用严格的数学方法对它进行精确描述，但条件数确实可以看作矩阵到奇异矩阵集合相对距离的倒数。因此，如果 $\kappa(A)$ 比较大，则矩阵 A 就接近于奇异。

下面给出一些条件数的基本性质，它们很容易证明。很明显，$M \ge m$，因此

$$\kappa(A) \ge 1$$

如果矩阵 P 是排列矩阵，则 Px 的各分量仅仅是 x 各分量的重新排列，因此对于所有 x，$\|Px\| = \|x\|$，即

$$\kappa(P) = 1$$

特别地，$\kappa(I) = 1$。如果矩阵 A 乘以一个标量 c，那么 M 和 m 都乘以相同的标量，因此

$$\kappa(cA) = \kappa(A)$$

如果矩阵 D 是对角阵，那么

$$\kappa(D) = \frac{\max |d_{ii}|}{\min |d_{ii}|}$$

后两条性质也使得 $\kappa(A)$ 比矩阵 A 的行列式能更好地描述矩阵奇异程度。考虑一个极端的例

子，一个仅在对角线上全为 0.1 的 100×100 矩阵，它的行列式 $\det(A) = 10^{-100}$，可以看成是 一个非常小的数。然而 $\kappa(A) = 1$，Ax 的分量仅仅是 x 对应分量的 0.1 倍。对于线性方程组求 解问题，这样一个系数矩阵更像单位矩阵，而不是奇异矩阵。

下面的例子使用了 l_1 范数：

$$A = \begin{bmatrix} 4.1 & 2.8 \\ 9.7 & 6.6 \end{bmatrix}$$

$$b = \begin{bmatrix} 4.1 \\ 9.7 \end{bmatrix}$$

$$x = \begin{bmatrix} 1 \\ 0 \end{bmatrix}$$

显然 $Ax = b$，并且

$$\| b \| = 13.8, \| x \| = 1$$

如果右端向量变为

$$\tilde{b} = \begin{bmatrix} 4.11 \\ 9.70 \end{bmatrix}$$

则解变为

$$\tilde{x} = \begin{bmatrix} 0.34 \\ 0.97 \end{bmatrix}$$

令 $\delta b = b - \tilde{b}$，$\delta x = x - \tilde{x}$，那么

$$\| \delta b \| = 0.01$$

$$\| \delta x \| = 1.63$$

在上面的例子中，我们在 b 上做的小扰动使得 x 发生了完全的改变。事实上，它们的相对改 变为

$$\frac{\| \delta b \|}{\| b \|} = 0.0007246$$

$$\frac{\| \delta x \|}{\| x \|} = 1.63$$

由于 $\kappa(A)$ 是相对误差的放大因子的最大值，所以

$$\kappa(A) \geqslant \frac{1.63}{0.0007246} = 2249.4$$

实际上，b 和 δb 是我们精心挑选的，以得到这个最大值。所以对于这个例子，在 l_1 范数下，

$$\kappa(A) = 2249.4$$

对于上面这个例子很重要的一点是，我们考虑的是两个稍有区别的线性方程组的精确 解，而与求这些解所用的方法无关。我们构造了一个有比较大的条件数的例子，因此右端项 b 的改变给解带来的影响相当大，这种现象在其他有大的条件数的问题中都存在。

对于分析高斯消元法求解过程中引入的舍入误差，条件数也担任重要的角色。假设矩阵 A 和向量 b 的元素均为精确的浮点数，令 x_* 为用某个线性方程组求解算法得到的解向量。我 们假设在求解过程中并未发现矩阵 A 奇异，也未出现浮点数上溢出或下溢出，那么可以得到 下面两个不等式：

$$\frac{\| b - Ax_* \|}{\| A \| \| x_* \|} \leqslant p \varepsilon$$

$$\frac{\parallel x - x_* \parallel}{\parallel x_* \parallel} \leqslant p \, \kappa(A) \varepsilon$$

这里 ε 是相对机器精度 eps,而 ρ 在后面给出定义,它的值通常不大于 10。

第一个不等式说明,无论矩阵的条件数多么大,相对剩余(relative residual)通常都大约是舍入误差的大小。关于这点我们在前一节中举例进行了说明。第二个不等式需要矩阵 A 非奇异,且与精确解 x 相关。它由第一个不等式和条件数 $\kappa(A)$ 的定义得来,它说明如果 $\kappa(A)$ 较小,则解的相对误差就小,但如果矩阵 A 接近奇异,则解的相对误差可能非常大。在极端的情况下,如果矩阵 A 为奇异矩阵,但没有被发现,则第一个不等式依然成立,而第二个就没有意义了。

为了对变量 ρ 有更准确的说明,有必要引入矩阵范数(matrix norm)的概念,并给出更多的不等式。对这些细节不感兴趣的读者,可以跳过本节剩下的内容。前面定义的量 M 其实也就是矩阵范数,矩阵范数的记号与向量范数一样:

$$\parallel A \parallel = \max \frac{\parallel Ax \parallel}{\parallel x \parallel}$$

不难看出 $\parallel A^{-1} \parallel = 1/m$,因此条件数的另一个等价定义是

$$\kappa(A) = \parallel A \parallel \parallel A^{-1} \parallel$$

同样,矩阵范数和条件数的实际数值都依赖于向量范数。对应于 l_1 和 l_∞ 向量范数的矩阵范数比较容易计算,不难得到

$$\parallel A \parallel_1 = \max_j \sum_i |a_{i,j}|$$

$$\parallel A \parallel_\infty = \max_i \sum_j |a_{i,j}|$$

计算对应于 l_2 向量范数的矩阵范数则涉及奇异值分解(Singular Value Decomposition,SVD),将在后面一章讨论它。MATLAB 采用函数 norm(A, p)来计算矩阵范数,其中 p =1,2 或 inf。

高斯消元法中,舍入误差研究的基本结论来自 J. H. Wilkinson。他证明了数值解 x_* 精确地满足

70

$$(A + E)x_* = b$$

其中 E 是一个矩阵,它的元素值大约是矩阵 A 元素的舍入误差的大小。在少数情况下,由高斯消元法得到的中间矩阵,其元素大于原始矩阵 A 的元素,而且大规模矩阵消去时的舍入误差积累也会产生一定的影响,但是如果定义 ρ 为

$$\frac{\parallel E \parallel}{\parallel A \parallel} = \rho \varepsilon$$

那么 ρ 在大多数情况下都不会大于 10。

根据这个基本的结果,可以进一步推导出关于数值解的剩余和误差的不等式。剩余向量为

$$b - Ax_* = Ex_*$$

因此得出

$$\parallel b - Ax_* \parallel = \parallel Ex_* \parallel \leqslant \parallel E \parallel \parallel x_* \parallel$$

由于剩余中包含乘积 Ax_*,因此考虑相对剩余更合适,它将 $b - Ax$ 的范数与矩阵 A 和向量 x_* 的范数做比较。从上面这几个不等式,可以得到

$$\frac{\parallel b - Ax_* \parallel}{\parallel A \parallel \parallel x_* \parallel} \leqslant \rho \varepsilon$$

如果矩阵 A 非奇异，可以用矩阵 A 的逆来表示误差：

$$x - x_* = A^{-1}(b - Ax_*)$$

因此

$$\| x - x_* \| \leq \| A^{-1} \| \| E \| \| x_* \|$$

根据它可方便地比较误差的范数和数值解的范数，因此相对误差满足

$$\frac{\| x - x_* \|}{\| x_* \|} \leq \rho \| A \| \| A^{-1} \| \varepsilon$$

即

$$\frac{\| x - x_* \|}{\| x_* \|} \leq \rho \, \kappa(A) \varepsilon$$

实际计算条件数 $\kappa(A)$ 时需要知道 $\| A^{-1} \|$，但计算 A^{-1} 所需的计算量大约是求解一个线性方程组的三倍，而计算 l_2 条件数则需要进行 SVD 和更大的计算量。幸运的是，一般我们并不需要 $\kappa(A)$ 的精确值，只要对它有一个合理的估计就够了。

MATLAB 提供了几个函数，可用于计算和估计条件数，如下所示：

- cond(A) 或 cond(A, 2) 用于计算 $\kappa_2(A)$，它调用函数 svd(A)，适用于较小的矩阵，其中需要 l_2 范数所反映的几何意义。
- cond(A, 1) 计算 $\kappa_1(A)$，它调用函数 inv(A)，运算量小于 cond(A, 2)。
- cond(A, inf) 计算 $\kappa_\infty(A)$，它调用函数 inv(A)，等同于计算 cond(A′, 1)。
- condest(A) 估算 $\kappa_1(A)$，它使用 lu(A) 以及 Higham 和 Tisseur 提出的一个算法 [31]，特别适用于大型稀疏矩阵。
- rcond(A) 估算 $1/\kappa_1(A)$，它使用 lu(A) 以及由 LINPACK 和 LAPACK 项目组开发的一个较老的算法，基本上只有历史价值。

71

2.10　稀疏矩阵和带状矩阵

在工程和科学计算中经常出现稀疏矩阵和带状矩阵。一个矩阵的稀疏度 (sparsity) 是和矩阵中零元素个数有关的分数，MATLAB 里的函数 nnz 统计一个矩阵中非零元素的个数，因此矩阵 A 的稀疏度为

```
density  = nnz(A)/prod(size(A))
sparsity = 1 - density
```

稀疏矩阵 (sparse matrix) 通常指稀疏度近似等于 1 的矩阵。

一个矩阵的带宽度 (bandwidth) 是指这个矩阵中非零元素到主对角线的最大距离。

```
[i,j] = find(A)
bandwidth = max(abs(i-j))
```

带状矩阵 (band matrix) 通常指带宽度很小的矩阵。

可以看出，稀疏度和带宽度都是描述一种程度的概念。一个主对角线上没有零元素的 $n \times n$ 对角矩阵，其稀疏度为 $1 - 1/n$，而它的带宽度为 0。因此，它是带状稀疏矩阵的例子。另一方面，一个不含零元素的 $n \times n$ 矩阵，例如用命令 rand(n, n) 生成的稀疏度等于零的矩阵，而带宽度为 $n - 1$，因此它根本不能归入稀疏矩阵或者带状矩阵中的任何一类。

MATLAB 用一种稀疏数据结构来存储矩阵非零元以及其行列位置的信息。这种稀疏数据

结构也能有效地处理带状矩阵，因此 MATLAB 中没有单独的带状矩阵存储类。命令

```
S = sparse(A)
```

将一个矩阵转换为稀疏矩阵表示，而命令

```
A = full(S)
```

则进行相反的操作。然而，大多数实际遇到的稀疏矩阵的阶数都非常大，以至于将它存储为正常的格式是不现实的。因此，更多的时候用命令

```
S = sparse(i,j,x,m,n)
```

来创建稀疏矩阵，它生成的矩阵 S 满足

```
[i,j,x] = find(S)
[m,n] = size(S)
```

[72]　　大多数 MATLAB 矩阵运算和函数可同时用于正常格式表示的矩阵和稀疏矩阵。决定稀疏矩阵运算时间和内存用量的关键因素，是矩阵中非零元的数目，即 nnz(S)。

带宽度为 1 的矩阵称为三角矩阵(tridiagonal matrix)，对这类特殊带状矩阵的线性方程组求解问题：

$$\begin{bmatrix} b_1 & c_1 & & & & \\ a_1 & b_2 & c_2 & & & \\ & a_2 & b_3 & c_3 & & \\ & & \ddots & \ddots & \ddots & \\ & & & a_{n-2} & b_{n-1} & c_{n-1} \\ & & & & a_{n-1} & b_n \end{bmatrix} \begin{bmatrix} x_1 \\ x_2 \\ x_3 \\ \vdots \\ x_{n-1} \\ x_n \end{bmatrix} = \begin{bmatrix} d_1 \\ d_2 \\ d_3 \\ \vdots \\ d_{n-1} \\ d_n \end{bmatrix}$$

很值得提供一个专用的函数来完成运算。

在 NCM 目录中有一个函数 tridisolve，执行命令

```
x = tridisolve(a,b,c,d)
```

可求解三角线性方程组，其中向量 a 为主对角线下面的副对角线，向量 b 为主对角线，向量 c 为主对角线上面的副对角线，d 为右端项向量。我们实际上已经讨论了 tridisolve 所用的算法，即高斯消元法。许多出现三对角矩阵的情况，都满足主对角线元素占优的性质，因此没有必要选主元。而且，同时处理右端项和矩阵本身。在这种情况下，不选主元的高斯消元法也称为 Thomas 算法(Thomas algorithm)。

在函数 tridisolve 的代码中，首先将右端项拷贝到用来存储解的向量中。

```
x = d;
n = length(x);
```

前向消去过程是一个简单的 for 循环。

```
for j = 1:n-1
    mu = a(j)/b(j);
    b(j+1) = b(j+1) - mu*c(j);
    x(j+1) = x(j+1) - mu*x(j);
end
```

如果我们存储 LU 分解的结果的话，mu 就是 L 矩阵副对角线上的乘子。在同一个循环中同时也处理右端向量。回代过程是另一个简单的循环。

```
x(n) = x(n)/b(n);
for j = n-1:-1:1
   x(j) = (x(j)-c(j)*x(j+1))/b(j);
end
```

由于函数 tridisolve 不选主元，当 abs(b) 比 abs(a) + abs(c) 小很多时，计算结果就可能不准确。计算更鲁棒但速度较慢的办法是，采用选主元的求解方法，这需要用 diag 函数将输入转化为正常格式存储的矩阵： [73]

```
T = diag(a,-1) + diag(b,0) + diag(c,1);
x = T\d
```

或者，用 spdiags 生成稀疏矩阵：

```
S = spdiags([a b c],[-1 0 1],n,n);
x = S\d
```

2.11   PageRank 和马尔可夫链

Google 能成为如此高效的网络搜索引擎的一个重要原因是，Larry Page 和 Sergey Brin 开发了 PageRank 算法，这两位 Google 的创始人在美国斯坦福大学念研究生时就提出了这个算法。PageRank 完全由 WWW(World Wide Web,万维网)的超链接结构所决定，它大约隔一个月重新计算一次，而与任何网页的实际内容或者搜索请求无关。然后，当网络用户提出搜索请求时，Google 找出符合搜索要求的网页，并按它们的 PageRank 大小依次列出。

假设我们在互联网上浏览时，每次都从当前网页随机选择一个超链接进入下一个网页，可以想象这种"冲浪"过程将终止于某些没有出口链接的网页，或者进入由一些相互链接着的网页构成的死循环。因此，应该有一个固定的概率，依据它从整个互联网中随机选择下一个页面。这种数学理论上的随机漫步(random walk)称为马尔可夫链(Markov chain)或马尔可夫过程(Markov process)。当这样的随机浏览过程无限进行下去时，某个网页被访问到的极限概率就是它的 PageRank。如果一个网页被其他高等级网页所链接到的话，它的等级就高。

令 W 为从某个根网页开始，沿一系列超链接可以到达的网页的集合，令 n 为 W 集合中网页的数目。对 Google 来说，实际上集合 W 会随时间而改变，但到 2002 年年底的时候，这个集合的大小 n 就已经超过了 30 亿。令 $n \times n$ 矩阵 G 为互联网中一部分网页的**连接矩阵**(connectivity matrix)，如果从网页 j 有一个链接到网页 i，则 $g_{ij} = 1$，否则 $g_{ij} = 0$。矩阵 G 的维度可能会特别大，但它是个非常稀疏的矩阵，其中第 j 列元素显示了网页 j 上的所有链接。矩阵 G 中非零元的数目，是整个 W 集合中存在的超链接的数量。

令 r_i 和 c_j 分别为矩阵 G 的行元素之和与列元素之和：

$$r_i = \sum_j g_{ij}, c_j = \sum_i g_{ij}$$

r_j 和 c_j 的值则分别为第 j 个网页的入度(in-degree)和出度(out-degree)。令 p 为网页随机漫步时选择当前网页的链接的概率，一个典型的取值为 $p = 0.85$，那么 $1 - p$ 就是不选择当前网络的链接而随机选择其他一个网页的概率。令 A 为一个 $n \times n$ 矩阵，其元素为

$$a_{ij} = pg_{ij}/c_j + \delta, \text{其中} \delta = (1 - p)/n$$

注意矩阵 A 的元素经过其每列和的缩放。矩阵 A 的第 j 列元素表示从网页 j 跳到其他网页的概率。假设不沿着链接的指向而跳到其他网页的概率为 δ，则矩阵 A 中大多数元素都为 δ。若 $n = 3 \cdot 10^9$，$p = 0.85$，则 $\delta = 5 \cdot 10^{-11}$。

矩阵 A 为马尔可夫链的转移概率矩阵，它的元素都严格地介于 0 和 1 之间，而列元素之和都等于 1。矩阵理论中的一个重要结论是 Perron-Frobenius 定理，它可应用于这种矩阵。根据这个定理可得出这样的结论，即方程

$$x = Ax$$

存在非零解，而且这些解相互之间只差一个因子。如果选定这个比例因子，使得

$$\sum_i x_i = 1$$

那么由此确定的解向量 x 称为马尔可夫链的状态向量(state vector)，也就是 Google 里的 Page-Rank。向量 x 的元素都是正的且小于 1。

向量 x 是奇异的齐次线性方程组

$$(I - A)x = 0$$

的解。对于中等大小的 n，在 MATLAB 中计算 x 较为方便的做法是，先设其等于某个近似值，比如前一个月的 PageRank，或者令

```
x = ones(n,1)/n
```

然后重复赋值语句

```
x = A*x
```

直到相邻两次计算出的向量的差小于一个指定的值。这称为幂法(power method)，也是在 n 非常大的情况下唯一可用的计算方法。在实际应用中，并不需要真正形成 G 矩阵和 A 矩阵。通过遍历一次整个网页的数据库，更新由网页间超链接形成的加权参考计数值，就可以得到幂法的一步计算结果。

在 MATLAB 中计算 PageRank 最好的办法是，利用马尔可夫矩阵的特殊结构。方程

$$x = Ax$$

可以写成

$$x = (pGD + \delta ee^{\mathrm{T}})x$$

其中 e 为全 1 的 n 维向量，而 D 是由各个出度的倒数构成的对角矩阵：

$$d_{jj} = \frac{1}{c_j}$$

我们希望有

$$e^{\mathrm{T}}x = 1$$

因此上面的方程变为

$$(I - pGD)x = \delta e$$

只要 p 严格小于 1，系数矩阵 $I - pGD$ 就是非奇异矩阵，可根据这个方程解出 x。此方法保留了 G 矩阵的稀疏性，但当 $p \to 1$ 和 $\delta \to 0$ 时则无法使用。

按这种方法，一旦生成 G 矩阵，就用矩阵列元素之和将它的各列元素按比例缩小。

```
c = sum(G)
```

在未来的 MATLAB 新版本里，将允许用表达式

```
G./c
```

将 G 矩阵的各列除以向量 c 中对应的元素。在上述功能还未成为现实之前，最好使用函数 spdiags 创建一个稀疏格式的对角矩阵：

```
D = spdiags(1./c',0,n,n)
```

然后可以有效地计算稀疏矩阵乘积 $G * D$。下面这段程序通过高斯消元法求解稀疏线性方程组，从而计算出 PageRank。

```
p = .85
delta = (1-p)/n
e = ones(n,1)
I = speye(n,n)
x = (I - p*G*D)\(delta*e)
```

也可以使用一种称为逆迭代（inverse iteration）的算法来计算 PageRank，程序如下所示：

```
A = p*G*D + delta
x = (I - A)\e
x = x/sum(x)
```

初看起来，这是一个非常危险的办法。由于矩阵 $I-A$ 在理论上是奇异的，精确计算 $I-A$ 的上三角矩阵因子时，某些对角线元素必定是零，因此整个计算将出错停止。但由于舍入误差的影响，计算出的矩阵 I-A 很可能并不奇异。即使它是奇异的，高斯消元过程中的舍入误差也很可能避免产生精确为零的对角线元素。我们知道，即便系数矩阵的条件数很差，采用部分选主元的高斯消元法，也会生成相对于解很小的剩余向量。用反斜线操作符计算出的结果向量(I-A)\e 通常有数值很大的分量。如果按它的分量之和来成比例缩小，剩余向量也将同比例缩小，从而变得数值非常小，结果导致在舍入误差范围内两个向量 x 和 A*x 彼此相等。在这种情况下，用高斯消元法求解奇异线性方程组的功能扭曲了结果，但这种"扭曲"恰巧是我们所想要的。

图 2-2 是一个小规模的网页链接关系图例子，这里 $n=6$ 而不是 $n=3 \cdot 10^9$。互联网上的网页都通过一种称为统一资源定位符（Uniform Resource Locator，URL）的字符串来定位。由于使用超文本传输协议（hypertext transfer protocol），大多数 URL 都以 http 开始。在 MATLAB 中，我们用单元数组（cell array）结构存储一系列 URL 为一个字符串的数组，对于本例它是一个 6×1 的单元数组。

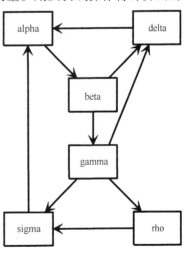

图 2-2　一个微型互联网

```
U = {'http://www.alpha.com'
     'http://www.beta.com'
     'http://www.gamma.com'
     'http://www.delta.com'
     'http://www.rho.com'
     'http://www.sigma.com'}
```

可以用两种不同的索引来访问单元数组。括号代表子数组，用它存取单个的单元，而用大括号可取出单元的内容。如果 k 是一个标量，那么 U(k) 为一个 1×1 的单元数组，即 U 的第 k 个单元，而 U{k} 则为那个单元中存放的字符串。因此 U(1) 是一个单元，而 U{k} 为字符串 'http://www.alpha.com'。可以用一条城市街道上的邮箱来做形象解释，比如 B(502) 是编号为 502 的邮箱，那么 B{502} 就是那个邮箱里的信。

我们可以通过指定矩阵非零元素的位置标号 (i,j) 来生成连接矩阵。由于从 alpha.com 到 beta.com 有一个链接，所以 G 矩阵在位置 (2,1) 有一个非零元素。图 2-2 中的九条链接关系可以用

```
i = [ 2 3 4 4 5 6 1 6 1]
j = [ 1 1 2 2 3 3 3 4 5 6]
```

加以表示。存储稀疏矩阵的数据结构通常只为非零元素和它的行、列编号开辟存储空间，这对于一个只有 27 个零元素的 6×6 矩阵来说可能是不必要的，但对于大规模问题而言，这种存储方式非常重要。命令

```
n = 6
G = sparse(i,j,1,n,n);
full(G)
```

生成一个 $n \times n$ 的稀疏矩阵，其在向量 i 和 j 指定的位置上元素均为 1，然后输出它的完全表示。

```
0    0    0    1    0    1
1    0    0    0    0    0
0    1    0    0    0    0
0    1    1    0    0    0
0    0    1    0    0    0
0    0    1    0    1    0
```

命令

```
c = full(sum(G))
```

计算矩阵 G 各列元素之和

```
c =
    1    2    3    1    1    1
```

命令

```
x = (I - p*G*D)\(delta*e)
```

求解稀疏线性方程组，输出为

```
x =
 0.2675
 0.2524
 0.1323
 0.1697
 0.0625
 0.1156
```

对这个小规模的例子，马尔可夫转移矩阵中最小的元素为 $\delta = 0.15/6 = 0.0250$。

76
～
77

```
A = p*G*D + delta

A =
  0.0250    0.0250    0.0250    0.8750    0.0250    0.8750
  0.8750    0.0250    0.0250    0.0250    0.0250    0.0250
  0.0250    0.4500    0.0250    0.0250    0.0250    0.0250
  0.0250    0.4500    0.3083    0.0250    0.0250    0.0250
  0.0250    0.0250    0.3083    0.0250    0.0250    0.0250
  0.0250    0.0250    0.3083    0.0250    0.8750    0.0250
```

注意矩阵 A 的各列元素之和均为 1。采用逆迭代方法计算 PageRank：

```
x = (I - A)\e
```

会输出一个关于病态性的警告信息，以及一个各元素的数量级为 10^{16} 的向量。在某些计算机上，这个 x 向量的元素可能碰巧都是负数，它们的和为

```
s = sum(x)
  = -6.6797e+016
```

其他具有不同的舍入误差的计算机可能会给出不同的结果。但无论什么计算机，在对解向量按比例缩小，即

```
x = x/sum(x)
```

之后，都会得到与用反斜线操作符计算出的 x 一样的结果。这个 x 在舍入误差允许的范围内，满足方程

$$x = Ax$$

图 2-3 表示了用 bar 命令生成的 x 向量的柱状图。

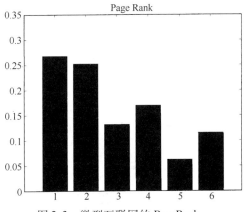

图 2-3　微型互联网的 PageRank

如果按 PageRank 的大小排列这些 URL，同时列出它们的入度和出度，则得到下面的结果：

```
   pagerank  in   out   url
1  0.2675    2    1     http://www.alpha.com
2  0.2524    1    2     http://www.beta.com
4  0.1697    2    1     http://www.delta.com
3  0.1323    1    3     http://www.gamma.com
6  0.1156    2    1     http://www.sigma.com
5  0.0625    1    1     http://www.rho.com
```

我们可以看出,虽然链接数目一样,但 alpha 的 PageRank 值比 delta 和 sigma 的都高,而 beta 排在第二,因为它仰仗了 alpha 的光芒。对这个微型互联网进行随机的网页浏览,则有 27% 的概率访问到 alpha,而访问 rho 的概率仅为 6%。

在我们提供的 NCM 程序包中有一个文件 surfer.m,使用命令

```
[U,G] = surfer('http://www.xxx.zzz',n)
```

可以从一个指定的 URL 开始在互联网上"冲浪",直到访问了 n 个网页为止。如果运行成功的话,它返回一个存储 URL 的 n×1 单元数组,以及一个 n×n 的稀疏连接矩阵。此命令使用 MATLAB 6.5 以上版本中的 urlread 函数,以及其他的内部 Java 工具来访问互联网。让函数自动地在互联网上"冲浪"是件危险的事,因此在使用此命令时应加以注意。有一些 URL 可能存在输入错误和非法字符,有一个 URL 列表可避免访问 .gif 文件和会造成问题的已知网站。最重要的一点是,当试图从一个有响应的网站读取一页,却一直不能完全读下来时,surfer 函数就会陷入"泥潭"。当出现这种情况时,可能需要使用计算机操作系统的功能强行退出 MATLAB 程序。注意上面说的这些,就可以开始用 surfer 生成自己的例子来计算 PageRank 了。

命令

```
[U,G] = surfer('http://www.harvard.edu',500)
```

访问哈佛大学的网页,并生成一个 500×500 的测试实例。2003 年 8 月运行此命令生成的网络连接关系图,可从 NCM 目录中得到,输入命令

```
load harvard500
spy(G)
```

生成图 2-4,它显示了连接矩阵中非零元素分布的情况。命令

```
pagerank(U,G)
```

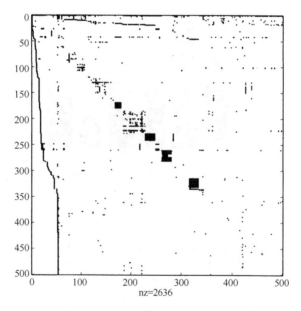

图 2-4   用 spy 命令输出的 harvard500 图

计算网页的 PageRank 值，输出一个柱状图（图 2-5）表示大小，同时按 PageRank 的次序打印出排在前面的网页的 URL。

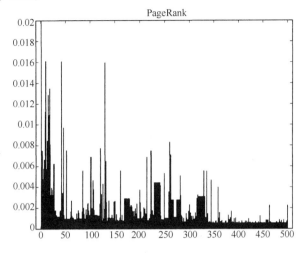

图 2-5　harvard500 图的 PageRank

对于 harvard500 的数据，排在前 12 位的网页为

	pagerank	in	out	url
1	0.0823	195	26	http://www.harvard.edu
10	0.0161	21	18	http://www.hbs.edu
42	0.0161	42	0	http://search.harvard.edu:8765/ custom/query.html
130	0.0160	24	12	http://www.med.harvard.edu
18	0.0135	45	46	http://www.gse.harvard.edu
15	0.0129	16	49	http://www.hms.harvard.edu
9	0.0112	21	27	http://www.ksg.harvard.edu
17	0.0109	13	6	http://www.hsph.harvard.edu
46	0.0097	18	21	http://www.gocrimson.com
13	0.0084	9	1	http://www.hsdm.med.harvard.edu
260	0.0083	26	1	http://search.harvard.edu:8765/ query.html
19	0.0081	23	21	http://www.radcliffe.edu

网上"冲浪"的起点 URL（www.harvard.edu）的值远高于其他的。就像大多数大学一样，哈佛大学包括各种学院和研究所，比如 Kennedy 政府管理学院、哈佛医学院、哈佛商学院和 Radcliffe 研究所等。可以看出，这些学院的主页有较高的 PageRank。如果取不同的起始 URL，比如由 Google 自身生成的，则这些网页的 PageRank 值会有所不同。

2.12　更多阅读资料

关于矩阵计算，可以参考的书有 Demmel 的[18]、Golub 和 Van Loan 的[25]、Stewart 的 [55-56]，以及 Trefethen 和 Bau 的[57]。关于 Fortran 语言矩阵计算软件比较权威的参考是 LAPACK 用户手册和网站[2]，在文献[24]中对 MATLAB 稀疏矩阵的数据结构和有关操作进行了描述。关于 PageRank 的网络信息有 Google 网上的一个简单介绍[26]，Page、Brin 及其同事写的一个技术报告[47]，以及 John Tomlin 和其他人写的一篇论文[3]。

习题

2.1 艾丽丝买了三个苹果、一打香蕉和一个哈密瓜，共花了 2.36 元；鲍勃买了一打苹果和两个哈密瓜，花了 5.26 元；卡罗尔买了两个香蕉和三个哈密瓜，花了 2.77 元。请问每种水果的单价是多少？（可以使用 MATLAB 格式 format bank。）

2.2 在 MATLAB 中，计算一个矩阵的缩减行梯形格式（reduced row echelon form）的函数是什么？哪个函数生成幻方矩阵？一个六阶幻方矩阵的缩减行梯形格式是怎样的？

2.3 图 2-6 画了一个平面结构，其中有 13 根杆（带编号的线）连接着 8 个结点（带编号的圆圈）。在结点 2、5 和 6 上加以指定的负载（单位为吨），求出在每根杆上合力的大小。

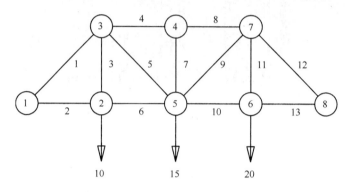

图 2-6   一个平面结构

整个结构要保持静态平衡，则在任何一个结点的水平方向和竖直方向都应该没有力。也就是说，我们可以通过让每个结点上向左边的力等于向右边的力、向上的力等于向下的力，来确定每根杆上的力。对于 8 个结点，这将列出 16 个方程，多于所需要确定的 13 个未知量。要使这个平面结构静态稳定，也就是只有唯一解，我们假定结点 1 在水平和竖直方向均固定，而结点 8 在垂直方向加以固定。定义参数 $\alpha = 1/\sqrt{2}$，并将杆上的力分解成水平和竖直两个方向的分力，我们可以得到下面关于杆上的力 f_i 的一个线性方程组：

$$结点 2: f_2 = f_6$$
$$f_3 = 10$$
$$结点 3: \alpha f_1 = f_4 + \alpha f_5$$
$$\alpha f_1 + f_3 + \alpha f_5 = 0$$
$$结点 4: f_4 = f_8$$
$$f_7 = 0$$
$$结点 5: \alpha f_5 + f_6 = \alpha f_9 + f_{10}$$
$$\alpha f_5 + f_7 + \alpha f_9 = 15$$
$$结点 6: f_{10} = f_{13}$$
$$f_{11} = 20$$
$$结点 7: f_8 + \alpha f_9 = \alpha f_{12}$$
$$\alpha f_9 + f_{11} + \alpha f_{12} = 0$$
$$结点 8: f_{13} + \alpha f_{12} = 0$$

求解这个线性方程组，以求出杆上的力构成的向量 f。

2.4　图2-7是一个小的电阻网络的电路图。其中有 5 个结点、8 个电阻和 1 个直流电压源。
我们希望计算结点之间的电压降，以及每个回路的电流大小。

有多种线性方程组可以描述这个电路结构。
令 $v_k(k=1,\cdots,4)$ 表示前 4 个结点与第 5 个
结点间的电压差，并令 $l_k(k=1,\cdots,4)$ 分别
表示图中每个回路顺时针方向的电流大小。
欧姆定律指出，一个电阻两端的电压降等于电
阻值乘以电流。例如，对结点 1、2 之间的支
路有

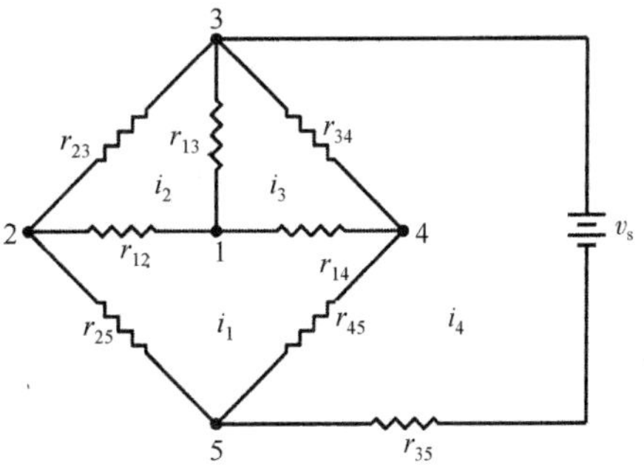

$$v_1 - v_2 = r_{12}(i_2 - i_1)$$

使用电阻的倒数即电导（conductance）$g_{kj} = 1/r_{kj}$，欧姆定律可重写为

$$i_2 - i_1 = g_{12}(v_1 - v_2)$$

电压源包含在下面的方程中：

$$v_3 - v_s = r_{35}i_4$$

图 2-7　一个电阻网络

基尔霍夫电压定律（Kirchhoff's voltage law）指出，沿每个回路的电压降之和为零。例
如，对于回路 1，

$$(v_1 - v_4) + (v_4 - v_5) + (v_5 - v_2) + (v_2 - v_1) = 0$$

结合欧姆定律和该回路电压定律，可得到关于电流的回路方程：

$$Ri = b$$

其中 i 是电流向量，

$$i = \begin{bmatrix} i_1 \\ i_2 \\ i_3 \\ i_4 \end{bmatrix}$$

b 是源电压向量，

$$b = \begin{bmatrix} 0 \\ 0 \\ 0 \\ v_s \end{bmatrix}$$

而 R 是电阻矩阵，

$$\begin{bmatrix} r_{25} + r_{12} + r_{14} + r_{45} & -r_{12} & -r_{14} & -r_{45} \\ -r_{12} & r_{23} + r_{12} + r_{13} & -r_{13} & 0 \\ -r_{14} & -r_{13} & r_{14} + r_{13} + r_{34} & -r_{34} \\ -r_{45} & 0 & -r_{34} & r_{35} + r_{45} + r_{34} \end{bmatrix}$$

基尔霍夫电流定律（Kirchhoff's current law）指出，在每个结点上的电流之和为零，例
如，对结点 1，

$$(i_1 - i_2) + (i_2 - i_3) + (i_3 - i_1) = 0$$

结合该电流定律和欧姆定律的电导形式, 可得到关于电压的结点方程:

$$Gv = c$$

其中 v 是电压向量,

$$v = \begin{bmatrix} v_1 \\ v_2 \\ v_3 \\ v_4 \end{bmatrix}$$

c 是源电流向量,

$$c = \begin{bmatrix} 0 \\ 0 \\ g_{35}v_s \\ 0 \end{bmatrix}$$

而 G 是电导矩阵,

$$\begin{bmatrix} g_{12} + g_{13} + g_{14} & -g_{12} & -g_{13} & -g_{14} \\ -g_{12} & g_{12} + g_{23} + g_{25} & -g_{23} & 0 \\ -g_{13} & -g_{23} & g_{13} + g_{23} + g_{34} + g_{35} & -g_{34} \\ -g_{14} & 0 & -g_{34} & g_{14} + g_{34} + g_{45} \end{bmatrix}$$

我们可以求解从回路方程得到的线性方程组, 以得到电流, 然后使用欧姆定律求出电压。或者求解由结点方程形成的线性方程组, 得到电压, 然后再用欧姆定律求出电流。下面需要做的工作就是, 验证这两种方法对本题的电路可得到完全相同的结果, 图中电阻和电压源的值由你自己来设定。

84

2.5 Cholesky 算法对一类重要的矩阵即正定(positive definite)矩阵进行分解。Andre-Louis Cholesky(1875—1918)是一位法国军官, 他在第一次世界大战之前参加了在克里特岛和北非的大地测量和调查。为了求解大地测量中出现的最小二乘数据拟合问题的法方程, 他提出了后来以他的名字命名的方法。在他死后的 1924 年, 一位叫 Benoit 的军官以 Cholesky 的名义在 *Bulletin Geodesique*(测地学快报)上发表了这项工作。

一个实数对称矩阵 $A = A^T$ 是正定的等价于下面任何一条:

* 二次型(quadratic form)

$$x^T A x$$

对任意非零向量 x 均为正数。
* 矩阵 A 的各阶主子式均大于零。
* 所有的特征值(eigenvalue)$\lambda(A)$ 均大于零。
* 存在实数矩阵 R, 使得

$$A = R^T R$$

要检查一个矩阵是否正定, 直接使用上述条件都比较困难或者计算代价很大。在 MAT-LAB 中, 检验正定性最好的方法是使用 chol 函数。可参阅有关帮助:

```
help chol
```

(a) 下面哪些类矩阵是正定的?

```
M = magic(n)
H = hilb(n)
P = pascal(n)
I = eye(n,n)
R = randn(n,n)
R = randn(n,n); A = R' * R
R = randn(n,n); A = R' + R
R = randn(n,n); I = eye(n,n); A = R' + R + n*I
```

（b）如果 R 是个上三角矩阵，那么将方程 $A = R^T R$ 按照对应矩阵元素相等列等式得到

$$a_{kj} = \sum_{i=1}^{k} r_{ik}r_{ij}, k \leq j$$

按不同的顺序利用这些方程，可以得到计算矩阵 R 的 Cholesky 算法的不同变形，请给出其中一个算法。 |85|

2.6 本题给出一个例子，说明条件数很差的矩阵并不一定导致高斯消元法中出现小的主元。矩阵 A 为 $n \times n$ 的上三角矩阵，其元素为

$$a_{ij} = \begin{cases} -1 & i < j \\ 1 & i = j \\ 0 & i > j \end{cases}$$

在 MATLAB 中，使用 eye、ones、triu 等命令生成这个矩阵。
试证明

$$\kappa_1(A) = n2^{n-1}$$

当 n 多大时 $\kappa_1(A)$ 将超过 $1/\text{eps}$？

这个矩阵不是奇异的，因此除非 x 为零，Ax 将不等于零向量。但是，当向量 x 取某些值时，$\|Ax\|$ 会比 $\|x\|$ 小得多，请举出一个这样的 x。

由于矩阵 A 已经是上三角矩阵，采用部分选主元的高斯消元法将不做任何操作，那么消元过程中的主元是什么？

使用 lugui 命令设计一个选主元的策略，以产生比部分选主元还要小的主元（虽然这些主元并不完全反映出大的条件数）。

2.7 矩阵分解

$$LU = PA$$

可用于计算 A 的行列式。根据上述公式，我们有

$$\det(L)\det(U) = \det(P)\det(A)$$

由于 L 是对角线元素全为 1 的下三角矩阵，$\det(L) = 1$；由于 U 是上三角矩阵，$\det(U) = u_{11}u_{22}\cdots u_{nn}$。因为 P 为排列矩阵，所以如果行交换次数为偶数的话，$\det(P) = +1$，否则为 -1。因此

$$\det(A) = \pm u_{11}u_{22}\cdots u_{nn}$$

请修改 lutx 函数，使其返回四项输出。

```
function [L,U,p,sig] = lutx(A)
%LU Triangular factorization
%  [L,U,p,sig] = lutx(A) computes a unit lower triangular
```

```
% matrix L, an upper triangular matrix U, a permutation
% vector p, and a scalar sig, so that L*U = A(p,:) and
% sig = +1 or -1 if p is an even or odd permutation.
```

写一个函数 mydet(A)，调用修改后的 lutx 来计算矩阵 *A* 的行列式。在 MATLAB 中，乘积 $u_{11}u_{22}\cdots u_{nn}$ 可通过表达式 prod(diag(U)) 计算。

2.8 修改 lutx 函数，以使用显式的 for 循环来代替 MATLAB 的向量运算。例如，一段修改后的程序可以是这样的：

```
% Compute the multipliers
for i = k+1:n
    A(i,k) = A(i,k)/A(k,k);
end
```

比较修改后的 lutx 函数、原始的 lutx 函数以及内部 lu 函数的执行时间，找一个大规模的矩阵，使这三个程序的运算时间大约达到 10 秒。

2.9 令

$$A = \begin{bmatrix} 1 & 2 & 3 \\ 4 & 5 & 6 \\ 7 & 8 & 9 \end{bmatrix}, b = \begin{bmatrix} 1 \\ 3 \\ 5 \end{bmatrix}$$

（a）证明线性代数方程组 *Ax* = *b* 有无穷多的解，并给出可能的解的集合。

（b）假设用精确的算术运算和高斯消元法来求解 *Ax* = *b*。由于这个问题有无穷多的解，高斯消元法不会算出一个具体解，那么会发生什么情况？

（c）在实际使用浮点算术体系的计算机上，用 bslashtx 命令来求解 *Ax* = *b*，得到什么结果？为什么？从什么意义看这是一个"好"的解？从什么意义看这是一个"坏"的解？

（d）请解释为什么采用内部反斜线操作符 x = A\b，会计算出一个和 x = bslashtx (A,b) 不同的解。

2.10 2.4 节给出了求解三角形线性方程组的两个算法。一个是从右端向量中逐次减去三角形矩阵的列向量，另一个是计算三角形矩阵行向量和当前解向量的内积。

（a）bslashtx 函数使用这两个算法中的哪个？

（b）采用这两个算法中的另一个，编写与 bslashtx 功能相同的函数 bslashtx2。

2.11 矩阵 *A* 的逆可以定义为，列向量 x_j 满足下述方程的矩阵 *X*：

$$Ax_j = e_j$$

其中 e_j 为单位矩阵的第 *j* 列。

（a）以函数 bslashtx 为基础，编写一个 MATLAB 函数

```
X = myinv(A)
```

用于计算矩阵 A 的逆。要求这个函数仅调用 lutx 一次，且不使用 MATLAB 的内部反斜线操作符或 inv 函数。

（b）构造一些测试矩阵，比较自己编写的函数命令 inv(A) 的计算结果。

2.12 如果调用 MATLAB 内部函数 lu 时仅指定两个输出参数

```
[L,U] = lu(A)
```

选主元高斯消元中的矩阵行交换将在输出矩阵 L 中体现。lu 的帮助(help)信息将 L 解释为"心理上的下三角"(psychologically lower triangular)矩阵。修改 lutx 函数,使它具备相同的功能,可以使用

```
if nargout == 2, ...
```

来检测输出参数的数目。

2.13　(a) 下面的程序

```
M = magic(8)
lugui(M)
```

　　为什么是个有趣的例子?

　　(b) 函数 lugui(M)与 rank(M)有何关系?

　　(c) 是否可能选择一个主元序列,使得在 lugui(M)执行过程中不出现舍入误差?

2.14　完全选主元策略是 lugui 程序的一个选项,它相比部分选主元在数值上稍有优势。采用完全选主元策略,在消去过程中的每一步,需从整个未消去的子矩阵中选择一个数值最大的元素为主元。这要求既进行行交换又进行列交换,若 p 和 q 为对应的排列向量,则

```
L*U = A(p,q)
```

请修改 lutx 函数和 bslashtx 函数,使得它们采用完全选主元策略。

2.15　NCM 目录下的函数 golub 以斯坦福大学 Gene Golub 教授的名字命名,这个函数随机生成一些元素为整数的测试矩阵。这些矩阵的条件数非常大,但采用不选主元的高斯消元法,不会产生小的主元。

　　(a) 随着阶数 n 的增大,condest(golub(n))如何变化? 由于这些是随机生成的矩阵,不可能精确地回答这个问题,但可以尽量给出一些定性的回答。

　　(b) 运行 lugui(golub(n)),并采用选对角线主元策略,可观察到怎样的非典型现象?

　　(c) det(golub(n))的计算结果是多少? 为什么?

2.16　函数 pascal 基于 Pascal 三角形生成一些对称的测试矩阵。

　　(a) pascal(n +1)的元素与由 nchoosek(n,k)生成的二项式系数有何联系?

　　(b) chol(pascal(n))的结果和 pascal(n)有何联系?

　　(c) 随着阶数 n 的增大,condest(pascal(n))如何变化?

　　(d) det(pascal(n))的结果是多少? 为什么?

　　(e) 令 Q 为由程序

```
Q = pascal(n);
Q(n,n) = Q(n,n) - 1;
```

　　生成的矩阵,那么 chol(Q)的结果和 chol(pascal(n))有何联系?

　　(f) det(Q)的结果是多少? 为什么?

2.17　执行命令 pivotgolf,可以开始"Pivot Pickin′ Golf"(选主元高尔夫)游戏。它的目的是使用 lugui 计算九个矩阵的 LU 分解,并有尽可能小的舍入误差。每个"洞"的分数为

$$\| R \|_\infty + \| L_\varepsilon \|_\infty + \| U_\varepsilon \|_\infty$$

其中 $R = LU - PAQ$ 是剩余矩阵, $\| L_\varepsilon \|_\infty$ 和 $\| U_\varepsilon \|_\infty$ 则与 L 和 U 中本该为零但计算值不为零的部分有关。

(a) 对任一个"球道"(course), 你能超过由部分选主元策略所打出的分数吗?

(b) 对任一个"球道", 你能取得一个完美的零分吗?

2.18 本题的目的是, 研究随机生成的矩阵的条件数如何随阶数变化。令 R_n 表示元素正态分布的随机 $n \times n$ 矩阵, 可以根据实验观察出, 存在某个指数 p 使得

$$\kappa_1(R_n) = O(n^p)$$

换句话说, 存在常数 c_1 和 c_2, 使得 $\kappa_1(R_n)$ 的大多数值满足

$$c_1 n^p \leqslant \kappa_1(R_n) \leqslant c_2 n^p$$

你的工作就是找出常数 p、c_1 和 c_2。

NCM 中的 M 文件 randncond.m 可作为本题实验的基础, 这个程序生成元素正态分布的随机矩阵, 并在对数尺度坐标系中, 画出矩阵的 l_1 条件数与其阶数的关系图。这个程序也会在上述坐标系中画两条直线围住大多数的数据点(在对数尺度坐标下, 指数函数 $\kappa = cn^p$ 的图像为直线)。

(a) 修改 randncond.m, 使得两条直线有相同的斜率, 同时围住大多数的数据点。

(b) 基于这个实验, 对于公式 $\kappa(R_n) = O(n^p)$ 中的指数 p, 你的估计值是多少? 有多少把握?

(c) 在程序中使用了('erasemode', 'none'), 因此不能打印出结果, 应该如何进行修改使得可以进行打印?

2.19 用三种方法求解下面这个 $n = 100$ 的三对角线性方程组:

$$2x_1 - x_2 = 1$$
$$-x_{j-1} + 2x_j - x_{j+1} = j, \quad j = 2, \cdots, n-1$$
$$-x_{n-1} + 2x_n = n$$

(a) 用三次 diag 命令形成系数矩阵, 然后使用函数 lutx 和 bslashtx 来求解这个线性方程组。

(b) 用一次 spdiags 命令形成这个系数矩阵的稀疏矩阵表示, 然后使用反斜线操作符求解这个线性方程组。

(c) 用命令 tridisolve 求解这个线性方程组。

(d) 用命令 condest 估计系数矩阵的条件数。

2.20 对你选择的互联网的子集, 使用命令 surfer 和 pagerank 计算其中网页的 PageRank, 是否在结果中发现了一些有趣的结构?

2.21 假设 U 为 URL 单元数组, G 是由 surfer 程序生成的网页连接矩阵, k 为一个整数, 请解释

U{k}, U(k), G(k,:), G(:,k), U(G(k,:)), U(G(:,k))

的含义。

2.22 在 harvard500 数据集对应的网页连接矩阵中, 有 4 个小的、元素几乎全非零的子矩阵, 它们在 spy 命令结果中为靠近矩阵对角线的 4 个黑块。可以使用窗口界面中的放大按钮找到它们的行列位置。第一个子矩阵的阶数大约为 170, 而其他三个的阶数大

约是 200 和 300。从数学上来说，一个图中若每个结点都相互连接，则这个图称为团 89
（clique）。请从 Harvard 大学有关机构中找出对应上述近似为团的组织。

2.23 如果通过一次点击链接可以从网页 j 到达网页 i，那么对应地在网页连接矩阵 G 中就有
$g_{ij}=1$。假设用 G 矩阵乘以自身，则矩阵 G^2 的元素显示出从网页 j 到网页 i 的链接次
数为 2 的不同浏览路径的数目。更进一步，矩阵的幂 G^p 表示链接次数为 p 的浏览路
径数目。

（a）对于 harvard500 数据集，求 G^p 矩阵中的非零元数目停止增加时对应的 p 值。
换句话说，对任意大于 p 的 q 值，nnz(G^q) 等于 nnz(G^p)。

（b）G^p 矩阵中非零元素占多大比例？

（c）使用 subplot 和 spy 命令显示 G 矩阵各次幂中非零元的分布情况。

（d）是否存在一些相互链接的网页，它们中没有指向其他网页的链接？

2.24 在函数 surfer 中，使用了一个子函数 hashfun 来加速在已经处理过的 URL 列表中
寻找下一个 URL。请在 MathWorks 公司主页 http://www.mathworks.com 上找出两个不
同的 URL，它们有相同的 hashfun 值。

2.25 图 2-8 为另一个含六个结点的微型互联网的示意图。
在这个例子中，有两个分离的子图。

（a）请给出这个例子的网页连接矩阵 G。

（b）如果超链接转移概率 p 为默认的 0.85，这些网页
的 PageRank 各是多少？

（c）对于这个例子，在设置 $p{\to}0$ 的极限情况下，按
PageRank 的定义和用 pagerank 程序计算分别会
给出什么结果？

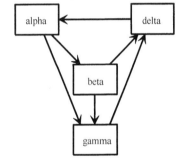

2.26 程序 pagerank(U,G) 通过求解稀疏线性方程组来计
算 PageRank，然后它会画出一个柱状图，并打印出高
PageRank 值的 URL 列表。

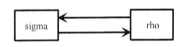

图 2-8　另一个微型互联网

90

（a）将 pagerank 程序修改为 pagerank1(G)，使得
它仅仅计算 PageRank 而不进行绘图和打印输出。

（b）修改程序 pagerank1 为 pagerank2(G)，使用逆迭代方法替换求解稀疏线性方
程组的操作。其中关键的语句为

```
x = (I - A)\e
x = x/sum(x)
```

如果在用反斜线操作符时出现了除以零这种看似不太可能的事情，应该怎么办？

（c）修改程序 pagerank1 为 pagerank3(G)，使用幂方法替换求解稀疏线性方程组
的操作。其中关键的语句为

```
while termination_test
   x = A*x;
end
```

为了终止幂迭代，应进行怎样的检测比较合适？

（d）用这几个程序计算本章正文中六个结点例子的 PageRank，确保这三个程序都算出

相同的结果。

2.27　下面是另一个计算 PageRank 的程序。这个版本采用幂方法，但不需任何的矩阵运算，它也只涉及连接矩阵的链接结构。

```
function [x,cnt] = pagerankpow(G)
% PAGERANKPOW  PageRank by power method.
% x = pagerankpow(G) is the PageRank of the graph G.
% [x,cnt] = pagerankpow(G)
%    counts the number of iterations.

% Link structure

[n,n] = size(G);
for j = 1:n
   L{j} = find(G(:,j));
   c(j) = length(L{j});
end

% Power method

p = .85;
delta = (1-p)/n;
x = ones(n,1)/n;
z = zeros(n,1);
cnt = 0;
while max(abs(x-z)) > .0001
   z = x;
   x = zeros(n,1);
   for j = 1:n
      if c(j) == 0
         x = x + z(j)/n;
      else
         x(L{j}) = x(L{j}) + z(j)/c(j);
      end
   end
   x = p*x + delta;
   cnt = cnt+1;
end
```

（a）与习题 2.26 中的三个 pagerank 函数相比，这个函数的内存需求和运行时间如何?

（b）以这个函数为模板，用其他的编程语言写一个计算 PageRank 的程序。

91

92

插　值

插值就是定义一个在特定点取给定值的函数的过程。本章的重点是介绍两个紧密相关的插值函数：分段三次样条函数和保形分段三次插值函数（称为"pchip"）。

3.1　插值多项式

人们都知道两点确定一条直线，或者更准确地说，对平面上的任意两点 (x_1, y_1) 和 (x_2, y_2)，只要 $x_1 \neq x_2$，就唯一确定一个关于 x 的一次多项式，其图形经过这两个点。对于这个多项式，有多种不同的公式表示，但它们都对应同一个直线图形。

把上述讨论推广到多于两个点的情况。则对于平面上有着不同 x_k 值的 n 个点 (x_k, y_k)，$k = 1, \cdots, n$，存在唯一一个关于 x 的次数小于 n 的多项式，使其图形经过这些点。很容易看出，数据点的数目 n 也是多项式系数的个数。尽管一些首项的系数可能是零，但多项式的次数实际上也小于 $n - 1$。同样，这个多项式可能有不同的公式表达形式，但它们都定义着同一个函数。

这样的多项式称为插值（interpolating）多项式，它可以准确地重新计算出初始给定的数据：

$$P(x_k) = y_k, k = 1, \cdots, n$$

后面我们会考察另外一些较低次的多项式，这些多项式只能接近给定的数据，因此它们不是插值多项式。

表示插值多项式的最紧凑的方式是拉格朗日（Lagrange）形式

$$P(x) = \sum_k \left(\prod_{j \neq k} \frac{x - x_j}{x_k - x_j} \right) y_k$$

在这个公式中，对 n 项进行求和，而每个连乘符号中含有 $n - 1$ 项，因此它定义的多项式最高次数为 $n - 1$。当 $x = x_k$ 时计算 $P(x)$，除了第 k 项外，其他的乘积都为零，同时，第 k 项乘积正好为 1，所以求和结果为 y_k，满足插值条件。

例如，考虑下面一组数据。

```
x = 0:3;
y = [-5  -6  -1  16];
```

输入命令

```
disp([x;  y])
```

其输出为

```
 0      1      2      3
-5     -6     -1     16
```

这些数据的拉格朗日形式的多项式插值为

$$P(x) = \frac{(x-1)(x-2)(x-3)}{(-6)}(-5) + \frac{x(x-2)(x-3)}{(2)}(-6)$$

$$+ \frac{x(x-1)(x-3)}{(-2)}(-1) + \frac{x(x-1)(x-2)}{(6)}(16)$$

可以看出上式为四个三次多项式求和, 因此最后结果的次数最高为 3。由于求和后最高次项系数不为零, 所以此式就是一个三次多项式。而且, 如果将 $x = 0$、1、2 或者 3 代入上式, 其中有三项都为零, 而第四项计算结果正好符合给定的数据。

一个多项式通常不用拉格朗日形式表示, 它更常见地写成类似

$$x^3 - 2x - 5$$

的形式。其中简单的 x 次方项称为单项式(monomial), 而多项式的这种形式称为使用幂形式(power form)的多项式。

插值多项式使用幂形式表示为

$$P(x) = c_1 x^{n-1} + c_2 x^{n-2} + \cdots + c_{n-1} x + c_n$$

其中的系数原则上可以通过求解下面的线性代数方程组得到。

$$\begin{bmatrix} x_1^{n-1} & x_1^{n-2} & \cdots & x_1 & 1 \\ x_2^{n-1} & x_2^{n-2} & \cdots & x_2 & 1 \\ \vdots & \vdots & & \vdots & 1 \\ x_n^{n-1} & x_n^{n-2} & \cdots & x_n & 1 \end{bmatrix} \begin{bmatrix} c_1 \\ c_2 \\ \vdots \\ c_n \end{bmatrix} = \begin{bmatrix} y_1 \\ y_2 \\ \vdots \\ y_n \end{bmatrix}$$

这个线性代数方程组的系数矩阵记为 V, 也被称为范德蒙德(Vandermonde)矩阵, 该矩阵的各个元素为

$$v_{k,j} = x_k^{n-j}$$

上述范德蒙德矩阵的各列有时也按相反的顺序排列, 但在 MATLAB 中, 多项式系数向量通常按从高次幂到低次幂排列。

MATLAB 中的函数 vander 可生成范德蒙德矩阵, 例如对于前面的那组数据,

94

```
V = vander(x)
```

生成

```
V =
     0     0     0     1
     1     1     1     1
     8     4     2     1
    27     9     3     1
```

然后, 输入命令

```
c = V\y'
```

计算出插值系数。

```
c =
    1.0000
    0.0000
   -2.0000
   -5.0000
```

事实上, 这个例子的数据就是根据多项式 $x^3 - 2x - 5$ 生成的。

在习题 3.6 中, 要求证明当插值点的位置 x_k 互不相同时, 范德蒙德矩阵是非奇异的。而

在习题 3.19 中，则请读者证明范德蒙德矩阵的条件数可能非常差。通过这两个练习我们可以发现，对于一组间隔比较均匀、函数值变化不大的数据，适合采用幂形式的插值多项式和范德蒙德矩阵进行求解。但对于一般的问题，这个方法有时是危险的。

在本章中，将介绍几个能实现各种插值算法的 MATLAB 函数，它们都采用下面的调用格式：

$$v = \text{interp}(x, y, u)$$

前两个输入参数 x 和 y 是长度相同的向量，它们定义了插值点。第三个参数 u 为要计算函数值的范围上的点组成的向量。输出向量 v 和 u 长度相等，其分量 v(k) = interp(x, y, u(k))。

要介绍的第一个这样的插值函数是 polyinterp，它基于拉格朗日形式。程序中使用了 MATLAB 的数组操作来同时计算出多项式在 u 向量各分量上的值。

```
function v = polyinterp(x,y,u)
n = length(x);
v = zeros(size(u));
for k = 1:n
   w = ones(size(u));
   for j = [1:k-1 k+1:n]
      w = (u-x(j))./(x(k)-x(j)).*w;
   end
   v = v + w*y(k);
end
```

为了解释 polyinterp 函数的功能，先构造一个间隔很密的求值点向量。

```
u = -.25:.01:3.25;
```

然后输入命令

```
v = polyinterp(x,y,u);
plot(x,y,'o',u,v,'-')
```

可生成图 3-1。

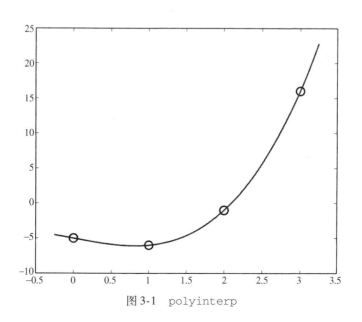

图 3-1 polyinterp

函数 polyinterp 也可以处理符号变量，例如，创建符号变量

```
symx = sym('x')
```

然后用下面的命令计算并显示插值多项式的符号形式：

```
P = polyinterp(x,y,symx)
pretty(P)
```

其输出结果为

```
-5 (-1/3 x + 1)(-1/2 x + 1)(-x + 1) - 6 (-1/2 x + 3/2)(-x + 2)x
-1/2 (-x + 3)(x - 1)x + 16/3 (x - 2)(1/2 x - 1/2)x
```

这个表达式是插值多项式的拉格朗日形式，可以用命令

```
P = simplify(P)
```

将其简化，从而得到 P 的幂形式

```
P =
    x^3-2*x-5
```

下面是另一个例子，使用的是本章另一种方法所用的数据。

```
x = 1:6;
y = [16 18 21 17 15 12];
disp([x; y])
u = .75:.05:6.25;
v = polyinterp(x,y,u);
plot(x,y,'o',u,v,'-');
```

运行后的结果为

```
    1       2       3       4       5       6
    16      18      21      17      15      12
```

同时输出图 3-2。

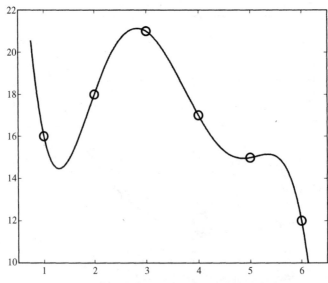

图 3-2　完整次数（full-degree）的多项式插值

在这个仅包含 6 个正常间距插值点的例子里，我们已经可以看出完整次数多项式插值的主要问题了。在数据点之间，特别是第一个点和第二个点之间，函数值表现出很大的变化。它超出了给定数据值的变化，因此，完整次数多项式插值很少用于实际的数据或曲线拟合，它主要应用于推导出其他的数值方法。

97

3.2 分段线性插值

用上一节的数据通过两步操作可以绘制出一个简单的图形：第一步用圆圈在坐标系中标出各数据点，第二步用直线段依次连接这些数据点。下面的语句执行这样的操作，并生成图 3-3。

```
x = 1:6;
y = [16 18 21 17 15 12];
plot(x,y,'o',x,y,'-');
```

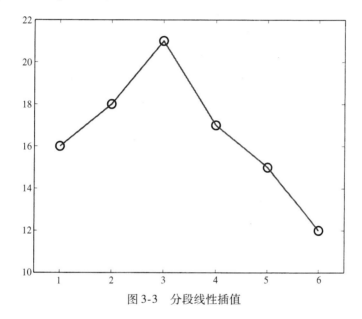

图 3-3 分段线性插值

在生成图 3-3 所示的图线时，MATLAB 图形处理函数使用了分段线性(piecewise linear)插值。这个分段线性插值算法是其他更复杂算法的基础，它使用了三个量。首先要确定间隔序号(interval index)k，使得

$$x_k \leqslant x < x_{k+1}$$

第二个量是局部变量(local variable)s，其定义为

$$s = x - x_k$$

最后一个量是一次均差(first divided difference)

$$\delta_k = \frac{y_{k+1} - y_k}{x_{k+1} - x_k}$$

定义了这三个量，则插值基函数可表示为

$$L(x) = y_k + (x - x_k)\frac{y_{k+1} - y_k}{x_{k+1} - x_k}$$

$$= y_k + s\delta_k$$

显然，这是通过点 (x_k, y_k) 和点 (x_{k+1}, y_{k+1}) 的线性函数。

点 x_k 有时也被称为断点（breakpoint，break）。由上述基函数构成的分段线性插值基函数 $L(x)$ 是关于 x 的连续函数，但它的一阶导数 $L'(x)$ 则不连续。在每个 x 的子区间上导数值为常数 δ_k，但在断点上它的值发生跳变。

用 piecelin.m 函数可实现分段线性插值，输入的参数 u 可以是需要计算的点构成的向量。在这里，下标 k 实际上是一个由序号组成的向量，请仔细阅读下面的程序代码，并理解 k 是如何计算的。

```
function v = piecelin(x,y,u)
%PIECELIN  Piecewise linear interpolation.
%  v = piecelin(x,y,u) finds the piecewise linear L(x)
%  with L(x(j)) = y(j) and returns v(k) = L(u(k)).

%  First divided difference

delta = diff(y)./diff(x);

%  Find subinterval indices k so that x(k) <= u < x(k+1)

n = length(x);
k = ones(size(u));
for j = 2:n-1
   k(x(j) <= u) = j;
end

%  Evaluate interpolant

s = u - x(k);
v = y(k) + s.*delta(k);
```

3.3 分段三次埃尔米特插值

许多最有效的插值技术都基于分段三次多项式。令 h_k 为第 k 段子区间的长度：

$$h_k = x_{k+1} - x_k$$

那么一次均差 δ_k 由下面的公式给出：

$$\delta_k = \frac{y_{k+1} - y_k}{h_k}$$

令 d_k 为插值基函数在点 x_k 处的斜率，即

$$d_k = P'(x_k)$$

对于分段线性插值基函数，$d_k = \delta_{k-1}$ 或 δ_k，但对于更高次的插值函数不一定成立。

考虑一个定义在区间 $x_k \leqslant x \leqslant x_{k+1}$ 的函数，采用局部变量 $s = x - x_k$ 并令 $h = h_k$，它可表示为

$$P(x) = \frac{3hs^2 - 2s^3}{h^3} y_{k+1} + \frac{h^3 - 3hs^2 + 2s^3}{h^3} y_k$$

$$+ \frac{s^2(s-h)}{h^2} d_{k+1} + \frac{s(s-h)^2}{h^2} d_k$$

这是个关于 s 也即 x 的三次多项式。它满足四个插值条件，其中两个是关于函数值，两个是关于函数的导数值：

$$P(x_k) = y_k, P(x_{k+1}) = y_{k+1}$$
$$P'(x_k) = d_k, P'(x_{k+1}) = d_{k+1}$$

那些满足关于导数值插值条件的函数称为埃尔米特(Hermite)或密切(osculatory)插值基函数，因为这些函数在插值点上保持高阶的连续性(在拉丁文中"密切"一词的本意为"亲吻")。

如果正好同时给定了一系列数据点上的函数值和一阶导数值，那么就可以用埃尔米特插值拟合这些数据。但如果没有给出这些导数值，那么需要用一些办法来限定斜率 d_k，我们将在下面讨论两种可能的办法，即 MATLAB 中的函数 pchip 和 spline。

3.4　保形分段三次插值

pchip 实际是"分段三次埃尔米特插值多项式"(piecewise cubic Hermite interpolating polynomial)的英文首字母缩写。有意思的是，根据这个名字并不能确定它到底是哪一种分段三次埃尔米特插值多项式，因为样条插值函数实际上也是分段三次埃尔米特插值多项式，只是对斜率的限制条件不同。在这里，我们说的 pchip 实际上是一个最近才引入 MATLAB、保形(shape-preserving)且"看上去不错"的特定插值函数。它基于一个由 Fritsch 和 Carlson 编写的旧的 Fortran 程序，在 Kahaner、Moler 和 Nash 的书[33]中可找到相关的介绍。对于前面的那个例子数据，图3-4 显示了 pchip 插值出来的结果。

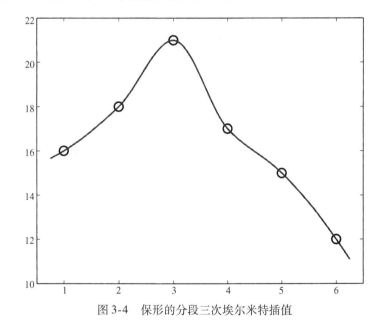

图3-4　保形的分段三次埃尔米特插值

关键思想是如何确定斜率 d_k，使得函数值不会过度地偏离(至少在局部)给定的数据。如果 δ_k 和 δ_{k-1} 的正负号相反，或者它们中有一个为零，那么在 x_k 处函数为离散的极大或极小，于是可以令

$$d_k = 0$$

关于它的解释可见图3-5 的左半边。图中实线为分段线性插值，它在中间断点两侧的斜率符号相反。因此，图中虚线斜率为零。图中的曲线为由两个三次多项式组成的保形插值函数，

这两个三次多项式在中间断点处相接,在那一点处,两条曲线的导数都为零。然而,在断点处的二阶导数值存在跳变。

如果 δ_k 和 δ_{k-1} 的正负号相同,并且两个子区间长度相等,则令 d_k 为两侧两个斜率的调和平均数:

$$\frac{1}{d_k} = \frac{1}{2}\left(\frac{1}{\delta_{k-1}} + \frac{1}{\delta_k}\right)$$

换句话说,这种埃尔米特插值函数在断点处斜率的倒数为两侧分段线性插值函数斜率导数的平均。这种情况如图 3-5 的右半边所示。在断点处,分段线性插值函数的斜率的倒数从 1 变到 5,因此图中虚线斜率的倒数为 1 和 5 的平均值,即 3。这个保形插值函数由两个三次多项式组成,它们在中间断点处相接,并且在那一点处的导数都为 1/3。同样,这个插值函数在中间断点处的二阶导数存在跳变。

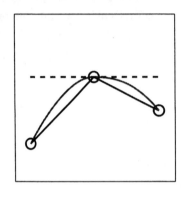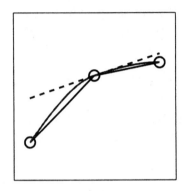

图 3-5 pchip 的斜率

100
∫
101

如果 δ_k 的 δ_{k-1} 的正负号相同,但两个子区间长度不等,那么 d_k 为加权的调和平均,权重由两个子区间的长度决定:

$$\frac{w_1 + w_2}{d_k} = \frac{w_1}{\delta_{k-1}} + \frac{w_2}{\delta_k}$$

其中

$$w_1 = 2h_k + h_{k-1}, w_2 = h_k + 2h_{k-1}$$

上面介绍了函数 pchip 中如何确定中间断点处的斜率,而对于整个数据区间的两个端点处的斜率 d_1 和 d_n,需要用一个稍许不同的单方向分析的方法加以计算,有关细节请参考文件 pchiptx.m。

3.5 三次样条

另一个分段三次插值函数是三次样条(cubic spline)函数。"样条"这个词源自绘图时所用的一种仪器,它是一个细的、可弯曲的木制或塑料工具,固定于给定的数据点上,从而定义出一条连接各点的光滑曲线。从物理上讲,样条满足插值点的约束,同时使势能达到最小。与此对应的数学样条必须有连续的二阶导数,并满足同样的插值约束。样条曲线上的断点也被称为结点(knot)。

应用样条的领域远远不止我们讨论的基本的一维三次插值样条,现在已有对于多维度、高阶次、变结点和近似样条的研究和应用。由 Carl de Boor 编写的 *A Practical Guide to Splines*

（样条实用手册——译者注）[16]，是一本在数学和软件两方面都很有价值的参考书，其实 de Boor 也是 MATLAB 中 spline 函数和样条工具集程序的作者。

图 3-6 显示了函数 spline 如何对我们的例子数据进行插值。

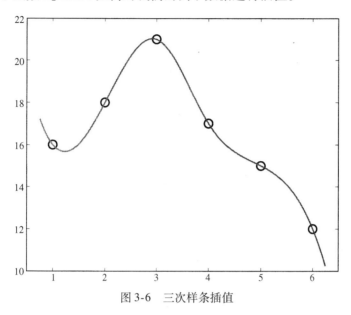

图 3-6　三次样条插值

在我们讨论的分段三次插值中，一个结点 x_k 两侧的一阶导数 $P'(x)$，由结点 x_k 两侧不同的公式所决定，但它们在结点处的值均为 d_k，所以 $P'(x)$ 是连续的。

在第 k 个子区间上，插值函数的二阶导数为 $s = x - x_k$ 的线性函数：

$$P''(x) = \frac{(6h - 12s)\delta_k + (6s - 2h)d_{k+1} + (6s - 4h)d_k}{h^2}$$

如果 $x = x_k$，则 $s = 0$ 且

$$P''(x_k +) = \frac{6\delta_k - 2d_{k+1} - 4d_k}{h_k}$$

这里，"$x_k +$"中的正号表示这是单方向导数。如果 $x = x_{k+1}$，则 $s = h_k$ 且

$$P''(x_{k+1} -) = \frac{-6\delta_k + 4d_{k+1} + 2d_k}{h_k}$$

在第 $k-1$ 个子区间上，$P''(x)$ 由包含 δ_{k-1}、d_k 和 d_{k-1} 的类似公式给定。在结点 x_k 处，

$$P''(x_k -) = \frac{-6\delta_{k-1} + 4d_k + 2d_{k-1}}{h_{k-1}}$$

要求 $P''(x)$ 在 $x = x_k$ 处连续意味着

$$P''(x_k +) = P''(x_k -)$$

这可以推导出方程

$$h_k d_{k-1} + 2(h_{k-1} + h_k)d_k + h_{k-1}d_{k+1} = 3(h_k \delta_{k-1} + h_{k-1}\delta_k)$$

如果结点是等间距的，那么 h_k 与 k 无关，即得到

$$d_{k-1} + 4d_k + d_{k+1} = 3\delta_{k-1} + 3\delta_k$$

就像我们讨论的其他插值基函数一样，样条函数的斜率 d_k 也与差分 δ_k 紧密相关，更准确地说，样条斜率可以看成差分 δ_k 的连续平均值。

上面的分析可应用于每个内部结点 x_k, $k=2$, $\cdots$, $n-1$, 从而得到包含 n 个未知数 d_k 的 $n-2$ 个方程。类似于 pchip 函数, 在整个区间的两端点附近, 必须使用不同的方法构造出两个方程。一种有效的策略被称为"not-a-knot"(非结点——译者注)方法, 其思想是在最开始和最后的两个子区间 $x_1 \leqslant x \leqslant x_3$ 和 $x_{n-2} \leqslant x \leqslant x_n$ 上分别使用一个单独的三次多项式。实际上, 这相当于认为 x_2 和 x_{n-1} 都不是结点。如果结点位置均匀分布, 且所有的 $h_k=1$, 则可得到

$$d_1 + 2d_2 = \frac{5}{2}\delta_1 + \frac{1}{2}\delta_2$$

以及

$$2d_{n-1} + d_n = \frac{1}{2}\delta_{n-2} + \frac{5}{2}\delta_{n-1}$$

结点位置不是均匀分布时的详细处理方法, 请见程序 splinetx.m。

加入在两个端点处应满足的条件, 得到关于 n 个变量的 n 个线性方程:

$$Ad = r$$

未知斜率构成的向量为

$$d = \begin{bmatrix} d_1 \\ d_2 \\ \vdots \\ d_n \end{bmatrix}$$

系数矩阵 A 为三角矩阵:

$$A = \begin{bmatrix} h_2 & h_2+h_1 & & & & \\ h_2 & 2(h_1+h_2) & h_1 & & & \\ & h_3 & 2(h_2+h_3) & h_2 & & \\ & & \ddots & \ddots & \ddots & \\ & & & h_{n-1} & 2(h_{n-2}+h_{n-1}) & h_{n-2} \\ & & & & h_{n-1}+h_{n-2} & h_{n-2} \end{bmatrix}$$

右端项为

$$r = 3 \begin{bmatrix} r_1 \\ h_2\delta_1 + h_1\delta_2 \\ h_3\delta_2 + h_2\delta_3 \\ \vdots \\ h_{n-1}\delta_{n-2} + h_{n-2}\delta_{n-1} \\ r_n \end{bmatrix}$$

r_1 和 r_n 两个值依赖于两个端点处所满足的条件。

如果结点等间距分布, 且所有的 $h_k=1$, 则系数矩阵非常简单:

$$A = \begin{bmatrix} 1 & 2 & & & & \\ 1 & 4 & 1 & & & \\ & 1 & 4 & 1 & & \\ & & \ddots & \ddots & \ddots & \\ & & & 1 & 4 & 1 \\ & & & & 2 & 1 \end{bmatrix}$$

右端向量为

$$r = 3 \begin{bmatrix} \dfrac{5}{6}\delta_1 + \dfrac{1}{6}\delta_2 \\ \delta_1 + \delta_2 \\ \delta_2 + \delta_3 \\ \vdots \\ \delta_{n-2} + \delta_{n-1} \\ \dfrac{1}{6}\delta_{n-2} + \dfrac{5}{6}\delta_{n-1} \end{bmatrix}$$

在本书附带的程序 splinetx 中，这个定义斜率的线性方程组采用第 2 章介绍的 tridi-solve 函数求解。在 MATLAB 软件所带的样条函数和样条程序集中，采用 MATLAB 反斜线操作符进行求解：

$$d = A\backslash r$$

104

由于矩阵 A 的大多数元素都为零，适合将它按稀疏数据结构进行存储。反斜线操作符可以利用三对角线矩阵结构的优点，并在正比于 n 的时间和空间复杂度内求解这个线性方程组，这里 n 为数据点的数目。

图 3-7 比较了样条插值函数 $s(x)$ 和 pchip 插值函数 $p(x)$。两个函数自身的区别并不是很明显，样条函数的一阶导数 $s'(x)$ 是光滑的，而 pchip 的一阶导数 $p'(x)$ 是连续的，但显示出了一些"扭结"。样条函数的二阶导数 $s''(x)$ 是连续的，而 pchip 的二阶导数 $p''(x)$ 在结点处出现跳变。由于两个函数都是分段三次多项式，它们的三阶导数 $s'''(x)$ 和 $p'''(x)$ 都是分段常数。$s'''(x)$ 在前两个子区间和后两个子区间分别取同一个常数值，这个事实反映了样条两端点满足的"非结点"条件。

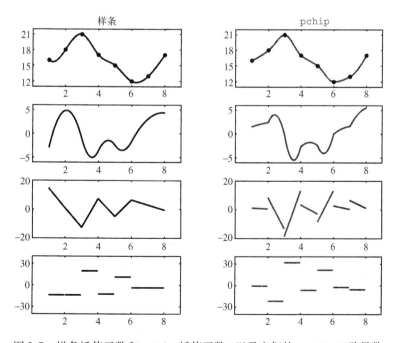

图 3-7　样条插值函数和 pchip 插值函数，以及它们的一、二、三阶导数

3.6 `pchiptx` 和 `splinetx`

M 文件 `pchiptx` 和 `splinetx` 都基于分段三次埃尔米特插值，在第 k 个子区间，有

$$P(x) = \frac{3hs^2 - 2s^3}{h^3}y_{k+1} + \frac{h^3 - 3hs^2 + 2s^3}{h^3}y_k$$

$$+ \frac{s^2(s-h)}{h^2}d_{k+1} + \frac{s(s-h)^2}{h^2}d_k$$

其中 $s = x - x_k$，$h = h_k$。这两个程序的区别在于，它们计算斜率 d_k 的方法不同。一旦求出了斜率，就可以根据局部变量 s 的幂形式多项式有效地计算出插值函数：

$$P(x) = y_k + sd_k + s^2c_k + s^3b_k$$

其中二次、三次项的系数为

$$c_k = \frac{3\delta_k - 2d_k - d_{k+1}}{h}$$

$$b_k = \frac{d_k - 2\delta_k + d_{k+1}}{h^2}$$

下面是 `pchiptx` 程序的第一部分代码，它调用一个内部子函数来计算斜率，然后计算其他系数，寻找间隔索引的向量，并计算插值函数值。除了程序的序言段，这部分代码和 `splinetx` 中的是一样的。

```
function v = pchiptx(x,y,u)
%PCHIPTX  Textbook piecewise cubic Hermite interpolation.
% v = pchiptx(x,y,u) finds the shape-preserving piecewise
% P(x), with P(x(j)) = y(j), and returns v(k) = P(u(k)).
%
% See PCHIP, SPLINETX.

% First derivatives

  h = diff(x);
  delta = diff(y)./h;
  d = pchipslopes(h,delta);

% Piecewise polynomial coefficients

  n = length(x);
  c = (3*delta - 2*d(1:n-1) - d(2:n))./h;
  b = (d(1:n-1) - 2*delta + d(2:n))./h.^2;

% Find subinterval indices k so that x(k) <= u < x(k+1)

  k = ones(size(u));
  for j = 2:n-1
     k(x(j) <= u) = j;
  end

% Evaluate interpolant

  s = u - x(k);
  v = y(k) + s.*(d(k) + s.*(c(k) + s.*b(k)));
```

下面是计算 pchip 斜率的代码，其在内部断点处使用的是加权的调和中数，而在整个区间端点处采用一个单方向的公式。

```
function d = pchipslopes(h,delta)
%   PCHIPSLOPES  Slopes for shape-preserving Hermite cubic
%   pchipslopes(h,delta) computes d(k) = P'(x(k)).

%   Slopes at interior points
%   delta = diff(y)./diff(x).
%   d(k) = 0 if delta(k-1) and delta(k) have opposites
%          signs or either is zero.
%   d(k) = weighted harmonic mean of delta(k-1) and
%          delta(k) if they have the same sign.

    n = length(h)+1;
    d = zeros(size(h));
    k = find(sign(delta(1:n-2)).*sign(delta(2:n-1))>0)+1;
    w1 = 2*h(k)+h(k-1);
    w2 = h(k)+2*h(k-1);
    d(k) = (w1+w2)./(w1./delta(k-1) + w2./delta(k));

%   Slopes at endpoints

    d(1) = pchipend(h(1),h(2),delta(1),delta(2));
    d(n) = pchipend(h(n-1),h(n-2),delta(n-1),delta(n-2));

function d = pchipend(h1,h2,del1,del2)
%   Noncentered, shape-preserving, three-point formula.
    d = ((2*h1+h2)*del1 - h1*del2)/(h1+h2);
    if sign(d) ~= sign(del1)
        d = 0;
    elseif (sign(del1)~=sign(del2))&(abs(d)>abs(3*del1))
        d = 3*del1;
    end
```

M 文件 splinetx 中，通过建立和求解一个三对角线性方程组来计算斜率。

```
function d = splineslopes(h,delta);
%   SPLINESLOPES  Slopes for cubic spline interpolation.
%   splineslopes(h,delta) computes d(k) = S'(x(k)).
%   Uses not-a-knot end conditions.

%   Diagonals of tridiagonal system

    n = length(h)+1;
    a = zeros(size(h)); b = a; c = a; r = a;
    a(1:n-2) = h(2:n-1);
    a(n-1) = h(n-2)+h(n-1);
    b(1) = h(2);
    b(2:n-1) = 2*(h(2:n-1)+h(1:n-2));
    b(n) = h(n-2);
    c(1) = h(1)+h(2);
```

```
    c(2:n-1) = h(1:n-2);

%   Right-hand side

    r(1) = ((h(1)+2*c(1))*h(2)*delta(1)+ ...
           h(1)^2*delta(2))/c(1);
    r(2:n-1) = 3*(h(2:n-1).*delta(1:n-2)+ ...
              h(1:n-2).*delta(2:n-1));
    r(n) = (h(n-1)^2*delta(n-2)+ ...
           (2*a(n-1)+h(n-1))*h(n-2)*delta(n-1))/a(n-1);

%   Solve tridiagonal linear system

    d = tridisolve(a,b,c,r);
```

3.7 `interpgui`

图 3-8 显示的是插值函数的光滑度与略带主观特征之间的折中方案, 我们可以称之为局部单调(local monotonicity)或形状保持(shape preservation)这些略带主观的性质之间的折中。

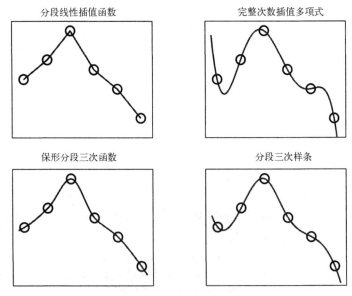

图 3-8　四个插值函数

分段线性插值是一个极端, 它几乎没有任何光滑性。它连续, 但其一阶导数存在跳变。另一方面, 它保持了给定数据的局部单调性, 不会放大数据的变化, 其函数值在和给定数据相同的间隔内变大、变小或保持不变。

完整次数多项式插值是另一个极端, 它可进行无限次的微分。但它通常不能保持给定数据所描述的形状, 特别是在区间的端点附近。

`pchip` 和样条插值函数恰恰在上述两个极端情况之间, 其中样条函数比 `pchip` 更光滑。样条函数有两个连续导数, 而 `pchip` 仅有一个连续导数。不连续的二阶导数意味着曲率的不连续, 人眼可以看出在图形或数控机床制造的部件上大的曲率跳变。另一方面, `pchip` 可保持数据形状，而样条函数有时则不能。

M 文件 interpgui 允许用户使用本章讨论的这四个插值函数进行实验：

- 分段线性插值函数。
- 完整次数插值多项式。
- 分段三次样条。
- 保形分段三次函数。

108
～
109

这个程序可以按几种不同的方式初始化：

- 不带输入参数，interpgui 用 8 个零启动；
- 带一个标量输入参数，interpgui(n)用 n 个零启动；
- 带一个向量输入参数，interpgui(y)由等间距的 x 坐标启动；
- 带两个输入参数，interpgui(x,y)启动时显示 y 关于 x 的曲线。

程序启动后，可以根据鼠标的变化定义插值点。如果指定了 x，则它保持固定。图 3-9 显示了由上面的例子数据生成的初始图形。

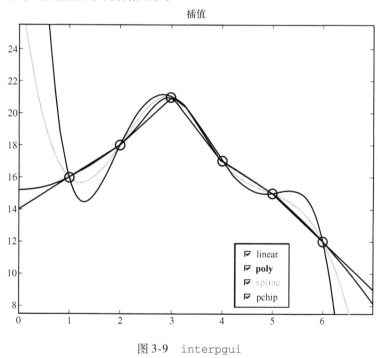

图 3-9　interpgui

习题

3.1　重新生成图 3-8，用四个子图（subplot）显示本章讨论的四个插值函数。

3.2　Tom 和 Ben 是生于 2001 年 10 月 27 日的孪生兄弟。下面的表中列出了他们出生后头几个月中的体重，分别以磅[⊖]和盎司[⊜]为单位。

```
%        Date         Tom      Ben
W = [10 27 2001      5 10     4  8
     11 19 2001      7  4     5 11
     12 03 2001      8 12     6  4
     12 20 2001     10 14     8  7
     01 09 2002     12 13    10  3
     01 23 2002     14  8    12  0
     03 06 2002     16 10    13 10];
```

可使用命令 datenum 将前三列中的日期转换为一个测量时间天数的日期数。

```
t= datenum(W(:,[3 1 2]));
```

画一幅他们的体重与时间关系图，其中用圆圈标记数据点，用 pchip 插值出点之间的曲线。用 datetick 命令标记图中的时间轴，并加上标题(title)和图例(legend)。得出的结果看上去应该类似于图 3-10。

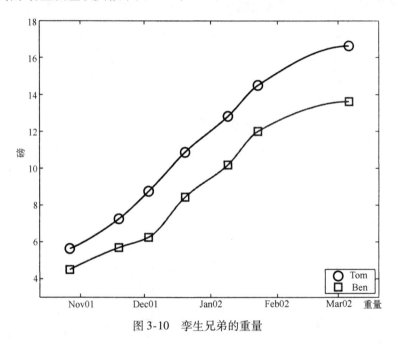

图 3-10 孪生兄弟的重量

3.3 (a) 用本章讨论的四种插值方法 pieceline、polyinterp、splinetx 和 pchiptx 拟合下面的数据，并画出 $-1 \leqslant x \leqslant 1$ 区间上的函数曲线。

```
   x         y
-1.00    -1.0000
-0.96    -0.1512
-0.65     0.3860
 0.10     0.4802
 0.40     0.8838
 1.00     1.0000
```

(b) 在 $x = -0.3$ 处，这四个插值函数的值分别是多少？你认为哪个结果更合理？为什么？

(c) 这些数据实际上是由一个整数系数的低次多项式生成的，这个多项式是什么？

3.4 画你自己的手的形状，以执行下面的命令为开始：

```
figure('position',get(0,'screensize'))
axes('position',[0 0 1 1])
[x,y] = ginput;
```

将你的手掌张开放在计算机屏幕上，然后使用计算机鼠标选取一系列点勾勒出手的轮廓。按回车键结束 ginput 过程。也许这么做更简单些：先把手放在一张白纸上，并用笔画出它的轮廓线，然后将纸贴在计算机屏幕上，应该可以透过纸看到平面上的鼠标，并通过 ginput 程序记录下一些轮廓上的点。（请保存下这些数据，它们还将在本书后面其他练习中使用。）

现在，将点的 x 和 y 坐标值看作独立变量的两个函数，这个独立变量的取值为从 1 到记录的点的数目。下面可以在自变量取值更密的集合上对这两个函数进行插值，并用下面的命令画出结果：

```
n = length(x);
s = (1:n)';
t = (1:.05:n)';
u = splinetx(s,x,t);
v = splinetx(s,y,t);
clf reset
plot(x,y,'.',u,v,'-');
```

111

用 pchiptx 函数可以实现与上面相同的功能，你更喜欢哪个画出来的图形？

图 3-11 是根据我的手画出来的，你能说出它使用的是 splinetx 还是 pchiptx 吗？

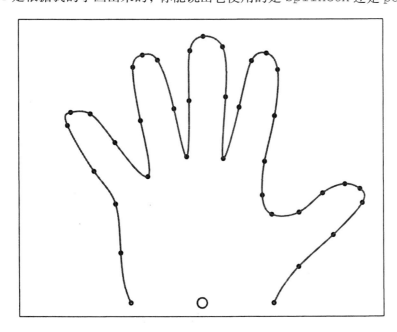

图 3-11 一只手

3.5 上一个习题中使用了数据索引作为独立自变量来进行二维曲线的参数插值。在本题中，将用极坐标系中的角度变量 θ 代替数据索引变量。因此，必须先找到这个数据集的中心原点,使得数据都位于围绕这个原点的星形(starlike)曲线上,即每条从原点发出的射线仅和数据相交一次。这意味着,我们要找到这样的 x_0 和 y_0,使得执行 MATLAB 程序

```
x = x - x0
y = y - y0
theta = atan2(y,x)
r = sqrt(x.^2 + y.^2)
plot(theta,r)
```

生成的一个点集,可以用一个单值函数 $r = r(\theta)$ 插值。对于前面按你手的轮廓采样得到的数据,中心点 (x_0, y_0) 应该是在手掌底部附近,如图 3-11 中的小圆圈所示。进一步,为了使用 splinetx 和 pchiptx 函数,还需要对数据进行排序,使得 theta 单调增大。

选择一个更小的采样间隔 delta,并执行

```
t = (theta(1):delta:theta(end))';
p = pchiptx(theta,r,t);
s = splinetx(theta,r,t);
```

检验两个输出图形:

```
plot(theta,r,'o',t,[p s],'-')
```

和

```
plot(x,y,'o',p.*cos(t),p.*sin(t),'-',...
      s.*cos(t),s.*sin(t),'-')
```

比较本题使用的方法和前一题中的方法。你更喜欢哪一个?为什么?

3.6 本题需要使用符号工具箱。

(a) 命令 vandal(n) 是用来计算什么的?它是如何计算的?

(b) x 满足什么条件时,矩阵 vander(x) 是非奇异的?

3.7 证明这个插值多项式是唯一的。也就是说,如果 $P(x)$ 和 $Q(x)$ 是两个由 n 个不同的点构造出的次数低于 n 的插值多项式,那它们两个的图形完全重合。

3.8 请严格证明下面的各种描述都定义了同一个多项式,即五次切比雪夫多项式 $T_5(x)$。在证明时,可以给出解析的推理、符号计算、数值计算,或者同时使用这三种方式。下面有两个描述中使用了黄金分割比

$$\phi = \frac{1 + \sqrt{5}}{2}$$

(a) 基于幂形式的表示:

$$T_5(x) = 16x^5 - 20x^3 + 5x$$

(b) 三角函数关系式:

$$T_5(x) = \cos(5\cos^{-1}x)$$

(c) Horner 表达式:

$$T_5(x) = ((((16x + 0)x - 20)x + 0)x + 5)x + 0$$

(d) 拉格朗日形式:

$$x_1, x_6 = \pm 1$$

$$x_2, x_5 = \pm \phi/2$$

$$x_3, x_4 = \pm(\phi-1)/2$$

$$y_k = (-1)^k, k = 1, \cdots, 6$$

$$T_5(x) = \sum_k \left(\prod_{j \neq k} \frac{x - x_j}{x_k - x_j} \right) y_k$$

113

(e) 因式分解的表达式:

$$z_1, z_5 = \pm \sqrt{(2 + \phi)/4}$$

$$z_2, z_4 = \pm \sqrt{(3 - \phi)/4}$$

$$z_3 = 0$$

$$T_5(x) = 16 \prod_1^5 (x - z_k)$$

(f) 三项递推式:

$$T_0(x) = 1$$

$$T_1(x) = x$$

$$T_n(x) = 2x T_{n-1}(x) - T_{n-2}(x), n = 2, \cdots, 5$$

3.9 M 文件 rungeinterp.m 提供了一个实验,是关于 Carl Runge 提出的著名的多项式插值问题。令

$$f(x) = \frac{1}{1 + 25x^2}$$

并令 $P_n(x)$ 表示一个 $n-1$ 次多项式,该多项式在 $-1 \leqslant x \leqslant 1$ 区间上等间距点处插入 $f(x)$。Runge 提出一个问题,随着 n 的增加 $P_n(x)$ 是否收敛于 $f(x)$?答案是,对一些 x 是收敛的,但对另一些不成立。

(a) 对什么样的 x,当 $n \rightarrow \infty$ 时 $P_n(x) \rightarrow f(x)$?

(b) 改变插值点的分布,使它们不等间距,这样做对收敛有何影响?你是否能找到一种分布,使得 $P_n(x) \rightarrow f(x)$ 对区间内的所有 x 都成立?

3.10 我们从分段线性插值跳到分段三次插值,请研究分段二次插值,并看看能到达什么程度。

3.11 修改程序 splinetx 和 pchiptx,使得在指定两个输出参数调用它们时,它们既输出插值函数的值,又输出它的一阶导数值。也就是说,用

```
[v,vprime] = pchiptx(x,y,u)
```

和

```
[v,vprime] = splinetx(x,y,u)
```

计算 $P(u)$ 和 $P'(u)$。

3.12 修改程序 splinetx 和 pchiptx,使得在指定两个输入参数调用它们时,它们输出 PP。也就是由 MATLAB 标准函数 spline 和 pchip 生成分段多项式结构,它可被 ppval 使用。

3.13 (a) 分别修改程序 pchiptx 和 splinetx,把单方向和非结点端点条件替换为周期

边界条件，创建出两个函数 perpchip 和 perspline。这要求给定的数据满足

$$y_n = y_1$$

并且得到的插值函数具有周期性。换句话说，对所有 x 有

$$P(x + \Delta) = P(x)$$

其中

$$\Delta = x_n - x_1$$

无论是使用 pchip 还是样条的算法，都需要使用 y_k、h_k 和 δ_k 计算出斜率 d_k。在这个周期性假设下，所有的这些量都成为关于下标 k 的周期函数，其周期为 $n-1$。换句话说，对所有 k，

$$y_k = y_{k+n-1}$$
$$h_k = h_{k+n-1}$$
$$\delta_k = \delta_{k+n-1}$$
$$d_k = d_{k+n-1}$$

这使得在非周期情况下，对内部点使用的计算有可能应用于区间的端点上。因此，对应于端点处条件的特殊程序代码可以删去，而得到实际上简单得多的 M 文件。

例如，pchip 算法中，等间距点分布情况下斜率 d_k 是这么计算的：

$$d_k = 0, \ 若 \ \text{sign}(\delta_{k-1}) \neq \text{sign}(\delta_k)$$

$$\frac{1}{d_k} = \frac{1}{2}\left(\frac{1}{\delta_{k-1}} + \frac{1}{\delta_k}\right), \ 若 \ \text{sign}(\delta_{k-1}) = \text{sign}(\delta_k)$$

在满足周期性的情况下，这些公式也可应用于 $k=1$ 和 $k=n$ 的两端点处，因为

$$\delta_0 = \delta_{n-1} \ 和 \ \delta_n = \delta_1$$

关于样条方法，斜率满足 $k = 2, \cdots, n-1$ 情况下的一个线性代数方程组：

$$h_k d_{k-1} + 2(h_{k-1} + h_k) d_k + h_{k-1} d_{k+1} = 3(h_k \delta_{k-1} + h_{k-1} \delta_k)$$

在满足周期性的情况下，在 $k=1$ 时有

$$h_1 d_{n-1} + 2(h_{n-1} + h_1) d_1 + h_{n-1} d_2 = 3(h_1 \delta_{n-1} + h_{n-1} \delta_1)$$

在 $k=n$ 时有

$$h_n d_{n-1} + 2(h_{n-1} + h_1) d_n + h_{n-1} d_2 = 3(h_1 \delta_{n-1} + h_{n-1} \delta_1)$$

这样最后生成的系数矩阵中，在三对角线结构外还有两个非零元，其中在第一行的非零元是 $A_{1,n-1} = h_1$，在最后一行的是 $A_{n,2} = h_{n-1}$。

(b) 执行下面的语句来说明你编写的新函数能正确地工作。

```
x = 0:pi/4:2*pi;
y = cos(x);
u = 0:pi/50:2*pi;
v = your_function(x,y,u);
plot(x,y,'o',u,v,'-')
```

(c) 一旦有了函数 perpchip 和 perspline，你可以使用 NCM 中的 M 文件 interp2dgui 来研究二维闭曲线的插值。你应该可以发现，周期边界条件能更好地制造出平面上闭曲线的对称性。

3.14 (a) 修改 splinetx 程序，使得它形成完整的三对角线矩阵

```
A = diag(a,-1) + diag(b,0) + diag(c,1)
```

并使用反斜线操作符计算斜率。

(b) 在运行 intergui 程序时改变样条结点的位置, 同时观测 condest(A)结果相应产生的变化。如果两个结点相互靠得很近, condest(A)的结果会出现什么情况? 找到一个可使 condest(A)很大的数据集。

3.15　修改 pchiptx 程序, 让它使用斜率的加权平均, 而不是加权调和中数。

3.16　(a) 考虑下述命令

```
x = -1:1/3:1
interpgui(1-x.^2)
```

linear、spline、pchip 和 polynomial 这四个插值函数中, 如果有的话, 有哪几个是相同的? 为什么?

(b) 对下面的命令结果考虑同样的问题。

```
interpgui(1-x.^4)
```

3.17　无论你将插值点怎么移动, 为什么 interpgui(4)仅显示出三幅而非四幅图形?

3.18　(a) 如果你想用下面的多项式拟合 $1900 \leqslant t \leqslant 2000$ 年间的人口数据

$$P(t) = c_1 t^{10} + c_2 t^9 + \cdots + c_{10} t + c_{11}$$

你可能会注意到由下面命令生成的范德蒙德矩阵的特点:

```
t = 1900:10:2000
V = vander(t)
```

为什么这么做不是个好办法?

(b) 研究对独立变量的居中(centering)和比例化(scaling)操作。随便画一幅图, 在图像窗口中按下工具(Tools)菜单, 选择基本拟合(Basic Fitting), 可以看到关于居中和比例化的复选框, 这个复选框是干什么的?

(c) 将变量 t 替换为

$$s = \frac{t - \mu}{\sigma}$$

这将导致一个不同的多项式 $\tilde{P}(s)$, 它的系数和 $P(t)$ 的有什么关系? 这对于生成的范德蒙德矩阵有何影响? μ 和 σ 取何值时, 会生成一个条件数很好的范德蒙德矩阵? 一个可能的取值是

```
mu = mean(t)
sigma = std(t)
```

还有更好的取值吗?

116

方 程 求 根

本章介绍几种基本的方法来计算函数值为零时的解，然后将三种方法组合起来，得到一个快速、可靠的算法 zeroin。

4.1 二分法

首先考虑计算 $\sqrt{2}$ 的问题。我们将使用区间二分法（interval bisection），这是一种系统的反复试验的方法。我们知道 $\sqrt{2}$ 在 1 和 2 之间，因此先设 $x = 1\frac{1}{2}$。由于 x^2 大于 2，则表明这个 x 太大了。然后用 $x = 1\frac{1}{4}$ 进行试验，此时的 x^2 小于 2，所以这个 x 太小了。这个过程一直持续下去，得到的一系列 $\sqrt{2}$ 的近似值是

$$1\frac{1}{2}, \ 1\frac{1}{4}, \ 1\frac{3}{8}, \ 1\frac{5}{16}, \ 1\frac{13}{32}, \ 1\frac{27}{64}, \cdots$$

下面是上述过程对应的 MATLAB 程序，其中有一个计数器用于统计步骤数。

```
M = 2
a = 1
b = 2
k = 0;
while b-a > eps
   x = (a + b)/2;
   if x^2 > M
      b = x
   else
      a = x
   end
   k = k + 1;
end
```

在此程序中，我们首先肯定 $\sqrt{2}$ 在初始区间 $[a, b]$ 内，然后反复地将这个区间一分为二，同时保证要求的值一直落在当前区间内。这个过程最终执行了 52 步，下面列出了开始的一些和最后的一些近似值。

```
b = 1.50000000000000
a = 1.25000000000000
a = 1.37500000000000
b = 1.43750000000000
a = 1.40625000000000
b = 1.42187500000000
a = 1.41406250000000
b = 1.41796875000000
b = 1.41601562500000
b = 1.41503906250000
b = 1.41455078125000
.....
```

```
b = 1.41421356237311
a = 1.41421356237299
a = 1.41421356237305
a = 1.41421356237308
a = 1.41421356237309
b = 1.41421356237310
b = 1.41421356237310
```

输入命令"format hex"让 MATLAB 显示数的十六进制格式,可看到最后得到的 a 和 b 的值为

```
a = 3ff6a09e667f3bcc
b = 3ff6a09e667f3bcd
```

它们的各位数字直到最后一位才有差别。实际上,我们无法计算$\sqrt{2}$这个无理数,因为它不可能表示为机器浮点数。但是,我们找到了两个相邻的浮点数,且它们在实数轴上分别位于精确值的两边。在浮点算术体系下,我们尽最大可能达到了对$\sqrt{2}$的逼近。由于一个 IEEE 双精度浮点数的小数部分有 52 位,上面这个逼近过程共进行了 52 步,每执行一步大约使区间长度的有效数字减少一个二进制位。

区间二分法是求实数自变量、实值函数$f(x)$为 0 的解的较慢但很可靠的算法。对于函数$f(x)$,只需要假定我们可以写一个 MATLAB 程序计算任何 x 对应的函数值,此外我们还应知道一个在其上$f(x)$改变正负号的区间$[a, b]$。如果$f(x)$是个连续的数学函数,那么后一个条件将使得在这个区间上必然存在一个点x_*,有$f(x_*) = 0$。但是这个连续性的概念并不严格适用于浮点数运算,因此实际上可能不能找到一个点使$f(x)$精确为零,我们的实际目标应该是:

> 寻找一个非常小的区间,可能是两个相邻的机器浮点数,使得在这个区间上函数值的正负号发生改变。

实现二分法的 MATLAB 程序为

```
k = 0;
while abs(b-a) > eps*abs(b)
   x = (a + b)/2;
   if sign(f(x)) == sign(f(b))
      b = x;
   else
      a = x;
   end
   k = k + 1;
end
```

118

二分法的计算速度较慢,使用上述代码中的终止条件,它对任何函数都要计算 52 步。但二分法也是完全可以信赖的,只要我们开始找到了一个让函数值改变符号的区间,那么二分法就一定能将该区间缩小为括住精确解的仅含两个相邻机器浮点数的区间。

4.2　牛顿法

求解$f(x) = 0$的牛顿法是,在函数$f(x)$图上任何一点画一条切线,然后确定切线与 x 轴的交点。这个方法需要一个初始值x_0,此后的迭代公式为

$$x_{n+1} = x_n - \frac{f(x_n)}{f'(x_n)}$$

对应的 MATLAB 程序为

```
k = 0;
while abs(x - xprev) > eps*abs(x)
    xprev = x;
    x = x - f(x)/fprime(x)
    k = k + 1;
end
```

对于计算平方根的问题，牛顿法特别简洁而有效。要计算 $\sqrt{M}$，等价于求

$$f(x) = x^2 - M$$

的零解。对这个问题，$f'(x) = 2x$，因此

$$x_{n+1} = x_n - \frac{x_n^2 - M}{2x_n}$$

$$= \frac{1}{2}\left(x_n + \frac{M}{x_n}\right)$$

这个算法实际上就是反复地去求 x 和 M/x 的平均值。MATLAB 程序为

```
while abs(x - xprev) > eps*abs(x)
    xprev = x;
    x = 0.5*(x + M/x);
end
```

119 下面是计算 $\sqrt{2}$ 的结果，从 $x = 1$ 开始。

```
1.50000000000000
1.41666666666667
1.41421568627451
1.41421356237469
1.41421356237309
1.41421356237309
```

牛顿法计算 $\sqrt{2}$ 仅花费了 6 步迭代。实际上，也可以说是 5 步，但需要进行第 6 步迭代，以满足终止条件。

若计算像上面的平方根问题这样的问题，牛顿法是非常高效的，它是许多强大的数值方法的基础。但是，作为计算一般性函数零解问题的算法，它有三个严重的缺陷。

- 要求函数 $f(x)$ 必须是光滑的；
- 可能遇到导数 $f'(x)$ 不方便计算的困难；
- 初始解必须靠近精确解。

从原理上说，可以使用一种称为自动微分（automatic differentiation）的技术来计算导数 $f'(x)$。MATLAB 中的函数 f(x) 或其他编程语言中一段合适的代码，都可以定义一个带参数的数学函数，通过将现代计算机科学的编译技术和微积分规则（特别是链法则）加以结合，理论上可以生成计算 $f'(x)$ 的另一个函数代码 fprime(x)。然而，这些技术的真正实现非常复杂，并且还没有被完全实现出来。

牛顿法有非常吸引人的局部收敛特性。记 x_* 为 $f(x)$ 的一个零解，并令 $e_n = x_n - x_*$ 为第 n 次迭代解的误差。假设

- $f'(x)$ 和 $f''(x)$ 都存在且连续；
- x_0 比较接近于 x_*。

那么可以证明[15]

$$e_{n+1} = \frac{1}{2} \frac{f''(\xi)}{f'(x_n)} e_n^2$$

其中 ξ 为 x_n 和 x_* 之间的某个点。换句话说，

$$e_{n+1} = O(e_n^2)$$

这被称为二次收敛。对于性质较好的光滑函数，一旦选取的初始解靠近精确解，那么每进行一次迭代，误差就近似于平方一次，同时结果中正确数字的数目就大约变为两倍。前面计算 $\sqrt{2}$ 的运行结果是非常典型的。

当局部收敛理论中的这些假设不满足时，牛顿法可能变得非常不可靠。若 $f(x)$ 不具有连续且有界的一阶、二阶导数，或者如果初始解没有足够地靠近精确解，那么局部收敛理论就不成立，牛顿法可能收敛得很慢，或者根本不收敛。在下一节，我们将举一个例子说明这种可能发生的情况。

120

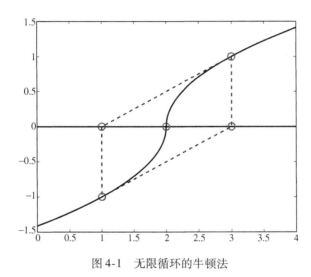

图 4-1　无限循环的牛顿法

4.3　一个不正常的例子

我们看看是否能构造一个例子让牛顿法无限循环下去。若迭代公式

$$x_{n+1} = x_n - \frac{f(x_n)}{f'(x_n)}$$

计算出的解围绕一个点 a 不断地来回跳动，则一定有下面的公式：

$$x_{n+1} - a = -(x_n - a)$$

当 $f(x)$ 满足

$$x - a - \frac{f(x)}{f'(x)} = -(x - a)$$

时，上面的情况就会发生。上式实际是一个可分离变量的常微分方程：

$$\frac{f'(x)}{f(x)} = \frac{1}{2(x - a)}$$

它的解是

$$f(x) = \text{sign}(x - a) \sqrt{|x - a|}$$

显然,这个函数 $f(x)$ 的零解位于 $x_* = a$。执行命令

```
ezplot('sign(x-2)*sqrt(abs(x-2))',0,4)
```

可得到如图 4-1 所示的 $f(x)$ 的函数图像,其中 $a = 2$。如果我们在这个图中画任何一点处的切线,它在 $x = a$ 的另一边相交于 x 轴。在这种情况下,牛顿法中的迭代解一直往返于 $x = a$ 的两侧,既不收敛也不发散。

在这个例子中,由于 $x \to a$ 时 $f'(x)$ 无界,牛顿法的收敛理论不成立。将后面各节中的算法应用于这个函数也将非常有趣。

121

4.4 割线法

割线法用最近两次迭代解构造出的有限差分近似,替代牛顿法中的求导数计算,不同于牛顿法在 $f(x)$ 曲线上某一点画切线的做法,它通过两个点画一条割线,下一个迭代解就是割线与 x 轴的交点。

割线法的迭代需要两个初始值 x_0 和 x_1,后续的迭代解按下面的公式计算:

$$s_n = \frac{f(x_n) - f(x_{n-1})}{x_n - x_{n-1}}$$

$$x_{n+1} = x_n - \frac{f(x_n)}{s_n}$$

从这个公式可清楚地看出,牛顿法中的 $f'(x_n)$ 被割线的斜率 s_n 所替代。下面 MATLAB 程序中的公式表达紧凑得多:

```
while abs(b-a) > eps*abs(b)
    c = a;
    a = b;
    b = b + (b - c)/(f(c)/f(b)-1);
    k = k + 1;
end
```

对于计算 $\sqrt{2}$ 的问题,从 a = 1 和 b = 2 开始,割线法的计算花费了 7 次迭代,而牛顿法是 6 次。下面是割线法计算出的一系列近似解:

```
1.33333333333333
1.40000000000000
1.41463414634146
1.41421143847487
1.41421356205732
1.41421356237310
1.41421356237310
```

相对于牛顿法,割线法的主要优点是,它不需要显式地计算 $f'(x)$,而它有类似的收敛性质。同样,假设 $f'(x)$ 和 $f''(x)$ 都连续,则可以证明[15]:

$$e_{n+1} = \frac{1}{2} \frac{f''(\xi) f'(\xi_n) f'(\xi_{n-1})}{f'(\xi)^3} e_n e_{n-1}$$

其中 ξ 为 x_n 和 x_* 之间的某个点。换句话说,

$$e_{n+1} = O(e_n e_{n-1})$$

这不是二次收敛，但它是超线性收敛。可以证明

$$e_{n+1} = O(e_n^\phi)$$

122

其中 ϕ 是黄金分割比，$(1+\sqrt 5)/2$。一旦选择了接近精确解的近似解，每进行一次迭代，结果中正确数字的数目就大约变为 1.6 倍。这基本上和牛顿法一样快，而且远快于二分法得到的每步一位的收敛速度。

我们将研究割线法求解前一节的反常函数的工作留作习题 4.8：

$$f(x) = \text{sign}(x-a)\sqrt{|x-a|}$$

4.5　逆二次插值

割线法使用前两个近似解得到下一个解，那么为什么不利用前三个近似解呢？

假设我们已知三个值 a、b 和 c，以及对应的函数值 $f(a)$、$f(b)$ 和 $f(c)$。我们可以用一个抛物线，也就是关于 x 的二次函数，对这些数据进行插值，然后令抛物线与 x 轴的交点为下一个迭代解。这样做的问题是，抛物线可能不与 x 轴相交，因为二次方程未必有实数根。这也可以被看成是一种好处。一种被称为马勒方法的算法，用二次方程的复数根来近似计算 $f(x)$ 的复数零解。但是，现在我们希望避免复数运算。

不同于考虑 x 的二次函数，我们可以将三个点插值为关于 y 的二次函数。那是个"侧向"抛物线 $P(y)$，它由插值条件

$$a = P(f(a)),\ b = P(f(b)),\ c = P(f(c))$$

所确定。这个抛物线一定与 x 轴有交点，在交点处 $y=0$，对应的 $x=P(0)$ 为下一步迭代解。

上述方法称为逆二次插值（Inverse Quadratic Interpolation，IQI）。下面是实现这个方法的 MATLAB 程序。

```
k = 0;
while abs(c-b) > eps*abs(c)
   x = polyinterp([f(a),f(b),f(c)],[a,b,c],0)
   a = b;
   b = c;
   c = x;
   k = k + 1;
end
```

这个"纯粹"的 IQI 算法的问题是，多项式插值要求数据点的横坐标，这里是 $f(a)$、$f(b)$ 和 $f(c)$，互不相同。但这是无法保证的。例如，通过求解 $f(x)=x^2-2$ 计算 $\sqrt 2$，并从 $a=-2$、$b=0$ 和 $c=2$ 开始，则一开始就出现 $f(a)=f(c)$ 的情况，第一步就无法执行。如果开始时的参数接近这种奇异的情况，例如从 $a=-2.001$、$b=0$ 和 $c=1.999$ 开始，则得到的下一步迭代解近似于 $x=500$。

因此，IQI 算法就像一头未成年的赛马，当它快接近终点时跑得很快，但它在整个赛程中的速度是不稳定的，需要一个好的驯养员来控制它。

123

4.6　zeroin 算法

zeroin 算法的核心思想是，将二分法的可靠性与割线法及 IQI 算法的收敛速度结合起来。20 世纪 60 年代，荷兰阿姆斯特丹市数学中心的 T. J. Dekker 和同事们开发了这个算法的第

一个版本[17]，在 MATLAB 中的实现则基于 Richard Brent 的版本[12]。下面是这个算法的梗概：

- 选取初始值 a 和 b，使得 $f(a)$ 和 $f(b)$ 的正负号正好相反。
- 使用一步割线法，得到 a 和 b 之间的一个值 c。
- 重复下面的步骤，直到 $|b-a| < \varepsilon|b|$ 或者 $f(b) = 0$。
- 重新排列 a、b 和 c(可能要经过两轮)，使得
  - $f(a)$ 和 $f(b)$ 的正负号相反。
  - $|f(b)| \leq |f(a)|$。
  - c 的值为上一步 b 的值。
- 如果 $c \neq a$，执行 IQI 算法中的一步迭代。
- 如果 $c = a$，执行割线法中的一步。
- 如果执行一步 IQI 算法或割线法得到的近似解在区间 $[a, b]$ 内，接受这个解为 c。
- 如果这个近似解不在区间 $[a, b]$ 内，执行一步二分法得到 c。

这个算法是十分简单而且安全的，它一直将方程的解困在不断缩小的区间中。在迭代过程中，如果可以用快速收敛的算法，它就用它们，否则使用速度较慢但非常稳定的算法求下一个近似解。

4.7 `fzerotx` 和 `feval`

在 MATLAB 中实现 zeroin 算法的是函数 fzero，它除了基本算法外，还包括了好几项功能。在它的开始部分，使用一个输入的初始估计值，并寻找使函数正负号发生变化的一个区间；由函数 f(x) 返回的值将被检验，是否是无穷大、NaN 或者复数；可以改变默认的收敛阈值；也可以要求得到更多的输出，例如调用函数求值的次数。随本书一起的 zeroin 算法的版本是 fzerotx。它由 fzero 简化而来，去掉了大多数附带的功能，而保留了 zeroin 主要的用途。

我们用第一类的零阶贝塞尔函数 $J_0(x)$，来说明 fzerotx 是怎么工作的，$J_0(x)$ 可通过 MATLAB 命令 besselj(0,x) 得到。下面的程序能求出 $J_0(x)$ 的前 10 个零解，并画出图 4-2(除了图中红色的"x"，后面将加上)。

```
bessj0 = inline('besselj(0,x)');
for n = 1:10
  z(n) = fzerotx(bessj0,[(n-1) n]*pi);
end
x = 0:pi/50:10*pi;
y = besselj(0,x);   plot(z,zeros(1,10),'o',x,y,'-')
line([0 10*pi],[0 0],'color','black')
axis([0 10*pi -0.5 1.0])
```

从图中可以看出，$J_0(x)$ 的图形很像是 $\cos(x)$ 的幅值和频率经过调制后的版本，相邻两个零解的距离近似等于 π。

函数 fzerotx 有两个输入参数。第一个参数指定要计算零解的函数 $F(x)$，第二个参数指定初始的搜索区间 $[a, b]$。fzerotx 也是 MATLAB 函数的函数(function function)的例子，也就是说，它是以另一个函数为参数的函数。ezplot 是另一个这样的例子。本书的其他章——第 6 章数值积分，第 7 章常微分方程，甚至第 9 章随机数——中所介绍的名字含"tx"和"gui"的 M 文件也是函数的函数。

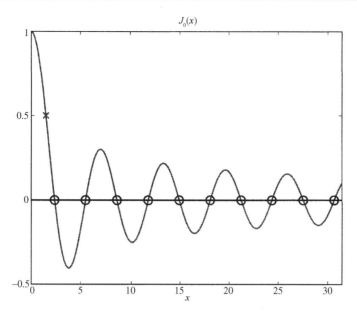

图 4-2　函数 $J_0(x)$ 的零解

一个函数作为参数传递给另一个函数，可采用的方式有下面几种：

- 函数句柄。
- 内嵌对象。
- 匿名函数。

所谓函数句柄，就是在一个内部函数或定义于 M 文件的函数的名字前面加一个"@"符号，下面是几个例子。

```
@cos
@humps
@bessj0
```

125

其中 bessj0.m 是一个含两行代码的 M 文件。

```
function y = bessj0(x)
y = besselj(0,x)
```

这样，这些句柄就可以用作函数的函数的输入参数。

```
z = fzerotx(@bessj0,[0,pi])
```

注意 @besselj 也是一个合法的函数句柄，只是它对应一个带两个输入参数的函数。

内嵌对象是一种定义简单函数的方法，它不需要生成新的文件。下面是几个例子：

```
F = inline('cos(pi*t)')
F = inline('z^3-2*z-5')
F = inline('besselj(0,x)')
```

内嵌对象可以作为函数的函数的参数，就像

```
z = fzerotx(F,[0,pi])
```

这么使用。内嵌对象也可用来直接计算函数的值，下面是一个例子。

```
residual = F(z)
```

从 MATLAB 7 开始, 内嵌对象将被一个更强大的结构代替, 称为*匿名函数*。在 MATLAB 7 中, 仍允许使用内嵌对象, 但推荐使用匿名函数, 因为它能生成更高效率的程序代码。上面的一些例子变为

```
F = @(t) cos(pi*t)
F = @(z) z^3-2*z-5
F = @(x) besselj(0,x)
```

这些对象称为匿名函数, 是因为类似

```
@(arguments) expression
```

的结构定义了函数句柄, 但并没有给它一个名字。

M 文件、内嵌对象和匿名函数可以定义超过一个输入参数的函数。在本节讨论的问题中, 这些附加参数的值可以通过 `fzerotx` 传递给目标函数。这些值在函数求根的迭代过程中保持不变, 因此我们可以寻找函数值为特定的 y 时 x 的解, 而不仅仅是求函数值为零的解。例如, 考虑方程

$$J_0(\xi) = 0.5$$

在 MATLAB 6 中, 定义一个带两个或三个参数的内嵌对象:

```
F = inline('besselj(0,x)-y','x','y')
```

或

```
B = inline('besselj(n,x)-y','x','n','y')
```

在 MATLAB 7 中, 定义一个带两个或三个参数的匿名函数:

```
F = @(x,y) besselj(0,x)-y
```

或

```
B = @(x,n,y) besselj(n,x)-y
```

然后, 执行

```
xi = fzerotx(F,[0,2],.5)
```

或

```
xi = fzerotx(B,[0,2],0,.5)
```

得到结果为

```
xi =
   1.5211
```

在图 4-2 中, 用 "x" 标记了上述解对应的点 $(\xi, J_0(\xi))$。

在 MATLAB 6 中, 可以使用 `feval` 对函数参数求值。表达式

```
feval(F,x,...)
```

等价于

```
F(x,...)
```

它们的区别在于, 使用 `feval` 时, 允许 F 作为一个被传递过来的参数。在 MATLAB 7 中, `feval` 就不再需要了。

fzerotx 程序开始的一段注释内容如下。

```
function b = fzerotx(F,ab,varargin);
%FZEROTX  Textbook version of FZERO.
%  x = fzerotx(F,[a,b]) tries to find a zero of F(x) between
%  a and b.  F(a) and F(b) must have opposite signs.
%  fzerotx returns one endpoint of a small subinterval of
%  [a,b] where F changes sign.
%  Additional arguments, fzerotx(F,[a,b],p1,p2,...),
%  are passed on, F(x,p1,p2,...).
```

第一段代码对定义搜索区间的变量 a、b 和 c 初始化，在初始区间的端点处对函数 F 求值。

```
a = ab(1);
b = ab(2);
fa = feval(F,a,varargin{:});
fb = feval(F,b,varargin{:});
if sign(fa) == sign(fb)
   error('Function must change sign on the interval')
end
c = a;
fc = fa;
d = b - c;
e = d;
```

127

下面是主循环的开始。在每次迭代步的开始，先对 a、b 和 c 重新排列，使它们满足 ze-roin 算法中描述的条件。

```
while fb ~= 0

   % The three current points, a, b, and c, satisfy:
   %    f(x) changes sign between a and b.
   %    abs(f(b)) <= abs(f(a)).
   %    c = previous b, so c might = a.
   % The next point is chosen from
   %    Bisection point, (a+b)/2.
   %    Secant point determined by b and c.
   %    Inverse quadratic interpolation point determined
   %    by a, b, and c if they are distinct.

   if sign(fa) == sign(fb)
      a = c;  fa = fc;
      d = b - c;  e = d;
   end
   if abs(fa) < abs(fb)
      c = b;    b = a;    a = c;
      fc = fb;  fb = fa;  fa = fc;
   end
```

这部分是收敛条件判断，并可能从循环中退出。

```
m = 0.5*(a - b);
tol = 2.0*eps*max(abs(b),1.0);
if (abs(m) <= tol) | (fb == 0.0),
   break
end
```

下一部分代码是在二分法和两种基于插值的方法间进行选择。

```
% Choose bisection or interpolation
if (abs(e) < tol) | (abs(fc) <= abs(fb))
   % Bisection
   d = m;
   e = m;
else
   % Interpolation
   s = fb/fc;
   if (a == c)
      % Linear interpolation (secant)
      p = 2.0*m*s;
      q = 1.0 - s;
   else
      % Inverse quadratic interpolation
      q = fc/fa;
      r = fb/fa;
      p = s*(2.0*m*q*(q - r) - (b - c)*(r - 1.0));
      q = (q - 1.0)*(r - 1.0)*(s - 1.0);
   end;
   if p > 0, q = -q; else p = -p; end;
   % Is interpolated point acceptable
   if (2.0*p < 3.0*m*q - abs(tol*q)) & (p < abs(0.5*e*q))
      e = d;
      d = p/q;
   else
      d = m;
      e = m;
   end;
end
```

最后一部分代码为下一次迭代步计算 F。

```
% Next point
c = b;
fc = fb;
if abs(d) > tol
   b = b + d;
else
   b = b - sign(b-a)*tol;
end
fb = feval(F,b,varargin{:});
end
```

4.8 `fzerogui`

M 文件 `fzerogui` 用图形界面显示了 zeroin 算法和 `fzerotx` 程序的执行过程。在迭代的每一步，用户有机会用鼠标选择下一个点的位置，其中，一直包括屏幕上显示为红色的区间二分点。如果当前的 a、b 和 c 三个点的位置互不相同，会显示一个蓝色的点，它是由 IQI 算法得到的下一个近似解。当 $a = c$，也就是只有两个互不相同的点时，屏幕上会显示由割线法得到的一个绿色的点。同时，屏幕上也会用一条虚线画出 $f(x)$，但算法并不"知道"虚线上的其他函数值。你可以选择任何一点作为下一个近似解，而不一定遵循 zeroin 算法选择二分点或插值点。你甚至可以要个小花招，直接去选择虚线与坐标轴的交点。

我们通过为贝塞尔函数寻找第一个零解，来演示 fzerogui 是如何工作的。可以知道 $J_0(x)$ 的第一个局部极小值在 $x = 3.83$ 附近，所以下面看看执行

```
fzerogui(inline('besselj(0,x)'),[0 3.83])
```

后开始几步的情况。

一开始，$c = b$，所以有区间二分点和割线交点两种选择（如图 4-3 所示）。

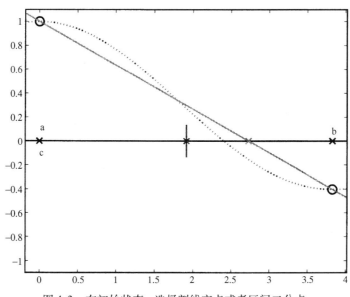

图 4-3　在初始状态，选择割线交点或者区间二分点

如果选择割线点，那么 b 点移到这里，并计算 $x = b$ 时的 $J_0(x)$。这时有三个不同的点，因此下一步在区间二分点和 IQI 算法得到的点之间选一个（如图 4-4 所示）。

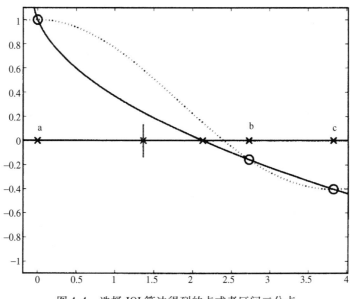

图 4-4　选择 IQI 算法得到的点或者区间二分点

如果选择 IQI 算法得到的点，搜索区间变小，图形用户界面也相应地放大，下一步仍需在区间二分点和割线交点之间选择一个。这时可以看到，这两个点碰巧非常靠近（如图 4-5 所示）。

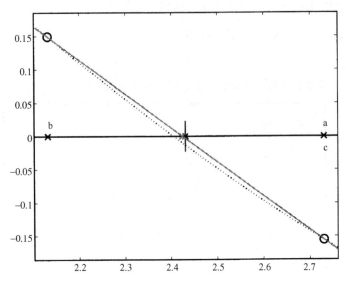

图 4-5　割线交点和区间二分点基本重合了

现在，你可以选择两个点中的任何一个，或者也可以选靠近它们的其他点。再这样执行两步，区间不断缩小并达到图 4-6 所示的情形。这是算法快接近收敛时出现的典型情况，函数的图形看上去非常像一条直线，而割线交点或 IQI 算法得到的点远比区间二分点更靠近要求的零点。从这里可以看出，选择割线法或 IQI 算法，将得到比二分法快得多的收敛过程。

再经过几步操作，使函数值改变正负号的区间长度变得非常小（相对于原始的长度），同时算法停止，将最后得到的 b 作为结果返回。

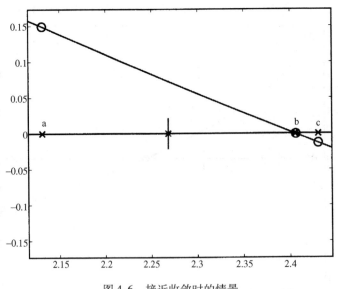

图 4-6　接近收敛时的情景

4.9　寻找函数为某个值的解和反向插值

下面两个问题看起来非常相似：

- 给定一个函数 $F(x)$ 和值 η，求 ξ 使得 $F(\xi) = \eta$。
- 给定对未知函数 $F(x)$ 采样得到的一些数据点 (x_k, y_k)，以及一个值 η，求 ξ 使得 $F(\xi) = \eta$。

对于第一个问题，我们可以对任意的 x 计算 $F(x)$，因此可以使用一个函数零值求解器，求解转换后的函数 $f(x) = F(x) - \eta$。这将得到 ξ，使得 $f(\xi) = 0$，因此 $F(\xi) = \eta$。

对于第二个问题，我们需要做某种插值。解决这个问题最明显的办法，就是用一个零值求解器求解 $f(x) = P(x) - \eta$，其中 $P(x)$ 是某个插值函数，比如根据 pchiptx(xk, yk, x) 或 splinetx(xk, yk, x) 得到。这种方法通常能较好地完成目标，但计算代价较大，因为零值求解器要反复地计算插值函数的值。利用本书所带的程序，这将导致多次计算插值函数的系数和反复确定合适的区间位置。

对有些情况，更好的一个办法是反向插值(reverse interpolation)，它使用 pchip 和 spline 算法时，将 x_k 和 y_k 的角色进行颠倒。这个方法要求给定的 y_k 具有单调性，或者至少 y_k 的某个包含目标值 η 的子集单调。按这个方法生成另一个分段多项式，记为 $Q(y)$，使得 $Q(y_k) = x_k$。这样就没必要使用函数的零值求解器了，简单地在 $y = \eta$ 处计算 $\xi = Q(y)$ 即可。

如何在这两个方法中进行选择，主要依赖于已知的数据是否能很好地用分段多项式插值所表示。也就是说，要看使用插值时是把 x 当成独立自变量好，还是把 y 当成独立自变量好。

4.10　最优化和 fmintx

寻找函数最大值、最小值的工作，与求函数的零解紧密相关，本节我们将介绍一个类似于 zeroin 的算法，它可找出一个单变量函数的局部极小值。问题的定义中包括一个函数 $f(x)$ 和它所在的区间 $[a, b]$，目标是求一个 x 值，它使 $f(x)$ 在给定区间上达到局部极小值。如果这个函数是幺模的，即在这个区间上仅有一个局部极小，那么我们的算法就可以找到它。但如果有多个局部极小，这个算法只能找到其中一个，而这一个也未必是整个区间上的极小值。此外，区间两端点中的某一个也可能是极小点。

不能使用区间二分法。即便我们知道 $f(a)$、$f(b)$ 和 $f((a+b)/2)$ 的值，也无法确定该丢弃哪半个区间，而保证剩下的区间包括最小值。

将区间三等分的方法是可行的，但效率不高。令 $h = (b-a)/3$，则 $u = a+h$ 和 $v = b-h$ 将区间分为三等分。假设我们发现 $f(u) < f(v)$，那么可以用 v 的值代替 b，从而将区间长度缩短为原来的三分之二，同时仍保证缩小后的区间包括极小值。然而，由于 u 在新区间的中点处，它在下一步将没有用，这样每一步都需要计算函数值两次。

类似于二分法，求最小值的自然算法是黄金分割(golden section)搜索，它的主要思想如图 4-7 所示，其中 $a = 0$、$b = 1$。令 $h = \rho(b-a)$，ρ 为比 1/3 略大的量，我们将介绍如何确定它。然后，点 $u = a + h$ 和 $v = b - h$ 将区间分为三个不等长的部分。下面第一步是计算 $f(u)$ 和 $f(v)$。假设我们发现 $f(u) < f(v)$，那么极小点就应该在 a 和 v 之间，需要将 b 替换为 v 并重复上面的过程。如果选择了一个正确的 ρ 值，使点 u 的位置正好合适，可在下一步中使用。这样，除第一步外，后续

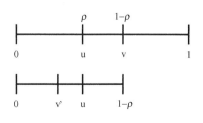

图 4-7　黄金分割搜索

132

每步计算都只需计算一次函数值。

定义这个 ρ 值的方程为

$$\frac{\rho}{1-\rho} = \frac{1-\rho}{1}$$

或者

$$\rho^2 - 3\rho + 1 = 0$$

方程的解为

$$\rho = 2 - \phi = (3 - \sqrt{5})/2 \approx 0.382$$

这里 ϕ 是黄金分割比,我们在本书的第 1 章中曾通过它介绍 MATLAB 的使用。

使用黄金分割搜索,区间的长度随每步计算,以 $\phi - 1 \approx 0.618$ 的比例缩小。经过

$$\frac{-52}{\log_2(\phi - 1)} \approx 75$$

步后,区间的长度将大致减小为原始长度的 eps 倍,这个 eps 是 IEEE 双精度浮点数计算舍入误差的大小。

经过开始的一些步后,通常有足够的历史信息,给出区间内三个不同的点,以及对应的函数值。如果由这三个点插值产生的抛物线的极小值点落在这个区间内,那么下一个点通常选择这个极小值点,而不是区间的黄金分割点。黄金分割搜索和抛物线插值相结合,提供了一个一维优化问题的可靠而有效的求解方法。

最优化搜索过程停止判据的设置是需要技巧的。在 $f(x)$ 的极小值点,一阶导数 $f'(x)$ 为零。因此在极小值点附近,$f(x)$ 近似于一个没有一次项的二次函数:

$$f(x) \approx a + b(x-c)^2 + \cdots$$

函数极小值发生在 $x = c$ 处,并且其值为 $f(c) = a$。如果 x 靠近 c,比如 $x \approx c + \delta$ 而 δ 很小,那么

133

$$f(x) \approx a + b\delta^2$$

当计算函数值时,x 上的微小改变会被平方。如果 a 和 b 都不等于零,且大小差不多,那么停止判据中应该包括 sqrt(eps),因为 x 上任何更小的改变都不会影响 $f(x)$ 的值。但如果 a 和 b 有不同的数量级,或 a 和 c 中有一个近似于零,那么使用 eps 乘以区间长度比 sqrt(eps) 更为合适。

MATLAB 中有一个函数的函数 fminbnd,它使用黄金分割搜索和抛物线插值相结合的方法求单实变量、单实值函数的局部极小值。这个函数基于 Richard Brent 写的一个 Fortran 子程序[12]。MATLAB 中还有另一个函数的函数 fminsearch,它使用一种称为 Nelder-Meade 单纯形的算法来求一个多实变量、单实值函数的局部极小值。MATLAB 中的最优化工具箱,收集了一些求解其他种类优化问题的程序,包括约束优化、线性规划以及大规模稀疏优化问题。

与本书配套的 NCM 程序包中有一个函数 fmintx,它是 fminbnd 的简化版本。简化措施之一是有关停止判据的,当区间长度小于指定参数 tol 时,就停止搜索过程。tol 的默认值为 10^{-6}。在完整的 fminbnd 程序中使用了更复杂的停止判据,其中包含对 x 和 $f(x)$ 的相对和绝对的阈值设定。

MATLAB 的 demos 目录下,有一个名为 humps 的函数,它用于演示 MATLAB 中绘图、积分和方程求根的有关命令。这个函数的表达式为

$$h(x) = \frac{1}{(x-0.3)^2 + 0.01} + \frac{1}{(x-0.9)^2 + 0.04} - 6$$

使用命令

```
F = inline('-humps(x)');
fmintx(F,-1,2,1.e-4)
```

按如下的输出一步步搜索 humps 函数的极小值,搜索点同时示于图 4-8。可以看到,在第二、三、七步使用的是黄金分割搜索,而当搜索靠近极小值点时,就完全使用抛物线插值方法了。

```
step            x                f(x)
init:      0.1458980337      -25.2748253202
gold:      0.8541019662      -20.9035150009
gold:     -0.2917960675        2.5391843579
para:      0.4492755129      -29.0885282699
para:      0.4333426114      -33.8762343193
para:      0.3033578448      -96.4127439649
gold:      0.2432135488      -71.7375588319
para:      0.3170404333      -93.8108500149
para:      0.2985083078      -96.4666018623
para:      0.3003583547      -96.5014055840
para:      0.3003763623      -96.5014085540
para:      0.3003756221      -96.5014085603
```

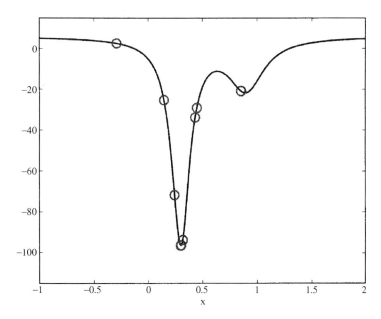

图 4-8   寻找-humps(x)的极小值

习题

4.1   使用命令 fzerogui,在给定的区间内寻找下列函数的零值点。能看到一些有趣的或不寻常的现象吗?

$$x^3 - 2x - 5 \qquad\qquad [0,3]$$
$$\sin x \qquad\qquad [1,4]$$
$$x^3 - 0.001 \qquad\qquad [-1,1]$$
$$\log(x + 2/3) \qquad\qquad [0,1]$$
$$\mathrm{sign}(x - 2)\sqrt{|x - 2|} \qquad [1,4]$$
$$\mathrm{atan}(x) - \pi/3 \qquad\qquad [0,5]$$
$$1/(x - \pi) \qquad\qquad [0,5]$$

4.2　这里有关于数值方法历史的一点注记。当 Wallis 第一次在法国科学院报告牛顿法时，他使用了多项式

$$x^3 - 2x - 5$$

这个多项式在 $x = 2$ 和 $x = 3$ 之间有一个实数根，此外还有一对复共轭根。

（a）使用符号工具箱，求这三个根的符号表达式。注意：得到的结果并不是很漂亮的，请将它转换成算术值。

（b）使用 MATLAB 中的 roots 函数，求所有三个根的数值解。

（c）使用 fzerotx 函数求实数根。

（d）使用初始值为一个复数的牛顿法来求一个复数根。

（e）二分法能用于求复数根吗？为什么？

4.3　下面这个三次多项式有三个非常靠近的实数根：
$$p(x) = 816x^3 - 3835x^2 + 6000x - 3125$$

135

（a）函数 p 的零解的准确值是什么？

（b）画出区间 $1.43 \leqslant x \leqslant 1.71$ 内 $p(x)$ 的图形，显示这三个根的位置。

（c）以初始值 $x_0 = 1.5$ 开始，牛顿法后续怎么执行？

（d）以初始值 $x_0 = 1$ 和 $x_1 = 2$ 开始，割线法后续怎么执行？

（e）从区间 $[1, 2]$ 开始，二分法怎么执行？

（f）fzerotx(p,[1,2]) 的执行结果如何？为什么？

4.4　什么条件使 fzerotx 停止运行？

4.5　（a）fzerotx 如何在二分点和插值点间选择作为下一步的迭代的取值？

（b）为什么选择时要考虑量 tol 的值？

4.6　请推导 fzerotx 中对应 IQI 算法所使用的公式。

4.7　为求函数 $J_0(x)$ 在区间 $0 \leqslant x \leqslant \pi$ 上的零解，可能会用下述命令：

```
z = fzerotx(@besselj,[0  pi],0)
```

这里对函数句柄和 fzerotx 的使用都是正确的，但它得到结果为 z = 3.1416。为什么？

4.8　请考察对函数

$$f(x) = \mathrm{sign}(x - a)\sqrt{|x - a|}$$

使用割线法求零解时出现的情况。

4.9　求满足方程 $x = \tan x$ 的前 10 个正数解 x。

4.10　（a）计算函数 $J_0(x)$ 的前 10 个零解。可以使用本章给出的 $J_0(x)$ 曲线图，估计它们的位置。

（b）计算第二类零阶贝塞尔函数 $Y_0(x)$ 的前 10 个零解。

（c）计算满足方程 $J_0(x) = Y_0(x)$，且在 0 和 10π 之间的所有解 x。

(d) 作一个合成图, 其中包括区间 $0 \leqslant x \leqslant 10\pi$ 上 $J_0(x)$ 和 $Y_0(x)$ 的函数曲线、这两个函数前 10 个零解以及它们曲线之间的交点。

4.11 Γ 函数由积分

$$\Gamma(x+1) = \int_0^\infty t^x e^{-t} dt$$

所定义。采用分部积分公式, 可以推导并证明, 当 x 为整数时 $\Gamma(x)$ 的值与阶乘函数

$$\Gamma(n+1) = n!$$

完全一致。可见 $\Gamma(x)$ 和 $n!$ 一样增长很快, 甚至对于不太大的 x 和 n 它们都会造成浮点数上溢出。因此为了方便, 通常使用这些函数的对数进行运算。

MATLAB 函数 gamma 和 gammaln 分别计算 $\Gamma(x)$ 和 $\log\Gamma(x)$, 而 $n!$ 可方便地由

```
prod(1:n)
```

计算。由于很多人希望有一个名为 factorial 的函数计算阶乘, 所以 MATLAB 也提供了这个函数。

|136|

(a) 允许 $\Gamma(n+1)$ 和 $n!$ 用双精度浮点数准确表示的最大的 n 是多少?

(b) 允许 $\Gamma(n+1)$ 和 $n!$ 用双精度浮点数近似表示, 同时不造成上溢出的最大的 n 是多少?

4.12 Stirling 近似是对 $\log\Gamma(x+1)$ 的经典估计:

$$\log\Gamma(x+1) \sim x\log(x) - x + \frac{1}{2}\log(2\pi x)$$

Bill Gosper[30] 指出一个更好的近似公式是

$$\log\Gamma(x+1) \sim x\log(x) - x + \frac{1}{2}\log(2\pi x + \pi/3)$$

这两个近似公式的精确度都随 x 的增大而提高。

(a) 当 $x = 2$ 时, Stirling 近似和 Gosper 近似的相对误差分别是多少?

(b) 要使 Stirling 近似和 Gosper 近似的相对误差小于 10^{-6}, x 分别要取到多大的值?

4.13 程序语句

```
y = 2:.01:10;
x = gammaln(y);
plot(x,y)
```

生成 $\log\Gamma$ 函数的反函数的图。

(a) 编写一个 MATLAB 函数 gammalninv, 来计算任意 x 对应的这个反函数的值。也就是说, 对给定的 x,

```
y = gammalninv(x)
```

计算出 y, 使得 gammaln(y) 等于 x。

(b) 对这个函数来说, x 和 y 的合适的取值范围分别是什么?

4.14 下面给出一个表, 它反映了一辆假想的汽车以速度 v 行驶时, 突然刹车后还将滑行的距离 d。

$$
\begin{array}{cc}
v(\mathrm{m/s}) & d(\mathrm{m}) \\
0 & 0 \\
10 & 5 \\
20 & 20 \\
30 & 46 \\
40 & 70 \\
50 & 102 \\
60 & 153
\end{array}
$$

如果要求这辆车在刹车后最多再滑行 60 m，请问对它的行驶速度的限制是多少？用下面三种方法计算这个速度。

（a）分段线性插值。

（b）使用 pchiptx 进行分段三次插值。

137
（c）使用 pchiptx 进行逆分段三次插值。

由于提供的数据性质很好，这三种方法的结果将非常接近，但也不完全相同。

4.15 行星轨道的开普勒模型中包含一个量——偏心近点角 E，它满足方程

$$
M = E - e\sin E
$$

其中 M 是平均近点角，而 e 为轨道的偏心率。在本习题中，M 和 e 的取值分别为 $M = 24.851090$ 和 $e = 0.1$。

（a）使用 fzerotx 求解 E。你需要创建一个含三个参数的内嵌函数：

```
F = inline('E - e*sin(E) - M','E','M','e')
```

并将 M 和 e 作为附加参数提供给 fzerotx。

（b）一个计算 E 的更"准确"的公式为：

$$
E = M + 2\sum_{m=1}^{\infty} \frac{1}{m} J_m(me)\sin(mM)
$$

其中 $J_m(x)$ 为第一类 m 阶贝塞尔函数。请使用这个公式以及 MATLAB 中的函数 besselj(m, x) 计算 E。计算时需要使用上述公式中的多少项？这样得到的 E 与用 fzerotx 得到的值相比如何？

4.16 必须采取措施不让城市水管干线冻结。假设土壤的性质是均匀的，当寒流持续时间为 t 时，距离地面下 x 处的温度 $T(x, t)$ 近似为

$$
\frac{T(x,t) - T_s}{T_i - T_s} = \mathrm{erf}\!\left(\frac{x}{2\sqrt{\alpha t}}\right)
$$

这里 T_s 是常数，为寒冷季节的地面温度，T_i 是寒流到来前初始的土壤温度，α 是土壤的热传导系数。如果 x 的单位是米（m），t 的单位是秒（s），则 $\alpha = 0.138 \cdot 10^{-6}\ \mathrm{m^2/s}$。令 $T_i = 20\ ℃$，$T_s = -15\ ℃$，并记住在 $0\ ℃$ 时水将结冰。请用 fzerotx 计算水管应埋于地下多深处，以保证在上述条件下至少 60 天后水管不冻结。

4.17 修改 fmintx 程序，使它具备类似于 4.10 节末尾处的打印和图形输出功能，然后重新生成图 4-8 所示的对 $-\mathrm{humps}(x)$ 函数的运行结果。

4.18 令 $f(x) = 9x^2 - 6x + 2$，$f(x)$ 实际的极小值点是什么？采用函数 fmintx 计算出的结果与实际极小值点有多接近？为什么？

4.19　从理论上说，fmintx(@ cos, 2, 4, eps)将返回值 pi。实际得到的结果与 pi 有多
　　　接近？为什么？另一方面，fmintx(@ cos, 0, 2 * pi)的运行结果恰好是 pi，这又
　　　是为什么？

4.20　如果执行函数 fmintx(@ F, a, b, tol)时让 tol = 0，其中的迭代会一直运行下去
　　　吗？为什么？

4.21　下面是 fmintx 程序代码的一部分，请根据它推导其中所采用的抛物线插值进行极小
　　　化所对应的公式。

```
r = (x - w)*(fx - fv);
q = (x - v)*(fx - fw);
p = (x - v)*q - (x - w)*r;
s = 2.0*(q - r);
if s > 0.0, p = -p; end
s = abs(s);
% Is the parabola acceptable?
para = ( (abs(p)<abs(0.5*s*e))
        & (p > s*(a - x)) & (p < s*(b - x)) );
if para
  e = d;
  d = p/s;
  newx = x + d;
end
```

138

4.22　令 $f(x) = \sin(\tan x) - \tan(\sin x)$，$0 \leqslant x \leqslant \pi$。
　　　(a) 画出 $f(x)$ 的函数曲线图。
　　　(b) 为什么计算 $f(x)$ 的极小值会比较困难？
　　　(c) 用 fmintx 算出的 $f(x)$ 的极小值是多少？
　　　(d) 当 $x \to \pi/2$ 时，$f(x)$ 的极限值是多少？
　　　(e) 函数 $f(x)$ 的 glb 或 infimum 是什么？

139

最小二乘法

最小二乘法(least squares)是常用于求解一个超定的或近似求解一个不完全精确的线性方程组的方法。最小二乘法仅对剩余的平方和进行最小化,而不是直接求解方程本身。

最小二乘法作为一种评价标准有着重要的统计意义。如果误差的随机分布满足适当的假设,那么通过最小二乘法就能得到参数的最大似然(maximum-likelihood)估计。即使不满足适当的误差分布假定,长期的经验也表明最小二乘法能产生有用的结果。

计算线性最小二乘问题的主要技术是基于矩阵的正交分解。

5.1 模型和曲线拟合

最小二乘问题的一个常见来源是曲线拟合。令 t 是一个独立变量,$y(t)$ 是我们想近似的一个关于 t 的未知函数。如果我们已经有了 m 个观测值(observations),例如 m 个给定的 t 值对应的 y 值:

$$y_i = y(t_i), i = 1, \cdots, m$$

其基本思想是用 n 个基函数(basis function)的线性组合来近似 $y(t)$:

$$y(t) \approx \beta_1 \phi_1(t) + \cdots + \beta_n \phi_n(t)$$

这样我们得到了一个 $m \times n$ 的设计矩阵(design matrix)X:

$$x_{i,j} = \phi_j(t_i)$$

这个矩阵的行数比列数多。用矩阵向量的形式来描述这个模型则是

$$y \approx X\beta$$

这里的 $\approx$ 表示近似等于的意思。下一节将更加详细地讨论这种近似程度的衡量标准问题,最小二乘是其中一种重要的衡量标准,也是我们这一章着重讨论的。

基函数 $\phi_j(t)$ 可以是关于 t 的非线性函数,但是未知的参数 β_j 在模型中是线性的。这个线性方程组

$$X\beta \approx y$$

是超定的(overdetermined),因为通常方程数比未知数的个数要多。MATLAB 的反斜线操作符可以直接求出这样的超定系统的最小二乘解。

```
beta = X\y
```

基函数中可能还有一些非线性参数 $\alpha_1, \cdots, \alpha_p$ 需要确定。既含有线性参数又含有非线性参数的拟合问题称为可分离(separable)问题:

$$y(t) \approx \beta_1 \phi_1(t, \alpha) + \cdots + \beta_n \phi_n(t, \alpha)$$

这样设计矩阵就与 t 和 α 有关了:

$$x_{i,j} = \phi_j(t_i, \alpha)$$

可分离问题可以通过反斜线操作符和 MATLAB 优化工具包中的 fminsearch 函数来求解。新的曲线拟合工具箱中包含了一个求解非线性拟合问题的图形交互接口。

几个常用的模型包括:

- 直线：如果模型是关于参数 t 的线性函数，这就是一条直线：
$$y(t) = \beta_1 t + \beta_2$$
- 多项式：系数 β_j 以线性方式出现。MATLAB 中多项式按照降序排列：
$$\phi_j(t) = t^{n-j}, j = 1, \cdots, n$$
$$y(t) \approx \beta_1 t^{n-1} + \cdots + \beta_{n-1} t + \beta_n$$

MATLAB 函数 polyfit 通过设定设计矩阵和反斜线操作符来计算拟合系数，得到最小二乘的多项式拟合结果。

- 有理函数：分子中的系数是线性的，而分母中的系数则是非线性的：
$$\phi_j(t) = \frac{t^{n-j}}{\alpha_1 t^{n-1} + \cdots + \alpha_{n-1} t + \alpha_n}$$
$$y(t) \approx \frac{\beta_1 t^{n-1} + \cdots + \beta_{n-1} t + \beta_n}{\alpha_1 t^{n-1} + \cdots + \alpha_{n-1} t + \alpha_n}$$
- 指数：衰变率 λ_j，是非线性形式：
$$\phi_j(t) = e^{-\lambda_j t}$$
$$y(t) \approx \beta_1 e^{-\lambda_1 t} + \cdots + \beta_n e^{-\lambda_n t}$$

142

- 对数线性：如果只有一个指数项，两边取对数后可以转化成线性模型，但拟合的目标函数也发生了变化：
$$y(t) \approx K e^{\lambda t}$$
$$\log y \approx \beta_1 t + \beta_2, \beta_1 = \lambda, \beta_2 = \log K$$
- 高斯：均值和方差均是非线性的：
$$\phi_j(t) = e^{-\left(\frac{t - \mu_j}{\sigma_j}\right)^2}$$
$$y(t) \approx \beta_1 e^{-\left(\frac{t - \mu_1}{\sigma_1}\right)^2} + \cdots + \beta_n e^{-\left(\frac{t - \mu_n}{\sigma_n}\right)^2}$$

5.2　范数

剩余（residual）指的是观测值和模型值之间的差：
$$r_i = y_i - \sum_1^n \beta_j \phi_j(t_i, \alpha), i = 1, \cdots, m$$
或者用矩阵向量的形式表示为
$$r = y - X(\alpha)\beta$$
我们希望剩余尽可能小。这里"小"的标准是什么呢？或者说前面提到的 $\approx$ 含义如何呢？有以下几种情况：

- 插值：如果未知参数的个数与观测值个数相同，则我们希望剩余为零。对于线性问题，这表明 $m = n$，设计矩阵 X 为方阵。如果 X 非奇异，则系数 β 可以通过求解线性方程组得到：
$$\beta = X \backslash y$$
- 最小二乘法：最小化剩余的平方和：
$$\| r \|^2 = \sum_1^m r_i^2$$
- 加权最小二乘法：如果某些观测值比其他的更加重要或者更加精确，那么我们可以给不同观测值施加不同权值 w_j，并最小化加权的最小二乘问题：

$$\| r \|_w^2 = \sum_1^m w_i r_i^2$$

例如，如果第 i 次观测值的误差约为 e_i，则可以选择 $w_j = 1/e_i$。

任何可以求解不加权最小二乘问题的算法，都可以用来求解加权最小二乘问题，只需要对于设计矩阵和观测值的数值进行一些比例上的调整。简单地把 y_i 和 X 的第 i 行都乘以 w_i 即可。在 MATLAB 中这样实现：

```
X = diag(w)*X
y = diag(w)*y
```

- 一范数：最小化剩余的绝对值之和：

$$\| r \|_1 = \sum_1^m | r_i |$$

这一问题可以重写为一个线性规划问题，但这和最小二乘问题相比要更难以求解。最终计算出的系数对于局外（outliers）数据点不敏感。

- 无穷范数：最小化剩余的绝对值的最大分量：

$$\| r \|_\infty = \max_i | r_i |$$

这也被称为切比雪夫拟合，也可以转化为线性规划问题。切比雪夫拟合在数字滤波器设计中有广泛应用，也是数学函数库中经常采用的近似策略。

MATLAB 的优化工具箱和曲线拟合工具箱包括了求解最小化一范数和无穷范数问题的函数，但本书只讨论最小二乘问题。

5.3 `censusgui`

NCM 程序包的 `censusgui` 程序中，有几个不同的线性模型。下面的数据是美国统计局统计的从 1900 年到 2000 年的美国总人口数。单位是百万人。

t	y
1900	75.995
1910	91.972
1900	105.711
1930	123.203
1940	131.669
1950	150.697
1960	179.323
1970	203.212
1980	226.505
1990	249.633
2000	281.422

拟合的任务是，要对人口的增长建模并且预测 2010 年的人口数。`censusgui` 程序的默认模型是一个关于时间 t 的三次多项式：

$$y \approx \beta_1 t^3 + \beta_2 t^2 + \beta_3 t + \beta_4$$

其中有四个未知的参数。

从数值上考虑，用 t 的幂作为基函数不是很合适。这是因为 t 的数值在 1900 到 2000 之间，设计矩阵很病态，各列接近线性相关。一种改进策略是先对 t 做如下线性变换：

$$s = (t - 1950)/50$$

这样，新的变元 s 就在 -1 与 1 之间，改进后的模型为：

$$y \approx \beta_1 s^3 + \beta_2 s^2 + \beta_3 s + \beta_4$$

这样一来新的设计矩阵条件数大大改善。

图 5-1 显示了采用默认的三次多项式来拟合人口数据的图。可以看出 2010 年的外推预测值是可信的。程序界面中的按钮允许用户选择拟合多项式的幂次。幂次越高，拟合显得越精确，在拟合的观测点上的误差越小，但这种精确意义不大，因为可能在拟合点之间曲线变化较激烈，不能完全反映变化趋势。

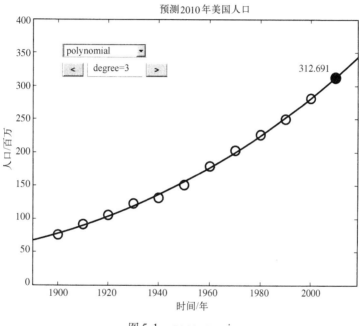

图 5-1　`censusgui`

`censusgui` 程序界面中还允许用户选择采用 `spline` 或 `pchip` 的插值方式进行对数线性的拟合。

$$y \approx Ke^{\lambda t}$$

然而，`censusgui` 程序并不能回答一个重要的问题："哪个模型是最佳的模型？"这要由使用者来选择和决策。

5.4　Householder 反射

Householder 反射是灵活有效的数值算法中采用的矩阵变换。本章中采用 Householder 反射来求解最小二乘问题。后面的章节还会使用它来求解特征值和奇异值问题。

Householder 反射是指形如下式的矩阵：

$$H = I - \rho u u^{\mathrm{T}}$$

其中 u 是任意的非零向量，$\rho = 2/\parallel u \parallel^2$。$u u^{\mathrm{T}}$ 是一个秩一矩阵，其每一列都是 u 的倍数，每一行都是 u^{T} 的倍数。合成矩阵 H 既是对称矩阵也是正交矩阵，即满足：

$$H^{\mathrm{T}} = H$$

145

和
$$H^{\mathrm{T}}H = H^2 = I$$

在实际应用中, 并不显式地构造出 H, 而是用下式计算 H 作用在向量 x 上的结果:
$$\tau = \rho u^{\mathrm{T}} x$$
$$Hx = x - \tau u$$

从几何意义上来说, 向量 x 首先被投影到 u 方向上, 然后再从向量 x 中减去投影的两倍。

图 5-2 显示了向量 u, 以及和它垂直的向量 $u_\perp$。图中还显示了向量 x 和 y, 以及它们在变换矩阵 H 作用下得到的镜像 Hx 和 Hy。这里的镜像是关于 $u_\perp$ 而言的。对于任意的向量 x 和镜像 Hx, 它们的角平分线
$$x - (\tau/2) u$$

在 $u_\perp$ 上。在多维空间中, $u_\perp$ 是垂直于 u 的平面或超平面。

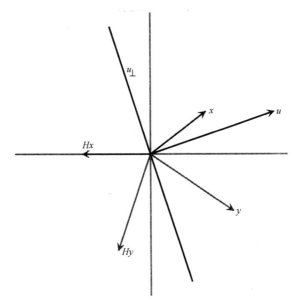

图 5-2   Householder 反射

图 5-2 还显示了如果向量 μ 在向量 x 和某一坐标轴夹角的平分线上, 则镜像 Hx 落在该坐标轴上, 此时 Hx 只有一个分量非零。矩阵 H 是正交阵, 正交变换不改变向量的长度, 所以 Hx 的非零分量就是 $\pm \| x \|$。

对于给定的向量 x, 使向量在变换后只有第 k 个分量非零的 Householder 反射可以这样给出:
$$\sigma = \pm \| x \|$$
$$u = x + \sigma e_k$$
$$\rho = 2/\| u \|^2 = 1/(\sigma u_k)$$
$$H = I - \rho u u^{\mathrm{T}}$$

如果不考虑舍入误差, σ 的正负号可以任选, 得到的 Hx 可能在第 k 维坐标轴的正轴或负轴上。如果考虑舍入误差的影响, 最好按照如下的原则来选取 σ 的正负号:
$$\mathrm{sign}\,\sigma = \mathrm{sign}\,x_k$$

这样 $x_k + \sigma$ 就是加法而不是减法了。

5.5 QR 分解

如果所有参数是线性的，而且观测的次数比基函数的个数多，则是一个线性最小二乘问题。设计矩阵是 $m \times n$ 且 $m > n$。待求解的方程组是：

$$X\beta \approx y$$

这是一个超定的线性系统，因为等式数比未知数多，所以精确求解是不可能的。但是这个系统可以用最小二乘法求解：

$$\min_{\beta} \| X\beta - y \|$$

求解超定方程组的理论方法是，首先等式两边乘以 X^{T}，将其转化为法方程，使此线性系统的系数矩阵变为 $n \times n$ 的方阵：

$$X^{\mathrm{T}}X\beta = X^{\mathrm{T}}y$$

如果观测点个数很多，比如有上千个，但只有很少的参数，那么设计矩阵 X 很大，但矩阵 $X^{\mathrm{T}}X$ 很小。上式把 y 投影到了 X 的列向量张成的子空间。如果基函数不相关，则 $X^{\mathrm{T}}X$ 非奇异，用这种方法可进一步求出 β。 |147|

$$\beta = (X^{\mathrm{T}}X)^{-1}X^{\mathrm{T}}y$$

上面的公式在很多统计和数值方法的教科书中都出现过。然而，这种方法有几个缺陷。通过矩阵求逆来求解线性方程组，和用高斯消元求解相比，代价高，精度反而低。更关键的是，法方程的系数矩阵比原方程的系数矩阵要病态得多。事实上，系数矩阵的条件数变成了原来的平方：

$$\kappa(X^{\mathrm{T}}X) = \kappa(X)^2$$

如果采用有限精度体系运算，即使 X 的列线性无关，法方程的系数矩阵 $X^{\mathrm{T}}X$ 仍可能奇异，从而逆 $(X^{\mathrm{T}}X)^{-1}$ 不存在。

举一个极端的例子，考虑这样的设计矩阵：

$$X = \begin{bmatrix} 1 & 1 \\ \delta & 0 \\ 0 & \delta \end{bmatrix}$$

如果 δ 很小，但是非零，则 X 的两列接近平行，但依然线性无关。法方程让情形更糟：

$$X^T X = \begin{bmatrix} 1 + \delta^2 & 1 \\ 1 & 1 + \delta^2 \end{bmatrix}$$

如果 $|\delta| < 10^{-8}$，则采用双精度计算的 $X^{\mathrm{T}}X$ 奇异，传统的通过求逆的求解方法会失败。

MATLAB 不采用这种借助法方程的求解方法。反斜线操作符不但可以求解系数矩阵为方阵且非奇异的系统，也能求解非方阵的超定系统：

$$\beta = X \backslash y$$

大部分的运算是通过叫作 QR 分解的正交化算法来实现的。QR 分解可以通过 MATLAB 内建函数 qr 来计算。NCM 程序 qrsteps 演示了分解的各个步骤。

图 5-3 示意了 QR 分解的两种版本——完全 QR 分解和精简 QR 分解。两种版本都有

$$X = QR$$

在完全 QR 分解中，R 的大小与 X 相同，Q 是一个行数与 X 相同的方阵。在精简分解中，Q 和 X 一样大小。R 是一个和 X 有相同列数的方阵。字母 "Q" 用来代替 "orthogonal" 中的

"O"，"R"则代表"right"三角阵。线性代数中经常提及的 Gram-Schmidt 过程也能产生这样的分解，但数值稳定性不令人满意。

首先将一系列 Householder 反射作用于 X 的列，得到矩阵 R：

$$H_n \cdots H_2 H_1 X = R$$

R 矩阵的第 j 列是 X 的前 j 列的线性组合。因此，R 中主对角元以下的元素是 0。

如果同样的 Householder 反射作用于右端，等式

$$X\beta \approx y$$

变成了

$$R\beta \approx z$$

其中

$$H_n \cdots H_2 H_1 y = z$$

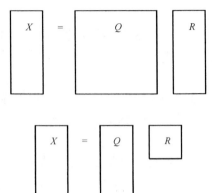

图 5-3   完全 QR 分解和精简 QR 分解

前 n 个等式构成三角阵，从而 β 可以通过回代法求解，实现代码见 `bslashtx` 中的 `backsubs`。剩余的 $m-n$ 个方程的系数全为零，所以这些等式和 β 无关。对应的 z 分量构成了转化后的剩余。这一方法比采用法方程的方法要优越，因为 Householder 变换的数值稳定性较好，三角阵采用回代法也易于求解。

QR 分解中的 Q 矩阵是：

$$Q = (H_n \cdots H_2 H_1)^{\mathrm{T}}$$

求解最小二乘问题，并不需要显式计算 Q，在 QR 分解的其他应用中，可能需要显式计算 Q。如果只需要求出前 n 列，我们可以采用精简大小的 QR 分解。如果需要所有的 m 列，我们则需要完全的 QR 分解。两种情况下，都有

$$Q^{\mathrm{T}} Q = I$$

也就是说 Q 的列是彼此正交的，所以称为标准正交列（orthonormal column）矩阵。对于完全分解产生的 Q，下式也同样成立：

$$QQ^{\mathrm{T}} = I$$

所以完全分解产生的 Q 是正交阵。

下面用一个小的人口统计的例子来说明，我们用二次函数来拟合最后六个观测点：

$$y(s) \approx \beta_1 s^2 + \beta_2 s + \beta_3$$

转换后的时间 `s=((1950:10:2000)'-1950)/50`,对应的观测值 `y` 是：

```
   s          y
0.0000    150.6970
0.2000    179.3230
0.4000    203.2120
0.6000    226.5050
0.8000    249.6330
1.0000    281.4220
```

设计矩阵是 `X=[s.*s s ones(size(s))]`。

```
     0           0      1.0000
 0.0400      0.2000     1.0000
 0.1600      0.4000     1.0000
 0.3600      0.6000     1.0000
 0.6400      0.8000     1.0000
 1.0000      1.0000     1.0000
```

M 文件 `qrsteps` 显示了 QR 分解的步骤。

`qrsteps(x,y)`

第一步使第一列的对角元下方元素变为零。

```
-1.2516     -1.4382    -1.7578
      0      0.1540     0.9119
      0      0.2161     0.6474
      0      0.1863     0.2067
      0      0.0646    -0.4102
      0     -0.1491    -1.2035
```

同样的 Householder 反射作用于 y。

```
-449.3721
 160.1447
 126.4988
  53.9004
 -57.2197
-198.0353
```

然后把第二列的对角元下方元素变为零。

```
-1.2516     -1.4382    -1.7578
      0     -0.3627    -1.3010
      0           0    -0.2781
      0           0    -0.5911
      0           0    -0.6867
      0           0    -0.5649
```

第二步的 Householder 变换接着作用于 y。

```
-449.3721
-242.3136
 -41.8356
 -91.2045
-107.4973
 -81.8878
```

最后，把第三列对角元下方元素变为零。得到三角阵 R 和变化后的右端。

```
R =
  -1.2516     -1.4382    -1.7578
        0     -0.3627    -1.3010
        0           0     1.1034
        0           0          0
        0           0          0
        0           0          0
```

```
z =
 -449.3721
 -242.3136
  168.2334
   -1.3202
   -3.0801
    4.0048
```

方程组 $R\beta = z$ 的维数大小和原方程一致，仍是 6×3。前三个方程可以联立精确求解，因为 $R(1:3, 1:3)$ 非奇异。

```
beta = R(1:3,1:3)\z(1:3)

beta =
    5.7013
  121.1341
  152.4745
```

这里算出的 beta 的结果和直接采用反斜线操作符计算的一致：

```
beta = R\z
```

或者

```
beta = X\y
```

方程组 $R\beta = z$ 的最后三个等式，不论 β 如何选取都无法得到满足。所以 z 中的最后三个分量代表剩余。事实上，以下两个数值

```
norm(z(4:6))
norm(X*beta - y)
```

都等于 5.2219。注意尽管我们使用了 QR 分解，但没有显式计算 Q。

2010 年的人口可以通过多项式

$$\beta_1 s^2 + \beta_2 s + \beta_3$$

在 s = (2010 - 1950)/50 = 1.2 处的值来得到。可以调用 polyval 函数来实现这个功能。

```
p2010 = polyval(beta,1.2)

p2010 =
  306.0453
```

采用二次函数拟合但拟合了更多数据点的 censusgui 对 2010 年的预测值为 311.5880。哪个将会更接近真实的 2010 年的人口数呢？

5.6 伪逆

矩阵的伪逆的定义需要用到矩阵的 Frobenius 范数：

$$\| A \|_F = \left(\sum_i \sum_j a_{i,j}^2 \right)^{1/2}$$

MATLAB 表达式 norm(X,'fro') 可以计算 Frobenius 范数。$\| A \|_F$ 和 A 所有元素构成的向量的 2 范数是一致的。

```
norm(A,'fro') = norm(A(:))
```

Moore-Penrose 伪逆推广了矩阵逆的定义。伪逆用十字架状上标来表示:

$$Z = X^{\dagger}$$

且可以用 MATLAB 函数 `pinv` 来计算。

```
Z = pinv(X)
```

如果 X 是方阵,且非奇异,则伪逆和逆相一致:

$$X^{\dagger} = X^{-1}$$

如果 X 是 $m \times n$ 且 $m > n$,而且 X 满秩,则伪逆是矩阵的法方程中出现的矩阵:

$$X^{\dagger} = (X^{T}X)^{-1}X^{T}$$

伪逆具有通常的矩阵逆的一些性质,但并不是全部。$X^{\dagger}$ 是矩阵的左逆,因为

$$X^{\dagger}X = (X^{T}X)^{-1}X^{T}X = I$$

是 $n \times n$ 的单位阵,但 $X^{\dagger}$ 不是矩阵的右逆,因为

$$XX^{\dagger} = X(X^{T}X)^{-1}X^{T}$$

秩只为 n,不可能是 m 乘 m 的单位阵。

但伪逆尽可能逼近矩阵的右逆,因为它在所有矩阵 Z 中最小化

$$\| XZ - I \|_{F}$$

$Z = X^{\dagger}$ 同时也最小化

$$\| Z \|_{F}$$

这些最小化的性质使得即使 X 不满秩,其伪逆也唯一存在。

我们来考虑 1×1 的情形。一个实数(或复数)的逆是什么? 如果 x 非零,很明显有 $x^{-1} = 1/x$,但如果 x 为零,x^{-1} 不存在。伪逆考虑了这些情形,它是所有标量中唯一同时最小化这两个量

$$| xz - 1 | \text{ 和 } | z |$$

的解:

$$x^{\dagger} = \begin{cases} 1/x & x \neq 0 \\ 0 & x = 0 \end{cases}$$

伪逆的实际计算要用到奇异值分解,这部分内容将在后面的章节讨论。读者可通过查看 `pinv` 的代码来了解其实现。

5.7　不满秩

如果 X 不满秩,或者 X 的列数比行数多,方阵 $X^{T}X$ 是奇异阵,其逆不存在。从法方程中得到的等式

$$\beta = (X^{T}X)^{-1}X^{T}y$$

将无法计算。

在这些退化的情形下,线性系统的最小二乘解

$$X\beta \approx y$$

不唯一。X 的化零向量(null vector)是等式

$$X\eta = 0$$

的一个非零解。可以给 β 加上化零向量的任意倍得到无数个新的向量,这些向量在 $X\beta$ 逼近 y 的程度上是一致的。

在 MATLAB 中，表达式

$$X\beta \approx y$$

的解可以通过反斜线操作符或伪逆来计算，即

```
beta = X\y
```

或

```
beta = pinv(X)*y
```

在满秩的情形下，二者的求解结果一致，而用 pinv 会耗用较多的计算量。但是在退化情形时，二者的求解结果不一致。

采用反斜线操作符计算出的解称为基本解（basic solution）。如果 X 的秩为 r，则

```
beta = X\y
```

中最多只有 r 个分量非零。事实上，满足这一条件的基本解也不唯一。反斜线操作符计算出的基本解是通过 QR 分解的方法得到的。

用 pinv 计算出的解称为最小范数解（minimum norm solution）。在所有最小化 $\|X\beta - y\|$ 的 β 中，采用

```
beta = pinv(X)*y
```

计算出的解同时还最小化了 $\|\beta\|$。最小范数解是唯一的。

例如，令

$$X = \begin{bmatrix} 1 & 2 & 3 \\ 4 & 5 & 6 \\ 7 & 8 & 9 \\ 10 & 11 & 12 \\ 13 & 14 & 15 \end{bmatrix}$$

154 和

$$y = \begin{bmatrix} 16 \\ 17 \\ 18 \\ 19 \\ 20 \end{bmatrix}$$

矩阵 X 不满秩，中间一列是第一列和最后一列的平均，向量

$$\eta = \begin{bmatrix} 1 \\ -2 \\ 1 \end{bmatrix}$$

是化零向量。

此时，调用

```
beta = X\y
```

会产生一个警告：

```
Warning: Rank deficient, rank = 2  tol =   2.4701e-014.
```

求出的解

```
beta =
    -7.5000
         0
    7.8333
```

只有两个非零项，是基本解。这和所期望的相一致。但是，向量

```
beta =
         0
  -15.0000
   15.3333
```

和

```
beta =
  -15.3333
   15.6667
         0
```

同样也是基本解。

而调用

```
beta = pinv(X)*y
```

得到的解则是

```
beta =
    -7.5556
     0.1111
     7.7778
```

155

而且也没有给出不满秩的警告。用伪逆求解的范数为

```
norm(pinv(X)*y) = 10.8440
```

比用反斜线操作符计算出的解的范数略小。

```
norm(X\y) = 10.8449
```

在所有最小化 $\| X\beta - y \|$ 的 β 中，采用伪逆方法可以找出 $\| \beta \|$ 最小的一个。注意这两种解的差：

```
X\y - pinv(X)*y =
     0.0556
    -0.1111
     0.0556
```

是化零向量 η 的倍数。

如果小心处理，采用适当的方法，不满秩问题仍然可以较好地解决。而接近不满秩的问题反而更加难处理。类似于接近奇异但不奇异的方阵构成的线性方程组，条件数很大，难以求解。这些问题在数值上不是适定的（well posed）。数据上小的变化会导致解的较大的变动。

反斜线操作符和伪逆法都需要对线性无关和秩做判断。这些判断通常涉及给出的误差容限,并不排除数据误差和计算中舍入误差的影响。

哪种方法更好,是反斜线操作符还是伪逆?在某些情况下,与基本解和最小范数解的评价标准是相关的。但对于大多数问题,例如曲线拟合,并不需要考虑这些很细致的差别,只需要考虑计算出的解不唯一,不能由数据点来唯一确定。

5.8 可分离最小二乘法

MATLAB 也为求解非线性最小二乘问题提供了好几个函数。MATLAB 的较低版本提供了一个通用的多维非线性极小化求解器 fmins。在 MATLAB 的较新版本中,fmins 被更新,并改名为 fminsearch。优化工具箱中提供了更多的功能,包括有约束的极小化 fmincon、无约束极小化 fminunc,以及两个特别针对非线性最小二乘的函数 lsqnonlin 和 lsqcurvefit。曲线拟合工具箱提供了图形交互接口,以便各种线性和非线性曲线拟合问题的求解。

这一节只简单讨论一下 fminsearch 的使用。这个函数采用了一种叫作 Nelder-Meade 算法的搜索策略。它不需要使用任何梯度信息。这个算法对于只有几个变量的小规模问题尤为有效。有更多变量的大型问题,则最好使用优化工具箱或曲线拟合工具箱中的函数求解。

可分离最小二乘问题既包含线性参数又包含非线性参数。可以把线性参数也看成非线性参数从而使用 fminsearch 求解。但是,利用可分离结构,可以更加有效且鲁棒地求解。在这种策略中,fminsearch 对非线性参数进行搜索,试图最小化剩余的范数。然后在每步搜索得到非线性参数后,再利用反斜线操作符计算线性参数的值。

156

用 MATLAB 实现上面说的步骤需要两部分代码,一部分代码是一个函数或脚本,或者直接在命令窗口键入命令。这部分代码对问题初始化,建立非线性参数的初始值,调用 fminsearch,处理结果,通常还会作图。另一部分代码是 fminsearch 调用的目标函数。目标函数的输入是非线性参数构成的向量 alpha,目标函数计算设计矩阵 X,并用反斜线操作符和 X 以及观测值来计算线性参数 beta,并返回剩余的范数。

下面用 expfitdemo 来进行说明,这个例子的背景源于对放射性物质衰变的观测。模型把衰变描述为两个有未知衰减因子的指数项的和:

$$y \approx \beta_1 e^{-\lambda_1 t} + \beta_2 e^{-\lambda_2 t}$$

因此,在这个例子中,有两个线性参数和两个非线性参数。这个演示绘出了非线性极小化过程中产生的不同的拟合曲线。图 5-4 是数据点和最终的拟合曲线组成的图。

主函数首先给出 21 个观测值对应的 t 和 y。

```
function expfitdemo
t = (0:.1:2)';
y = [5.8955 3.5639 2.5173 1.9790 1.8990 1.3938 1.1359 ...
     1.0096 1.0343 0.8435 0.6856 0.6100 0.5392 0.3946 ...
     0.3903 0.5474 0.3459 0.1370 0.2211 0.1704 0.2636]';
```

初始的图线用圆点 o 表示观测点,初始拟合为全零的曲线,并创建一个标题来显示 lamda 的值。变量 h 保留了三个图形对象的句柄。

```
clf
shg
```

```
set(gcf,'doublebuffer','on')
h = plot(t,y,'o',t,0*t,'-');
h(3) = title('');
axis([0 2 0 6.5])
```

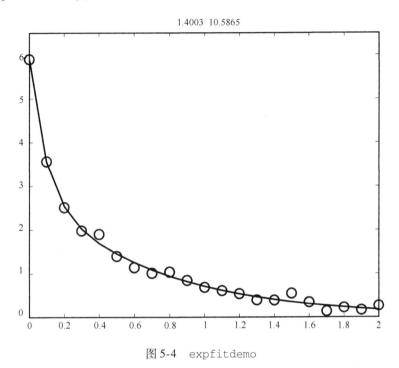

图 5-4　expfitdemo

向量 lamda0 给出了非线性参数的初值，在这个例子中，几乎任意选择初值都能收敛。而在另外一些情形下，尤其是非线性参数较多时，初值的选取显得重要。调用 fminsearch 可完成主要的工作。观测值 t 和 y 以及图像句柄 h 作为被调用函数的参数传入。

```
lambda0 = [3 6]';
lambda = fminsearch(@expfitfun,lambda0,[],t,y,h)
set(h(2),'color','black')
```

157

目标函数叫作 expfitfun。它可以处理 n 个指数基函数。这里 $n=2$。函数的第一个参数是用 fminsearch 得到的一个包含 n 个衰减率 λ_j 的向量。其他的参数包括观测值 t 和 y 以及图像句柄。这个函数可计算出设计矩阵，用反斜线操作符计算 β，对计算出的模型求值，并计算剩余的范数作为返回值。

```
function res = expfitfun(lambda,t,y,h)
m = length(t);
n = length(lambda);
X = zeros(m,n);
for j = 1:n
    X(:,j) = exp(-lambda(j)*t);
end
beta = X\y;
z = X*beta;
res = norm(z-y);
```

目标函数同时也更新拟合图线及其标题，并停顿足够长时间，以方便查看计算的过程。

```
set(h(2),'ydata',z);
set(h(3),'string',sprintf('%8.4f %8.4f',lambda))
pause(.1)
```

5.9 更多阅读资料

矩阵计算的参考书[2,18,25,55,56,57]讨论了最小二乘法。Björck 的参考文献[8]也可作为进一步的参考。

习题

5.1 X 是一个 $n \times n$ 的矩阵，通过下面的语句生成：

```
[I,J] = ndgrid(1:n);
X = min(I,J) + 2*eye(n,n) - 2;
```

(a) X 的条件数是怎样随 n 的增大而变化的？

(b) 对矩阵分解 chol(X)、lu(X) 和 qr(X)，哪些能够发现条件数很差的矩阵？

5.2 在 censusgui 中，把 1950 年的人口从 150.697 百万修改为 50.697 百万。这是一个明显的局外数据点。哪些模型受此影响较大？哪些模型受此影响较小？

5.3 如果在 censusgui 中采用 8 次多项式拟合，并对 2000 年后的人口做预测，则在 2020 年前人口的预测值就变成了零。这会在哪年哪月哪日发生呢？

5.4 有一些细节在前面讨论 Householder 反射的时候忽略了。首先介绍复矩阵的扩展。实矩阵的转置 u^{T} 在复矩阵时的对应要用共轭转置 u'。令 x 是任意 $m \times 1$ 的向量，e_k 是第 k 个单位向量，即 $m \times m$ 单位矩阵的第 k 列。复数 $z = re^{i\theta}$ 的符号是

$$\mathrm{sign}(z) = z/|z| = e^{i\theta}$$

定义 σ 为

$$\sigma = \mathrm{sign}(x_k)\|x\|$$

令

$$u = x + \sigma e_k$$

即 u 是 x 在第 k 个分量上加上 σ 得到的新向量。

(a) ρ 的定义用到了 $\bar{\sigma}$, σ 的共轭转置：

$$\rho = 1/(\overline{\sigma}u_k)$$

证明下式：

$$\rho = 2/\|u\|^2$$

(b) 用向量 x 生成的 Householder 反射是：

$$H = I - \rho uu'$$

证明

$$H' = H$$

和

$$H'H = I$$

(c) 证明 Hx 除了第 k 个分量外，其余分量都是零，即证明

$$Hx = -\sigma e_k$$

（d）对任意向量 y，令

$$\tau = \rho u' y$$

证明

$$Hy = y - \tau u$$

5.5　令

$$x = \begin{bmatrix} 9 \\ 2 \\ 6 \end{bmatrix}$$

（a）找出按下式对 x 进行变换的 Householder 反射：

$$Hx = \begin{bmatrix} -11 \\ 0 \\ 0 \end{bmatrix}$$

（b）找出非零向量 u 和 v 使其满足

$$Hu = -u$$
$$Hv = v$$

5.6　令

$$X = \begin{bmatrix} 1 & 2 & 3 \\ 4 & 5 & 6 \\ 7 & 8 & 9 \\ 10 & 11 & 12 \\ 13 & 14 & 15 \end{bmatrix}$$

（a）检验 X 是不满秩的。

考虑三种伪逆的求法，算出矩阵 Z, B, S：

```
Z = pinv(X)        % The actual pseudoinverse
B = X\eye(5,5)     % Backslash
S = eye(3,3)/X     % Slash
```

（b）比较下面的每组值：

$\| Z \|_F$、$\| B \|_F$ 和 $\| S \|_F$

$\| XZ - I \|_F$、$\| XB - I \|_F$ 和 $\| XS - I \|_F$

$\| ZX - I \|_F$、$\| BX - I \|_F$ 和 $\| SX - I \|_F$

检验用 Z 得到的值比其他方法得到的值要小。事实上，极小化这些量是伪逆的特性。　160

（c）检验 Z 满足下面的四个条件，而 B 和 S 至少会有一个条件不满足。这些条件称为 Moore-Penrose 等式，是另一种唯一确定伪逆的方法。

$$XZ \text{ 是对称阵}$$
$$ZX \text{ 是对称阵}$$
$$XZX = X$$
$$ZXZ = Z$$

5.7　产生 11 个数据点，$t_k = (k-1)/10$，$y_k = \mathrm{erf}(t_k)$，$k = 1, \cdots, 11$。

（a）分别用最高次数为 1 到 10 的多项式进行最小二乘拟合。比较拟合的多项式在数据点之间（取测试点的间隔为 0.01）与真实值 $\mathrm{erf}(t)$ 的误差。最大误差与多项式的次数的关系如何？

(b) 由于 erf(t) 是奇函数，即 erf(x) = $-$ erf($-x$)，因此应当只用 t 的奇次幂来拟合，

$$erf(t) \approx c_1 t + c_2 t^3 + \cdots + c_n t^{2n-1}$$

然后再看一看误差与 n 之间的关系。

(c) 多项式并不是好的近似函数，因为它们对于较大的 t 是无界的。而 erf(t) 对于较大的 t 是趋于 1 的。所以，对于同样多的数据点，用模型

$$erf(t) \approx c_1 + e^{-t^2}(c_2 + c_3 z + c_4 z^2 + c_5 z^3)$$

其中 $z = 1/(1+t)$，误差会有什么改善？

5.8 有 25 个在等距时间点 t 上的观测值 y_k：

```
t = 1:25
y = [ 5.0291    6.5099    5.3666    4.1272    4.2948
      6.1261   12.5140   10.0502    9.1614    7.5677
      7.2920   10.0357   11.0708   13.4045   12.8415
     11.9666   11.0765   11.7774   14.5701   17.0440
     17.0398   15.9069   15.4850   15.5112   17.6572]
y = y(:)';
```

(a) 用直线模型 $y(t) = \beta_1 + \beta_1 t$ 拟合上面的数据，并绘出剩余 $y(t_k) - y_k$。可以发现有一个数据点处的误差特别大，这可能是一个局外点。

(b) 丢弃局外点，再次拟合。绘出剩余的图线，剩余有没有模式或规律？

(c) 不考虑局外点，用下面的模型进行拟合：

| 161 |

$$y(t) = \beta_1 + \beta_2 t + \beta_3 \sin t$$

(d) 对第三条拟合曲线，在区间 $[0,26]$ 更精细的网格上进行求值。绘出拟合曲线，拟合曲线线型用 "–"，数据点线型用 "o"，局外点线型用 " * "。

5.9 统计参考数据集（Statistical Reference Datasets）。NIST 是美国商务部设立国家标准和国际标准的组织。统计参考数据集（缩写为 StRD）就是由 NIST 维护的。这些数据集可以被用来测试和检验统计软件。万维网上的主页见 [45]。最小二乘法的数据集在"线性回归"的分类下。这个习题要使用两个 NIST 的参考数据集：

● Norris：校验臭氧监测仪的线性多项式。

● Pontius：校验带负载单元二次多项式。

对上述每个数据集，依次看链接 Data File（ASCII Format）、Certified Values 与 Graphics 对应的网页，下载数据文件。分离出观测值，计算多项式的系数。将计算出的系数和检验值进行比较。作出和 NIST 中的图线类似的拟合曲线和剩余的曲线。

5.10 Filip 数据集是 NIST 数据集中的一个。数据是几十个不同的 x 值对应的 y 的观测值。目标是要用一个十次的多项式来拟合。

这是一个有争议的数据集。有些统计软件能够给出 NIST 标称的标准检测值，而有些软件则会报出警告或错误认为这个问题的条件数太差。还有些软件虽然没有报错，但给出的拟合系数和认证标准值不一样。网页上也提供了几种观点，讨论这个问题是否可信。我们来看看 MATLAB 怎样处理这个问题。

这个数据集也可以从 NIST 网站上得到。每个数据点对应文件的一行。每行两个数，第一个数是 y，第二个数是对应的 x。x 的值并没有单调地排序，但是并不一定排序。令 n 是数据点的个数，$p = 11$ 是多项式的次数。

(a) 作为第一个实验，首先将数据读入 MATLAB，用 "." 的形式绘图。然后调用图像

窗口 Tools 菜单中的 Basic Fitting，选择次数为 10 的多项式拟合。这时有警告说这个多项式是病态的。忽略这个警告。将计算出的系数和 NIST 网页上的标准值做比较，看是否吻合。Basic Fitting 工具也会显示剩余的范数 $\|r\|$。将它和 NIST 的衡量标准之一的"剩余标准偏差"

$$\frac{\|r\|}{\sqrt{n-p}}$$

162

作比较。

（b）用六种不同的方法来检查这些数据集，并计算多项式拟合。解释在计算中出现的所有警告。

- 采用 polyfit 函数：调用 polyfit(x,y,10)。
- 采用反斜线操作符：调用 X\y，其中 X 是一个 $n \times p$ 的截断的范德蒙德矩阵，其中的元素为

$$X_{i,j} = x_i^{p-j}, i = 1, \cdots, n, j = 1, \cdots, p$$

- 采用伪逆法：调用 pinv(X)*y。
- 采用法方程：调用 inv(X'*X)*X'*y。
- 将数据进行线性映射预处理再调用 polyfit：令 $\mu = \text{mean}(x)$，$\sigma = \text{std}(x)$，$t = (x - \mu)/\sigma$，然后再调用 polyfit(t,y,10)。
- 用认证过的系数：直接从 NIST 的网页上得到认证过的多项式系数。

（c）六种不同的方法得到的拟合曲线的剩余范数各是多少？

（d）哪种方法的结果很坏？（也许网站上因给出坏结果而受到批评的软件包，就是用的这种方法。）

（e）将五种好的拟合结果作图。其中原始的数据点用"."示意，拟合曲线在定义域上取几百个点求值。图线应当和图 5-5 类似。虽然有 5 个不同的拟合曲线，但从图上看，只有两条不同的曲线。哪些方法的结果对应于哪条曲线？

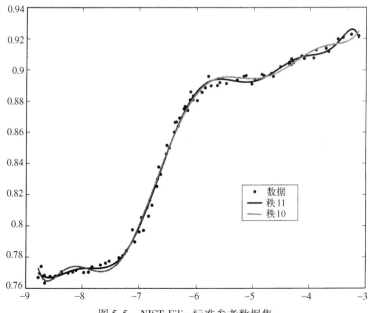

图 5-5　NIST Filip 标准参考数据集

163

（f）为什么采用 `polyfit` 和采用反斜线操作符的结果不一样？

5.11 Longley 数据集是关于劳工的统计数据构成的数据集。这是最早的最小二乘问题的测试集之一。这个问题并不需要你去 NIST 的网页下载，但是如果你关心问题背景，可以去看一下 Longley 的网页[45]。在 NCM 中有 `longley.dat` 文件，就是这个测试集的数据。用 MATLAB 可以直接读入这些数据：

```
load longley.dat
y = longley(:,1);
X = longley(:,2:7);
```

数据中有 7 个变量，共有 16 次观测，是 1947 到 1962 年的观测值。变量 y 和其他构成数据矩阵 X 列的 6 个变量分别是：

  y 是总的雇员数

  x_1 是 GNP 的通胀系数

  x_2 是 GNP

  x_3 是失业率

  x_4 是军队的总人数

  x_5 是 14 岁以上不在学校上学的总人口

  x_6 是所在的年

拟合的目标是要用 6 个 x 的线性组合来预测 y 的值：

$$y \approx \beta_0 + \sum_1^6 \beta_k x_k$$

（a）用 MATLAB 的反斜线操作符来计算 $\beta_0, \beta_1, \cdots, \beta_6$。这相当于扩展 X 使其包含一个全为 1 的列。

（b）将计算出的值和认证的标准值[45]作比较。

（c）用 `errorbar` 函数画出 y 和最小二乘拟合误差的柱状图。

（d）用 `corrcoef` 函数计算不包含全 1 列的 X 的各列的相关系数。哪些变量之间的相关性比较强？

（e）对向量 y 进行正规化，使其均值为 0，标准差为 1。可以通过如下的操作实现。

```
y = y - mean(y);
y = y/std(y)
```

对 X 的列也进行类似的操作。然后将 7 个正规化后的变量画在一个坐标系内，包含各自的图例（`legend`）。

5.12 行星轨道[29]。表达式 $z = ax^2 + bxy + cy^2 + dx + ey + f$ 是一个二次型（quadratic form）。$z = 0$ 的 (x,y) 点集是圆锥曲线（conic section）。判别式 $b^2 - 4ac$ 的不同符号决定了对应的圆锥曲线是椭圆、抛物线还是双曲线。圆和直线也是圆锥曲线的特殊情形。圆锥曲线方程 $z = 0$ 可以两边同除以任意的非零系数来归一化。例如，如果 $f \neq 0$，可以两边同除以 f，这样常数项就变成 1 了。在 MATLAB 中可以用函数 `meshgrid` 和 `contour` 来绘制圆锥曲线。用 `meshgrid` 生成 X 和 Y 的网格点数组。然后对二次型求值得到 Z。最后用 `contour` 来绘出 $Z = 0$ 的点。

164

```
[X,Y] = meshgrid(xmin:deltax:xmax,ymin:deltay:ymax);
Z = a*X.^2 + b*X.*Y + c*Y.^2 + d*X + e*Y + f;
contour(X,Y,Z,[0 0])
```

行星轨道是椭圆形轨道。这里是行星轨道在 (x,y) 平面上的 10 个观测点：

```
x = [1.02 .95 .87 .77 .67 .56 .44 .30 .16 .01]';
y = [0.39 .32 .27 .22 .18 .15 .13 .12 .13 .15]';
```

(a) 通过设定其中的一个系数为 1，并求解 10×5 的超定方程来确定二次型的系数。在 (x,y) 平面坐标下绘出拟合曲线的轨迹。将 10 个数据点在图中加上。

(b) 这个最小二乘问题接近不满秩。为了揭示不满秩对于结果的影响，将每个数据点的每个坐标，加上一个在 $[-0.0005, 0.0005]$ 区间均匀分布的随机数并计算新的系数。在同一幅图中绘出新的轨迹。对新旧轨迹和系数进行比较并给出一些看法和评论。

165

数 值 积 分

英文术语"numerical integration"（数值积分）有多种不同的意义，包括积分的数值计算和常微分方程的数值求解等。因此本章使用一个较为过时的术语"quadrature"（数值积分）来特别指代上述最简单的一项工作，即计算定积分的数值结果。现代的数值积分算法通常可以自适应地变化步长大小。

6.1 自适应数值积分

令 $f(x)$ 为定义在有限区间 $a \leq x \leq b$ 上的单变量实值函数，我们将讨论如何计算积分

$$\int_a^b f(x)\,dx$$

的问题。根据英文单词"quadrature"，我们会想起计算这个积分所代表的面积的一个初级办法：在绘图纸上画出这个函数的曲线，然后数曲线下方小方格的数目。

图 6-1 中，在曲线下有 148 个小方格。如果一个小方格的面积是 3/512，那么曲线对应函数积分的粗略估计值为 $148 \times 3/512 = 0.8672$。

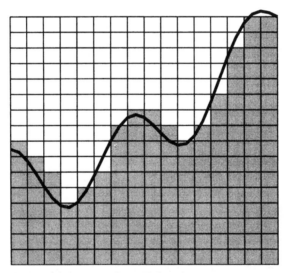

图 6-1 数值积分

自适应数值积分（adaptive quadrature）包括对 $f(x)$ 采样点的仔细选取，希望利用尽可能少的函数值得到满足指定精度要求的积分近似值。定积分的可加性正是自适应数值积分的基础。若 c 是 a 和 b 之间的任意一点，那么

$$\int_a^b f(x)\,dx = \int_a^c f(x)\,dx + \int_c^b f(x)\,dx$$

基本思想是，若能在指定的误差阈值内对等号右边的两个积分进行近似，那么它们的和也将是满意的结果。如果对等号右边两个积分的计算不够准确，则可以对区间 $[a,c]$ 和 $[c,b]$ 递归地使用上述可加性。这样得到的算法可自动适应各种被积函数，在被积函数变化剧烈的地方将区间分成较密的子区间，而在被积函数变化缓慢的地方划分则较稀疏。

6.2 基本的数值积分公式

MATLAB 函数的数值积分基于两种基本的数值积分法则,即图 6-2 中所示的中点法则 (midpoint rule)和梯形法则(trapezoid rule)。令 $h = b - a$ 为区间的长度。按中点法则,积分近似为一个长为 h、高为中点处被积函数值的矩形的面积 M:

$$M = hf\left(\frac{a+b}{2}\right)$$

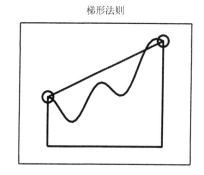

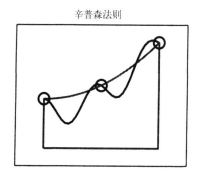 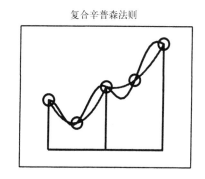

图 6-2   四种数值积分法则

按梯形法则,积分近似为一个直角腰长为 h、两底边长分别为两端点处被积函数值的梯形面积 T:

$$T = h\frac{f(a) + f(b)}{2}$$

通过检验积分法则对多项式函数的效果,可以估计它的准确性。数值积分法则的阶数是指该法则不能准确计算的多项式的最低次数。若用一个 p 阶的数值积分法则对一个光滑函数在长为 h 的小区间上求积分,那么泰勒级数分析表明,误差正比于 h^p。前面提到的中点法则和梯形法则对于 x 的常数和线性函数都是完全准确的,但对于 x 的二次函数就不准确,因此它们都是二阶的(用 $f(a)$ 或 $f(b)$ 代替中点处的函数值而得到的矩形法则仅有一阶准确度)。

这两种数值积分法则的准确性可以通过计算一个简单的积分来检验:

$$\int_0^1 x^2 \mathrm{d}x = \frac{1}{3}$$

中点法则计算的结果为

$$M = 1\left(\frac{1}{2}\right)^2 = \frac{1}{4}$$

梯形法则计算的结果为

$$T = 1\left(\frac{0 + 1^2}{2}\right) = \frac{1}{2}$$

因此 M 的误差为 $1/12$，而 T 的误差为 $-1/6$。这两个误差正负号相反，并且可能让人惊讶的是，中点法则的准确性竟然是梯形法则的两倍。

可以证明，上述现象具有普遍性。在小区间上对光滑函数进行积分，M 的准确性基本上是 T 的两倍，同时正负号相反。有了这样的误差估计，我们可以将这两者加以结合得到新的积分法则，得到的新法则通常要比这两者中任何一个都更准确。如果 T 的误差正好是 M 的误差的 -2 倍，那么求解下式

$$S - T = -2(S - M)$$

中的 S，将给出积分的准确值。总之，上述方程的解

$$S = \frac{2}{3}M + \frac{1}{3}T$$

通常是比 M 或 T 更准确的积分近似值。这样得到的积分法则称为辛普森法则（Simpson's rule）。也可以由区间两个端点 a、b 和中点 $c = (a + b)/2$ 处的函数值插值出一个二次函数，然后对此二次函数积分推导出辛普森法则：

$$S = \frac{h}{6}(f(a) + 4f(c) + f(b))$$

可以证明，用 S 可以准确地计算三次多项式的积分，但对四次多项式则不行。因此辛普森法则的阶数为 4。

我们可以用整个区间的两半 $[a, c]$ 和 $[c, b]$ 将上述过程多执行一次。令 d 和 e 分别为这两个子区间的中点：$d = (a + c)/2$，$e = (c + b)/2$。在两个子区间上分别应用辛普森法则，从而得到一个对整个区间 $[a, b]$ 的数值积分公式：

$$S_2 = \frac{h}{12}(f(a) + 4f(d) + 2f(c) + 4f(e) + f(b))$$

这就是复合（composite）数值积分法则的一个例子。如图 6-2 所示。

S 和 S_2 是同一个积分的近似值，因此它们之间的差可以用于估计误差：

$$E = (S_2 - S)$$

而且，两者还可以结合起来，得到一个更加准确的近似值 Q。由于这两个积分法则都是四阶的，而 S_2 的步长是 S 的一半，因此 S_2 的准确性大约是 S 的 2^4 倍。所以，可以求解方程

$$Q - S = 16(Q - S_2)$$

得到 Q，其结果为

$$Q = S_2 + (S_2 - S)/15$$

习题 6.2 要求读者将 Q 表示为从 $f(a)$ 到 $f(e)$ 的五个函数值的加权求和的形式，并证明它有六阶准确度。这个法则也被称为 Weddle 法则、六阶牛顿 - 柯特斯法则（Newton-Cotes rule），同时也是龙贝格积分（Romberg integration）方法的第一步。我们将简单地称它为外推的辛普森法则（extrapolated Simpson's rule），因为它对两个不同的 h 值使用辛普森法则，然后向 $h = 0$ 的极限情况进行外推。

6.3　`quadtx` 和 `quadgui`

　　MATLAB 函数 quad 将外推的辛普森法则用于自适应递归算法中,与本书配套的 quadtx 函数是 quad 的一个简化版本。

　　函数 quadgui 为 quad 和 quadtx 的运行提供图形化的演示功能,它生成自适应算法选择的函数值的动态绘制,同时将函数求值的次数显示于整个图的标题位置。

　　quadtx 程序的初始部分计算三次被积函数 $f(x)$,以给出第一个未经过外推的辛普森法则得到的估计值。然后,调用递归子程序 quadtxstep 完成整个计算。

170

```
function [Q,fcount] = quadtx(F,a,b,tol,varargin)
%QUADTX   Evaluate definite integral numerically.
%    Q = QUADTX(F,A,B) approximates the integral of F(x)
%    from A to B to within a tolerance of 1.e-6.
%
%    Q = QUADTX(F,A,B,tol) uses tol instead of 1.e-6.
%
%    The first argument, F, is a function handle, an
%    inline-object in MATLAB6, or an anonymous function
%    in MATLAB7, that defines F(x).
%
%    Arguments beyond the first four,
%    Q = QUADTX(F,a,b,tol,p1,p2,...), are passed on to the
%    integrand, F(x,p1,p2,..).
%
%    [Q,fcount] = QUADTX(F,...) also counts the number of
%    evaluations of F(x).
%
%    See also QUAD, QUADL, DBLQUAD, QUADGUI.

% Default tolerance
if nargin < 4 | isempty(tol)
   tol = 1.e-6;
end

% Initialization
c = (a + b)/2;
fa = feval(F,a,varargin{:});
fc = feval(F,c,varargin{:});
fb = feval(F,b,varargin{:});

% Recursive call
[Q,k] = quadtxstep(F, a, b, tol, fa, fc, fb, varargin{:});
fcount = k + 3;
```

　　在每次递归调用 quadtxstep 时,除了利用三个之前已计算的函数值外,还要另外再计算两个函数值,以得到给定区间上积分的两种辛普森近似值。如果这两个计算值之差足够小,那么将它们组合起来并采用外推方法作为当前区间上积分的近似值。如果它们之间的差大于某个阈值 tol,则对当前区间的两个半区间分别执行递归过程。

```
function [Q,fcount] = quadtxstep(F,a,b,tol,fa,fc,fb,varargin)

% Recursive subfunction used by quadtx.
h = b - a;
c = (a + b)/2;
fd = feval(F,(a+c)/2,varargin{:});
fe = feval(F,(c+b)/2,varargin{:});
Q1 = h/6 * (fa + 4*fc + fb);
Q2 = h/12 * (fa + 4*fd + 2*fc + 4*fe + fb);
if abs(Q2 - Q1) <= tol
   Q  = Q2 + (Q2 - Q1)/15;
   fcount = 2;
else
   [Qa,ka] = quadtxstep(F, a, c, tol, fa, fd, fc, varargin{:});
   [Qb,kb] = quadtxstep(F, c, b, tol, fc, fe, fb, varargin{:});
   Q  = Qa + Qb;
   fcount = ka + kb + 2;
end
```

如何选择两种辛普森近似值之差的阈值非常重要，也需要一些技巧。如果在 `quadtxstep`
函数的第四个参数上不指定阈值的大小，那么 10^{-6} 将作为默认的阈值使用。

这里需要技巧的部分是，如何在递归调用时指定合适的阈值。为使最后的结果达到希望
的准确度，每次递归调用时，需把阈值设为多大？一种办法是，递归调用每深入一层就将阈
值减小一半。这是因为，如果 `Qa` 和 `Qb` 的误差都小于 `tol/2`，那么它们之和的误差必然小
于 `tol`。如果采用这种方法，在下面两条语句

```
      [Qa,ka] = quadtxstep(F, a, c, tol, fa, fd, fc, varargin{:});
      [Qb,kb] = quadtxstep(F, c, b, tol, fc, fe, fb, varargin{:});
```

中，将改为用 `tol/2` 代替 `tol`。

然而，这种方法有点太保守了。上面仅对两个单独的辛普森法则的结果估计误差，而没
有考虑它们外推组合的结果。因此，实际的误差总是比这样的估计小得多。更重要的是，实
际误差接近于估计值的情况非常少见。我们可以允许"调用两个递归中的一个"，其误差接近
于阈值，因为在另一个子区间上误差可能要小得多。因此在每次递归调用时还使用相同的
`tol` 值。

与本书配套的函数其实有一个严重的缺陷：对计算失败没有预备措施。要算的积分可能
并不存在，例如，

$$\int_0^1 \frac{1}{3x-1}dx$$

具有不可积的奇异性。用 `quadtx` 来计算它将导致程序运行很长时间，最后显示一条超过最
大递归层数的出错信息而停止。如果能对这种积分的奇异性进行诊断将更好。

6.4 指定被积函数

MATLAB 中可以采取几种不同的方式来指定待积分函数。对于简单的、长度不超过一行
的公式采用 `inline` 命令比较方便。例如，

$$\int_0^1 \frac{1}{\sqrt{1+x^4}}dx$$

可用下面的语句进行计算:

```
f = inline('1/sqrt(1+x^4)')
Q = quadtx(f,0,1)
```

从 MATLAB 7 开始, 内嵌(inline)对象将被一种功能更强大的结构——匿名函数(a-nonymous function)所替代。在 MATLAB 7 中内嵌对象还允许使用, 但推荐用匿名函数, 因为后者可以生成更高效率的程序代码。采用匿名函数, 上面的例子变为

```
f = @(x) 1/sqrt(1+x^4)
Q = quadtx(f,0,1)
```

如果我们想要计算

$$\int_0^\pi \frac{\sin x}{x}dx$$

可能使用下面的语句:

```
f = inline('sin(x)/x')
Q = quadtx(f,0,pi)
```

不幸的是, 这将导致在计算 f(0) 时出现除以 0 的出错信息, 并且最终产生递归限制错误。一种补救的办法是, 将积分的下限由 0 变为最小的正浮点数 realmin。

```
Q = quadtx(f,realmin,pi)
```

因为被积函数绝对值小于1, 且被忽略的区间长度小于 10^{-300}, 所以由改变积分下限而带来的误差比舍入误差小很多个数量级。

另一种补救措施是使用 M 文件, 而不是内嵌函数。创建包含下面程序的文件 sinc.m:

```
function f = sinc(x)
if x == 0
   f = 1;
else
   f = sin(x)/x;
end
```

然后使用函数句柄计算积分

```
Q = quadtx(@sinc,0,pi)
```

将不会出现任何困难。

经常会遇到依赖于参数的积分, 一个例子是 β 函数, 它定义为

$$\beta(z,w) = \int_0^1 t^{z-1}(1-t)^{w-1}dt$$

MATLAB 中已实现了一个现成的 β 函数, 但我们可以以它为例说明如何处理积分中的参数。创建一个带三个参数的内嵌函数。

```
F = inline('t^(z-1)*(1-t)^(w-1)','t','z','w')
```

或者创建一个 M 文件:

```
function f = betaf(t,z,w)
f = t^(z-1)*(1-t)^(w-1)
```

并将其命名为 `betaf.m`。

就像任何函数一样，参数的顺序是很重要的。定义被积函数时，必须让积分变量为其第一个参数。然后给出其他参数的值，作为传递给 `quadtx` 的附加参数。要计算 $\beta(8/3,10/3)$，应该先设

```
z = 8/3;
w = 10/3;
tol = 1.e-6;
```

然后运行命令

```
Q = quadtx(F,0,1,tol,z,w);
```

或

```
Q = quadtx(@betaf,0,1,tol,z,w);
```

MATLAB 的函数通常希望其第一个输入参数为向量化的(vectorized)形式。例如，对于数学表达式

$$\frac{\sin x}{1 + x^2}$$

应该用 MATLAB 的数组记号加以定义。

```
sin(x)./(1 + x.^2)
```

如果省略上式中的两个点，

```
sin(x)/(1 + x^2)
```

其意义为线性代数中的向量运算，就不是这里的要求了。MATLAB 中函数 `vectorize` 可以将一个标量表达式转化为向量，以被用作函数的函数的参数。

许多 MATLAB 的函数调用时要求指定 x 轴的一个区间。从数学上看，区间有两种表达：$a \leq x \leq b$ 或 $[a, b]$。在 MATLAB 中，也有两种表示方式：区间的两端点，可作为两个独立的参数 a 和 b，或者组合为一个向量参数 $[a, b]$。在数值积分函数 quad 和 quadl 中使用的是两个独立参数的形式，而用于求函数零解的 fzero 使用单一的参数，因为一个初始点或者一个二元向量都可以指定区间。下一章将介绍的常微分方程求解器也使用单一参数，因为多元向量可以指定需要在哪些点上计算函数值。最简单的绘图函数 ezplot 可以同时接受两种区间表达方式。

6.5 性能

MATLAB 中 demos 目录下有一个名为 humps 的函数，它用于演示 MATLAB 中绘图、数值积分和方程求根的有关命令。这个函数为

$$h(x) = \frac{1}{(x - 0.3)^2 + 0.01} + \frac{1}{(x - 0.9)^2 + 0.04}$$

输入语句

```
ezplot(@humps,0,1)
```

可以画出 $0 \leq x \leq 1$ 时 $h(x)$ 的曲线图。从图上可以看出，函数在 $x = 0.3$ 处有一个剧烈的尖峰，

在 $x = 0.9$ 处有一个比较缓和的尖峰。

使用 quadgui 函数求解这个问题

```
quadgui(@humps,0,1,1.e-4)
```

从图 6-3 可以看出，按指定的误差阈值，自适应数值积分算法在两个峰值附近计算了被积函数的 93 个点，这些计算点散布于函数的两个峰值附近。

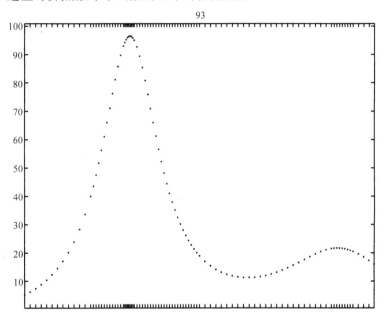

图 6-3　自适应数值积分

使用符号工具箱，有可能对 $h(x)$ 进行解析积分。程序语句

```
syms x
h = 1/((x-.3)^2+.01) + 1/((x-.9)^2+.04) - 6
I = int(h)
```

计算出不定积分：

```
I = 10*atan(10*x-3)+5*atan(5*x-9/2)-6*x
```

语句

```
D = simple(int(h,0,1))
Qexact = double(D)
```

输出定积分表达式

```
D = 5*atan(16/13)+10*pi-6
```

以及它的浮点数值：

```
Qexact = 29.85832539549867
```

数值积分程序按指定的精度计算一个积分所花费的计算量可以通过统计被积函数的求值次数来衡量。下面是一个涉及 humps 函数和 quadtx 程序的实验：

```
for k = 1:12
   tol = 10^(-k);
   [Q,fcount] = quadtx(@humps,0,1,tol);
   err = Q - Qexact;
   ratio = err/tol;
   fprintf('%8.0e %21.14f %7d %13.3e %9.3f\n', ...
      tol,Q,fcount,err,ratio)
end
```

它的运行结果为

tol	Q	fcount	err	err/tol
1.e-01	29.83328444174863	25	-2.504e-02	-0.250
1.e-02	29.85791444629948	41	-4.109e-04	-0.041
1.e-03	29.85834299237636	69	1.760e-05	0.018
1.e-04	29.85832444437543	93	-9.511e-07	-0.010
1.e-05	29.85832551548643	149	1.200e-07	0.012
1.e-06	29.85832540194041	265	6.442e-09	0.006
1.e-07	29.85832539499819	369	-5.005e-10	-0.005
1.e-08	29.85832539552631	605	2.763e-11	0.003
1.e-09	29.85832539549603	1061	-2.640e-12	-0.003
1.e-10	29.85832539549890	1469	2.274e-13	0.002
1.e-11	29.85832539549866	2429	-7.105e-15	-0.001
1.e-12	29.85832539549867	4245	0.000e+00	0.000

175
∼
176

可以看出,随着指定精度阈值的减小,求被积函数值的计算次数在增加,而计算误差在减小。此外,误差总比精度阈值小很多。

6.6 积分离散数据

到目前为止,本章一直在讨论如何计算一个给定函数的定积分。我们假设存在一个 MATLAB 程序,可以计算被积函数在给定区间内任一点上的值,但在许多情况下,这个函数可能仅仅是一个有限的坐标点集合,比如 (x_k, y_k), $k = 1, \cdots, n$。假设给定的 x 坐标按升序排列,即

$$a = x_1 < x_2 < \cdots < x_n = b$$

如何能计算出积分

$$\int_a^b f(x)\,\mathrm{d}x$$

的近似值呢?既然无法在任何点处计算 $y = f(x)$,前面介绍的自适应方法便无法使用。

最容易想到的办法是,对这些数据点进行分段线性插值然后积分。这样得到复合梯形法则(composite trapezoid rule)为

$$T = \sum_{k=1}^{n-1} h_k \frac{y_{k+1} + y_k}{2}$$

其中 $h_k = x_{k+1} - x_k$。这种梯形法则用一行程序就可以实现。

```
T = sum(diff(x).*(y(1:end-1)+y(2:end))/2)
```

MATLAB 函数 trapz 是另一种程序实现方式。

图6-4显示了一个 x 坐标间隔均匀的例子。

```
x = 1:6
y = [6  8  11  7  5  2]
```

对这些数据，复合梯形法则得到的积分结果为

```
T = 35
```

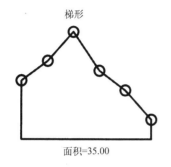
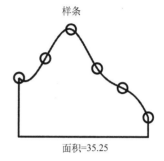

图 6-4　积分离散数据

在实际中，复合梯形法则通常就足够好了，不需要考虑更复杂的方法。不过，基于更高阶插值的方法，能给出积分的其他近似值。只不过若没有关于原始数据的更多信息，我们也不可能确定它们是否"更准确"。

回忆前面介绍的插值函数 spline 和 pchip，它们都基于埃尔米特插值公式：

$$P(x) = \frac{3hs^2 - 2s^3}{h^3}y_{k+1} + \frac{h^3 - 3hs^2 + 2s^3}{h^3}y_k$$
$$+ \frac{s^2(s-h)}{h^2}d_{k+1} + \frac{s(s-h)^2}{h^2}d_k$$

其中 $x_k \leqslant x \leqslant x_{k+1}$，$s = x - x_k$，且 $h = h_k$。这是一个 s 的三次多项式，因此也是 x 的三次多项式。它满足四个插值条件，即两个关于函数值、两个关于函数的导数值：

$$P(x_k) = y_k, P(x_{k+1}) = y_{k+1}$$
$$P'(x_k) = d_k, P'(x_{k+1}) = d_{k+1}$$

其中斜率 d_k 由 splinetx 或 pchiptx 计算。

习题 6-20 要求读者证明

$$\int_{x_k}^{x_{k+1}} P(x)\,\mathrm{d}x = h_k\frac{y_{k+1} + y_k}{2} - h_k^2\frac{d_{k+1} - d_k}{12}$$

因此有

$$\int_a^b P(x)\,\mathrm{d}x = T - D$$

其中 T 是复合梯形法则算出的值，

$$D = \sum_{k=1}^{n-1} h_k^2\frac{d_{k+1} - d_k}{12}$$

而 D 是对复合梯形法则的更高阶修正量，它使用由 splinetx 或 pchiptx 计算出的斜率。

如果 x 坐标是等间距的，上述求和中的大多数项将相互抵消，D 就变成一个仅含第一个

和最后一个斜率的简单端点修正式(end correction):

$$D = h^2 \frac{d_n - d_1}{12}$$

对于图 6-4 中的采样点,按线性插值得到的积分结果(即曲线下面积)为 35.00,而样条插值得到的结果为 35.25。我们没有显示采用保形埃尔米特插值的情况,它的积分结果为 35.41667。积分过程实际上削弱了采用不同插值函数所造成的差异,因此虽然采用三种插值得到的函数图像可能形状不同,但由它们得到的积分近似值通常都非常接近。

6.7 更多阅读资料

关于程序 quad 和 quadl 的背景,请参考 Gander 和 Gautschi 写的论文[23]。

习题

6.1 使用命令 quadgui 按给定的精度阈值计算下列函数在给定区间上的积分。对每个问题需要计算多少次函数值? 计算函数值的位置集中在什么地方?

$f(x)$	a	b	tol
humps(x)	0	1	10^{-4}
humps(x)	0	1	10^{-6}
humps(x)	-1	2	10^{-4}
$\sin x$	0	π	10^{-8}
$\cos x$	0	$(9/2)\pi$	10^{-6}
$\sqrt{x}$	0	1	10^{-8}
$\sqrt{x}\log x$	eps	1	10^{-8}
$\tan(\sin x) - \sin(\tan x)$	0	π	10^{-8}
$1/(3x-1)$	0	1	10^{-4}
$t^{8/3}(1-t)^{10/3}$	0	1	10^{-8}
$t^{25}(1-t)^2$	0	1	10^{-8}

6.2 将 Q 表示为从 $f(a)$ 到 $f(e)$ 的五个函数值的加权求和的形式,并证明它有六阶准确度(见 6.2 节)。

6.3 n 个等间距点的复合梯形积分法则为

$$T_n(f) = \frac{h}{2}f(a) + h\sum_{k=1}^{n-2} f(a+kh) + \frac{h}{2}f(b)$$

其中

$$h = \frac{b-a}{n-1}$$

设不同的 n 值,用 $T_n(f)$ 的公式计算积分

$$\pi = \int_{-1}^{1} \frac{2}{1+x^2}dx$$

以得到 π 的近似值。计算的准确度如何随 n 的取值而变化?

6.4 设不同的精度阈值,通过 quadtx 计算积分

$$\pi = \int_{-1}^{1} \frac{2}{1+x^2}dx$$

来近似 π。随着阈值的不同,结果的准确度和函数值的计算次数如何变化?

6.5 使用符号工具箱求积分

$$\int_0^1 \frac{x^4(1-x)^4}{1+x^2}dx$$

(a) 看到这个积分，你是否想起哪个著名的近似公式？

(b) 对这个积分的数值计算有什么困难吗？

6.6 误差函数 $\text{erf}(x)$ 用积分

$$\text{erf}(x) = \frac{2}{\sqrt{\pi}}\int_0^x e^{-x^2}dx$$

来定义。使用程序 quadtx 计算 $x = 0.1, 0.2, \cdots, 1.0$ 对应的 $\text{erf}(x)$，并将其与 MATLAB 内部函数 erf(x) 得到的结果进行比较。

6.7 β 函数 $\beta(z,w)$ 由积分

$$\beta(z,w) = \int_0^1 t^{z-1}(1-t)^{w-1}dt$$

定义。请自己编写一个 M 文件 mybeta，使用 quadtx 计算 $\beta(z,w)$。将它的结果与 MATLAB 内部函数 beta(z, w) 作比较。

6.8 函数 $\Gamma(x)$ 由积分

$$\Gamma(x) = \int_0^\infty t^{x-1}e^{-t}dt$$

定义。用数值积分方法来计算 $\Gamma(x)$ 可能既效率不高又不可靠。困难主要在于无限的积分区间和被积函数值的变化范围太大。

请编写一个 M 文件 mygamma，使用 quadtx 计算 $\Gamma(x)$，将它的结果与 MATLAB 内部函数 gamma(x) 作比较。对什么样的 x，你所编写的函数运行速度快且准确？对什么样的 x，它的运行速度慢且结果不可靠呢？

6.9 (a) 积分

$$\int_0^{4\pi} \cos^2 x dx$$

的精确值是多少？

(b) 用 quadtx 计算这个积分会怎样？为什么它的结果是错的？

(c) 函数 quad 如何能克服这个困难？

6.10 (a) 用 ezplot 命令画出 $x\sin\frac{1}{x}$ 在区间 $0 \leqslant x \leqslant 1$ 上的图形。

(b) 使用符号工具箱计算

$$\int_0^1 x\sin\frac{1}{x}dx$$

(c) 如果执行命令

```
quadtx(inline('x*sin(1/x)'),0,1)
```

会怎么样？

(d) 怎样才能克服上面出现的困难？

6.11 (a) 用 ezplot 命令画出 x^x 在区间 $0 \leqslant x \leqslant 1$ 上的图形。

(b) 如果用符号工具箱来计算积分

$$\int_0^1 x^x dx$$

的解析表达式, 会发生什么?

(c) 尽你所能, 求出这个积分最准确的数值结果。

(d) 得到的结果的误差是什么?

6.12 令

$$f(x) = \log(1+x)\log(1-x)$$

(a) 用 ezplot 命令画出区间 $-1 \leqslant x \leqslant 1$ 上 $f(x)$ 的图形。

(b) 用符号工具箱计算积分

$$\int_{-1}^{1} f(x) \, \mathrm{d}x$$

的解析表达式。

(c) 计算由(b)得到的解析表达式的数值结果。

(d) 若用命令

```
quadtx(inline('log(1+x)*log(1-x)'),-1,1)
```

进行数值积分, 会发生什么?

(e) 如何解决上面出现的困难? 验证你的答案。

(f) 在使用 quadtx 和(e)中的办法时, 设置各种精度阈值, 画出不同阈值的误差曲线, 以及不同阈值的函数求值次数曲线。

6.13 令

$$f(x) = x^{10} - 10x^8 + 33x^6 - 40x^4 + 16x^2$$

(a) 用 ezplot 命令画出区间 $-2 \leqslant x \leqslant 2$ 上 $f(x)$ 的图形。

(b) 用符号工具箱计算积分

$$\int_{-2}^{2} f(x) \, \mathrm{d}x$$

的解析表达式。

(c) 计算这个解析表达式的数值结果。

(d) 若用命令

```
F = inline('x^10-10*x^8+33*x^6-40*x^4+16*x^2')
quadtx(F,-2,2)
```

进行数值积分, 会发生什么? 为什么?

(e) 如何解决上面出现的困难?

6.14 (a) 用函数 quadtx 计算

$$\int_{-1}^{2} \frac{1}{\sin(\sqrt{|t|})} \mathrm{d}t$$

(b) 为什么在上述命令执行过程中, 没有在 $t = 0$ 处出现除以零的问题?

6.15 定积分有时有这样的性质: 被积函数在一个或两个区间端点上的值无穷大, 但定积分自身的值还是有限的。换句话说, $\lim_{x \to a} |f(x)| = \infty$ 或 $\lim_{x \to b} |f(x)| = \infty$, 但积分

$$\int_{a}^{b} f(x) \, \mathrm{d}x$$

存在且为有限值。

(a) 修改程序 quadtx, 使得当 $f(a)$ 或 $f(b)$ 被检测到为无穷大时, 输出一条合适的警

告信息, 然后在非常靠近 a 或 b 的一个点上重新计算 $f(x)$。这样做让自适应积分算法可以执行下去, 并可能收敛(你可能想知道 quad 命令是如何做的)。

(b) 寻找一个例子, 它让上面的警告信息出现, 但却有有限的积分结果。

6.16 (a) 修改程序 quadtx, 使得当计算函数值的次数超过 10 000 次时, 终止递归程序, 并显示一条适当的警告信息。保证这个警告信息仅显示一次。

(b) 找一个例子使上面的警告信息出现。

6.17 MATLAB 函数 quadl 采用的自适应数值积分算法基于比辛普森法更高阶的方法。因此对光滑函数求积分时, quadl 仅计算较少的函数值就能达到指定的准确度。这个函数名字中的"l"源于 Lobatto 数值积分, 它使用不等间距的点来获得更高阶的准确度。quadl 中所用的 Lobatto 公式为下面的形式:

$$\int_{-1}^{1} f(x)\,\mathrm{d}x = w_1 f(-1) + w_2 f(-x_1) + w_2 f(x_1) + w_1 f(1)$$

这个公式的对称性, 使得它对于奇数次的单项式 $f(x) = x^p (p = 1, 3, 5, \cdots)$ 完全准确。若要求它对偶数次的 x^0、x^2 和 x^4 也准确, 则得到带三个变量 w_1、w_2 和 x_1 的三个非线性方程。除了这个基本的 Lobatto 规则外, quadl 还使用了更高阶的 Kronrod 规则, 其包含了其他横坐标 x_k 和权重 w_k。

(a) 推导关于 Lobatto 参数 w_1、w_2 和 x_1 的方程, 并求解它们。

(b) 在文件 quadl.m 中找到这些值的位置。

6.18 令

$$E_k = \int_0^1 x^k \mathrm{e}^{x-1}\,\mathrm{d}x$$

(a) 证明

$$E_0 = 1 - 1/\mathrm{e}$$

和

$$E_k = 1 - k E_{k-1}$$

(b) 假设我们要计算 $n = 20$ 时的 $E_1, \cdots, E_n$, 下面哪种方法速度最快、最准确?

- 对每个 k, 用 quadtx 计算 E_k。
- 使用向前递归:

$$E_0 = 1 - 1/\mathrm{e}$$
$$k = 2, \cdots, n, E_k = 1 - k E_{k-1}$$

- 使用向后递归, 开始于 $N = 32$, 并给 E_N 赋予一个完全不准的值:

$$E_N = 0$$
$$k = N, \cdots, 2, E_{k-1} = (1 - E_k)/k$$
$$\text{忽略掉 } E_{n+1}, \cdots, E_N$$

6.19 杂志 *SIAM News* 的 2002 年一/二月期上刊登了牛津大学 Nick Trefethen 教授的一篇文章, 题目为"A Hundred-dollar, Hundred-digit Challenge"(一百美元/一百位数字的挑战)[58]。Trefethen 教授所说的挑战包括 10 个数值计算问题, 每个问题的答案都是一个实数。他要求计算出每个答案的前 10 位有效数字, 而计算出最多正确位数的人或研究组将得到 100 美元的奖金。来自 25 个国家的 94 支团队参加了这项计算工作, 结果大大出乎 Trefethen 教授的预料。20 支队伍得到了完美的 100 分, 另外还有 5 支队伍

182

得了 99 分。最近，一本相关的后续书已经出版了[10]。

Trefethen 教授的第一个问题是计算

$$T = \lim_{\varepsilon \to 0} \int_{\varepsilon}^{1} x^{-1} \cos(x^{-1} \log x) \, dx$$

的值。

(a) 为什么我们不能简单地写几行程序，用某个 MATLAB 中的数值积分函数来计算这个积分？

下面是能计算出 T 的若干位有效数字的一种方法。将要求的积分表示为区间上的积分无限和的形式，且每个区间上被积函数的正负号不发生变化：

$$T = \sum_{k=1}^{\infty} T_k$$

其中

$$T_k = \int_{x_k}^{x_{k-1}} x^{-1} \cos(x^{-1} \log x) \, dx$$

这里 $x_0 = 1$，并且对 $k > 0$，x_k 为方程 $\cos(x^{-1} \log x) = 0$ 顺序排列的根，其顺序为 $x_1 > x_2 > \cdots$。换句话说，对 $k > 0$，x_k 满足方程

$$\frac{\log x_k}{x_k} = -\left(k - \frac{1}{2}\right)\pi$$

你可以用某个函数零值求解器如 `fzerotx` 或 `fzero` 来计算 x_k。如果能使用符号工具箱，也可以用 `lambertw` 计算出 x_k。对每个 x_k，可用 `quadtx`、`quad` 或 `quadl` 计算数值积分 T_k。由于 T_k 为交替的正数和负数，所以这个级数的部分项和可能大于或者小于无限项的极限值。而且，相比单个部分项和，两个相继部分项和的平均值更接近最终结果。

(b) 在可接受的时间内，用这个方法尽可能准确地计算出 T。尝试算出至少四位或五位准确的有效数字，也可以算出更多位。对每个结果，估计它的准确性。

(c) 研究在上述计算中，如何使用 Aitken 的 δ^2 加速方法：

$$\tilde{T}_k = T_k - \frac{(T_{k+1} - T_k)^2}{T_{k+1} - 2T_k + T_{k-1}}$$

6.20 证明埃尔米特插值多项式

$$P(s) = \frac{3hs^2 - 2s^3}{h^3} y_{k+1} + \frac{h^3 - 3hs^2 + 2s^3}{h^3} y_k$$
$$+ \frac{s^2(s-h)}{h^2} d_{k+1} + \frac{s(s-h)^2}{h^2} d_k$$

在一个子区间上的积分为

$$\int_0^h P(s) \, ds = h \frac{y_{k+1} + y_k}{2} - h^2 \frac{d_{k+1} - d_k}{12}$$

6.21 (a) 将程序 `splinetx` 和 `pchiptx` 分别修改为 `splinequad` 和 `pchipquad`，使它们分别采用样条和 pchip 插值对离散数据进行积分。

(b) 用你编写的程序以及 `trapz`，对下面的离散数据进行积分：

```
x = 1:6
y = [6  8  11  7  5  2]
```

（c）用你编写的程序以及 trapz，近似地计算积分

$$\int_0^1 \frac{4}{1+x^2}\mathrm{d}x$$

这里，需先用语句

```
x = round(100*[0 sort(rand(1,6)) 1])/100
y = round(400./(1+x.^2))/100
```

随机生成一些离散数据点。如果采样点无限多且每个点的值无限准确，那么积分结果都等于 π。但这里我们仅用 8 个点，每个点也仅是两位精度的十进制数。

6.22　下面的程序使用样条工具箱（Spline Toolbox）中的函数，请问它的功能是什么？

```
x = 1:6
y = [6  8  11  7  5  2]
for e = ['c','n','p','s','v']
    disp(e)
    ppval(fnint(csape(x,y,e)),x(end))
end
```

184

6.23　你的手有多大？图 6-5 显示了采用三种方法计算习题 3.3 中数据围成区域的面积。

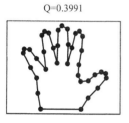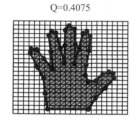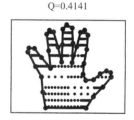

图 6-5　手的面积

（a）多边形的面积。用直线连接相邻的两个数据点，然后连接最后一点和第一个点。如果这个过程中没有线相交，则结果为一个含 n 个顶点 (x_i, y_i) 的多边形。一个经典但鲜为人知的事实是，这个多边形的面积为

$$(x_1y_2 - x_2y_1 + x_2y_3 - x_3y_2 + \cdots + x_ny_1 - x_1y_n)/2$$

如果 x 和 y 均为列向量，则可以在 MATLAB 中用一行命令计算：

```
(x'*y([2:n 1]) - x([2:n 1])'*y)/2
```

（b）简单数值积分。MATLAB 中可以用函数 inpolygon 确定平面点集中哪些点包含于给定的多边形区域。这个多边形由包含顶点坐标的两个数组 x 和 y 指定，而平面点集可以是一个间距为 h 的二维正方形网格。

```
[u,v] = meshgrid(xmin:h:xmax,ymin:h:ymax)
```

程序语句

```
k = inpolygon(u,v,x,y)
```

返回一个和 u、v 长度一致的数组，多边形内的点对应位置上元素值为 1，而多边形外的点对应值为 0。多边形区域内点的数目也就是 k 中非零元素的数目，即

nnz(k)，因此对应网格部分的面积为

```
h^2*nnz(k)
```

（c）二维自适应数值积分。定义区域的特征函数（characteristic function）$\chi(u, v)$，若点 (u, v) 在区域内，$\chi(u, v)$ 就等于 1，否则其值为 0。因此，区域的面积可以表示为

$$\iint \chi(u, v)\, du\, dv$$

当 u 和 v 为标量或长度相等的数组时，可用 MATLAB 中的函数 inpolygon(u, v, x, y) 计算特征函数。由于计算数值积分函数需要它们中一个为标量，另一个为数组，所以我们创建一个包含语句

```
function k = chi(u,v,x,y)
if all(size(u) == 1), u = u(ones(size(v))); end
if all(size(v) == 1), v = v(ones(size(u))); end
k = inpolygon(u,v,x,y);
```

的 M 文件 chi.m。然后，执行命令

```
dblquad(@chi,xmin,xmax,ymin,ymax,tol,[],x,y)
```

就可以得到二维的自适应数值积分。

这是三种方法中效率最低的一个。自适应数值积分希望被积函数相当光滑，但 $\chi(u, v)$ 肯定不光滑。因此，当 tol 小于 10^{-4} 或 10^{-5} 时，需要大量的计算时间。

图 6-5 显示了三种方法估计出的面积，即便使用较大的网格和精度阈值，它们仍能保持大约两位数字的一致性。用你自己的数据进行实验，然后使用适度的计算时间看看三个估计结果的接近程度。

常微分方程

MATLAB 有多种不同函数用于常微分方程的数值求解。本章简要描述这些函数的使用方法并比较它们的效率、精度和一些特殊性能。这些性能比较中，刚性(stiffness)这一微妙的概念扮演了重要的角色。

7.1　微分方程求积

常微分方程的初值问题(initial value problem)就是寻找满足

$$\frac{\mathrm{d}y(t)}{\mathrm{d}t} = f(t, y(t))$$

和初始条件

$$y(t_0) = y_0$$

的函数 $y(t)$。对这个问题进行数值求解，就是生成一系列自变量 $t_0, t_1, \cdots$ 和对应的因变量 y_0, $y_1, \cdots$，使得每个 y_n 近似等于 t_n 处的函数值：

$$y_n \approx y(t_n), n = 0, 1, \cdots$$

现代的数值方法都可以自动地确定步长

$$h_n = t_{n+1} - t_n$$

这样，数值解的估计误差就可以用一个指定的阈值加以控制。

微积分的基本理论给出了微分方程和积分之间的重要联系：

$$y(t+h) = y(t) + \int_t^{t+h} f(s, y(s)) \mathrm{d}s$$

这里不能直接使用数值求积的方法近似求出这个积分，因为函数 $y(s)$ 未知，所以无法计算被积函数。但是，基本的思路仍然是选择一系列不同的 h，然后用这个公式产生需要的数值解。

有一种特殊情况值得注意，那就是 $f(t, y)$ 仅仅是 t 的函数。此时，这个简单的微分方程就可以通过一系列求积分过程来获得数值解。

$$y_{n+1} = y_n + \int_{t_n}^{t_{n+1}} f(s) \mathrm{d}s$$

在本章中，将经常使用变量上方加"点"来表示它的各阶导数：

$$\dot{y} = \frac{\mathrm{d}y(t)}{\mathrm{d}t}, \ddot{y} = \frac{\mathrm{d}^2 y(t)}{\mathrm{d}t^2}$$

7.2　方程组

许多问题的数学模型会涉及不止一个未知函数，以及二阶或更高阶的导数。这些模型可以通过把 $y(t)$ 看成时间 t 的向量值函数加以处理，向量值函数的每个分量代表一个未知函数或者它的一阶导数。MATLAB 的向量符号在这里非常方便使用。

例如，可以把一个描述谐波振荡器(harmonic oscillator)的二阶微分方程

$$\ddot{x}(t) = -x(t)$$

变为两个一阶方程。设向量值函数 $y(t)$ 包括两个分量：$x(t)$ 及其一阶导数 $\dot{x}(t)$。

$$y(t) = \begin{bmatrix} x(t) \\ \dot{x}(t) \end{bmatrix}$$

用这个向量，原始的微分方程可表示为

$$\dot{y}(t) = \begin{bmatrix} \dot{x}(t) \\ -x(t) \end{bmatrix}$$

$$= \begin{bmatrix} y_2(t) \\ -y_1(t) \end{bmatrix}$$

MATLAB 中用于定义微分方程的函数，将 t 和 y 作为输入参数，返回一个列向量 $f(t, y)$。针对谐波振荡器的例子，这个函数可以是包含下面语句的 M 文件：

```
function ydot = harmonic(t,y)
ydot = [y(2); -y(1)]
```

另一种表达是使用内嵌函数，其中包含矩阵相乘运算

```
f = inline('[0 1; -1 0]*y','t','y');
```

或者，也可使用匿名函数

```
f = @(t,y) [0 1; -1 0]*y
```

无论哪种情况，都必须把变量 t 作为第一个参数，即便它并没有显式地出现在微分方程中。

下面是一个稍微复杂一点的例子——二体问题（two-body problem）。它描述的是一个物体被另一个质量远大于自己的物体吸引着做轨道运动的情形。以质量较大的物体的中心为原点，笛卡儿坐标系中两个坐标 $u(t)$ 和 $v(t)$ 满足的方程为

$$\ddot{u}(t) = -u(t)/r(t)^3$$
$$\ddot{v}(t) = -v(t)/r(t)^3$$

其中

$$r(t) = \sqrt{u(t)^2 + v(t)^2}$$

向量 $y(t)$ 有四个分量：

$$y(t) = \begin{bmatrix} u(t) \\ v(t) \\ \dot{u}(t) \\ \dot{v}(t) \end{bmatrix}$$

微分方程表示为

$$\dot{y}(t) = \begin{bmatrix} \dot{u}(t) \\ \dot{v}(t) \\ -u(t)/r(t)^3 \\ -v(t)/r(t)^3 \end{bmatrix}$$

这个例子对应的 MATLAB 函数为

```
function ydot = twobody(t,y)
r = sqrt(y(1)^2 + y(2)^2);
ydot = [y(3); y(4); -y(1)/r^3; -y(2)/r^3];
```

可以更简洁地写成

```
function ydot = twobody(t,y)
ydot = [y(3:4); -y(1:2)/norm(y(1:2))^3]
```

尽管使用了向量操作，但上面第二个 M 文件在效率上并不比第一个有明显的提高。

7.3 线性化的微分方程

一个微分方程的解在任意一点 (t_c, y_c) 附近的局部性质可以通过 $f(t,y)$ 的二维泰勒展开加以分析：

$$f(t,y) = f(t_c, y_c) + \alpha(t - t_c) + J(y - y_c) + \cdots$$

其中

$$\alpha = \frac{\partial f}{\partial t}(t_c, y_c), J = \frac{\partial f}{\partial y}(t_c, y_c)$$

这个展开中最重要的项是涉及雅可比矩阵 J 的项。对于一个含 n 个分量的微分方程系统，

$$\frac{\mathrm{d}}{\mathrm{d}t}\begin{bmatrix} y_1(t) \\ y_2(t) \\ \vdots \\ y_n(t) \end{bmatrix} = \begin{bmatrix} f_1(t, y_1, \cdots, y_n) \\ f_2(t, y_1, \cdots, y_n) \\ \vdots \\ f_n(t, y_1, \cdots, y_n) \end{bmatrix}$$

雅可比矩阵是由偏导数组成的 $n \times n$ 矩阵：

$$J = \begin{bmatrix} \dfrac{\partial f_1}{\partial y_1} & \dfrac{\partial f_1}{\partial y_2} & \cdots & \dfrac{\partial f_1}{\partial y_n} \\ \dfrac{\partial f_2}{\partial y_1} & \dfrac{\partial f_2}{\partial y_2} & \cdots & \dfrac{\partial f_2}{\partial y_n} \\ \vdots & \vdots & & \vdots \\ \dfrac{\partial f_n}{\partial y_1} & \dfrac{\partial f_n}{\partial y_2} & \cdots & \dfrac{\partial f_n}{\partial y_n} \end{bmatrix}$$

雅可比矩阵对函数局部性质的影响，可以通过求解线性常微分方程组

$$\dot{y} = Jy$$

来加以说明。令矩阵 J 的特征值为 $\lambda_k = \mu_k + i v_k$，$\Lambda = \mathrm{diag}(\lambda_k)$ 表示由特征值组成的对角阵。如果存在对应的一组线性无关的特征向量 V，那么

$$J = V\Lambda V^{-1}$$

通过线性变换

$$Vx = y$$

可以把局部的方程系统转化为一组关于 x 独立分量的解耦方程：

$$\dot{x}_k = \lambda_k x_k$$

方程组的解为

$$x_k(t) = e^{\lambda_k(t - t_c)} x(t_c)$$

对于单独分量 $x_k(t)$，当 λ_k 为正数时，它的值随时间 t 的增大而增大；当 λ_k 为负值时，它的值则随时间的增大而减小；当 v_k 非零时，函数曲线会出现振荡。而局部解 $y(t)$ 的各分量，则是这些特性函数的线性组合。

以谐波振荡器为例，

$$\dot{y} = \begin{bmatrix} 0 & 1 \\ -1 & 0 \end{bmatrix} y$$

是一个线性系统，其雅可比矩阵非常简单，为

$$J = \begin{bmatrix} 0 & 1 \\ -1 & 0 \end{bmatrix}$$

190 矩阵 J 的特征值是 $\pm i$，则方程的解仅仅是 e^{it} 和 e^{-it} 两个振荡函数的线性组合。

一个非线性的例子是二体问题，其方程为

$$\dot{y}(t) = \begin{bmatrix} y_3(t) \\ y_4(t) \\ -y_1(t)/r(t)^3 \\ -y_2(t)/r(t)^3 \end{bmatrix}$$

其中

$$r(t) = \sqrt{y_1(t)^2 + y_2(t)^2}$$

在习题7.8中，要求读者证明这个系统的雅可比矩阵是

$$J = \frac{1}{r^5} \begin{bmatrix} 0 & 0 & r^5 & 0 \\ 0 & 0 & 0 & r^5 \\ 2y_1^2 - y_2^2 & 3y_1 y_2 & 0 & 0 \\ 3y_1 y_2 & 2y_2^2 - y_1^2 & 0 & 0 \end{bmatrix}$$

可以证明，J 的特征值仅依赖于半径 $r(t)$：

$$\lambda = \frac{1}{r^{3/2}} \begin{bmatrix} \sqrt{2} \\ i \\ -\sqrt{2} \\ -i \end{bmatrix}$$

可以看出，其中一个特征值是正实数，因此对应解的一个分量呈增加态势。另一个特征值是负实数，对应一个衰减的分量。还有两个纯虚数的特征值，对应两个振荡分量。然而，这个非线性系统的整体特性非常复杂，无法用这样的局部线性分析来描述。

7.4　单步法

对于初值问题，最简单的数值方法是欧拉法。它采用固定的步长 h 通过公式

$$y_{n+1} = y_n + hf(t_n, y_n)$$
$$t_{n+1} = t_n + h$$

计算近似解。MATLAB 的程序用到起始点 t0、终点 tfinal、函数初值 y0、步长 h 以及一个 inline 函数或者函数句柄 f，主循环为

```
t = t0;
y = y0;
while t <= tfinal
    y = y + h*feval(f,t,y)
    t = t + h
end
```

191

如果 y0 是向量而且 f 也返回一个向量，上面的方法就可以很好地运行。

欧拉法中对 $f(t)$ 积分使用的是矩形公式，被积函数只在求积区间的左端点被计算一次。所以当 $f(t)$ 为常数时该方法是精确的，而当 $f(t)$ 为线性时则不然，并且误差和 h 成比例。所以为了获得一定位数的精度需要选很小的步长。然而在我们看来，欧拉法本身最大的缺点是没有提供误差估计方法，也就是无法自动确定步长来得到期望的精度。

如果在欧拉法基础上再增加一次函数求值，则可能得到一个解决办法。类似于积分中的中点公式和梯形公式，这里也有两种选择。类比中点公式，先用欧拉法计算区间的一半，在中点处估算函数值，然后再用这里的斜率进行实际的一步计算：

$$s_1 = f(t_n, y_n)$$
$$s_2 = f\left(t_n + \frac{h}{2}, y_n + \frac{h}{2}s_1\right)$$
$$y_{n+1} = y_n + hs_2$$
$$t_{n+1} = t_n + h$$

类比梯形公式，先用欧拉法试探性地计算区间终点处的函数值，然后取区间起点和终点两处斜率的平均进行实际的一步计算：

$$s_1 = f(t_n, y_n)$$
$$s_2 = f(t_n + h, y_n + hs_1)$$
$$y_{n+1} = y_n + h\frac{s_1 + s_2}{2}$$
$$t_{n+1} = t_n + h$$

如果同时使用这两个方法，它们会产生两个不同的 y_{n+1} 的值，这两个值的差可以作为误差估计从而自动选择步长。此外，这两个值的外推组合将比它们中的任何一个都具有更高的准确性。

继续上述方法，我们就得到了求解常微分方程单步法（single-step method）的主要思想。对 t_n 和 t_{n+1} 之间的几个不同 t 值估算函数 $f(t)$，然后由这些 f 值的线性组合加上 y_n 得到需要的 y 值。在实际的计算中，这一步往往采用另一种函数值的线性组合。现代的单步法使用这些函数值的另一种不同线性组合，来进行误差估计和确定步长。

单步法通常称为龙格－库塔方法（Runge-Kutta method），由两位德国的应用数学家在 1905 年左右首先提出。经典的龙格－库塔方法在计算机发明前的手动计算中广为使用，并在今天仍然流行，它每步使用四个函数估值：

$$s_1 = f(t_n, y_n)$$
$$s_2 = f\left(t_n + \frac{h}{2}, y_n + \frac{h}{2}s_1\right)$$
$$s_3 = f\left(t_n + \frac{h}{2}, y_n + \frac{h}{2}s_2\right)$$
$$s_4 = f(t_n + h, y_n + hs_3)$$
$$y_{n+1} = y_n + \frac{h}{6}(s_1 + 2s_2 + 2s_3 + s_4)$$
$$t_{n+1} = t_n + h$$

如果 $f(t, y)$ 和 y 无关，那么上式中有 $s_2 = s_3$，该方法退化为辛普森求积公式。

经典的龙格－库塔方法本身并不提供误差估计，然而有时可以使用步长 h 和 $h/2$ 分别计

192

算得到一个误差估计，但现在有了更有效的方法。

MATLAB 中的几个常微分方程求解程序，包括本章后面介绍的一些方法，都是单步法或龙格－库塔法。一般地，单步法可由一组参数 $\alpha_i, \beta_{i,j}, \gamma_i$ 和 δ_i 来描述，计算可分为 k 个阶段。在每一阶段，对一个特定的 t，通过计算 $f(t,y)$ 得到斜率 s_i，其中 y 根据已求得的斜率的线性组合计算：

$$s_i = f\left(t_n + \alpha_i h, y_n + h\sum_{j=1}^{i-1}\beta_{i,j}s_j\right), i = 1,\cdots,k$$

当前步的计算也使用这些斜率的线性组合：

$$y_{n+1} = y_n + h\sum_{i=1}^{k}\gamma_i s_i$$

同时，通过另一个斜率的线性组合来估计当前步的计算误差：

$$e_{n+1} = h\sum_{i=1}^{k}\delta_i s_i$$

如果误差小于指定的阈值，那么这一步成功结束并得到新的 y_{n+1}，否则失败，y_{n+1} 被放弃。这两种情况下，估计的误差都用来计算下一步的步长 h。

这些方法的参数由斜率的泰勒展开式中的项得到，泰勒展开式中包含 h 的幂和 $f(t,y)$ 不同偏导数的积。一种方法的阶数(order)是其中最小不匹配的 h 的次数。可以证明，包含一、二、三、四个阶段的方法对应阶数分别为一、二、三、四，但五阶方法的计算包含了六个阶段。最经典的龙格－库塔方法有四个阶段，其阶数为四。

MATLAB 中常微分方程的求解程序多是以 odennxx 的形式命名，其中数字 nn 表示对应数值方法的阶数，而 xx 代表了该方法的某些特殊属性，可以没有。如果误差估计是通过不同阶方法的比较得到的，则数字 nn 代表这些阶数。例如，ode45 通过比较一个四阶公式和一个五阶公式进行误差估计。

7.5 BS23 算法

本书的函数 ode23tx 是 MATLAB 中 ode23 函数的简化版本。该算法由 Bogachi 和 Shampine 提出[9, 50]。函数名中的"23"表明它同时包括二阶和三阶两个单步公式。

该方法的计算分三个阶段，但有四个斜率 s_i，因为除了第一步以外，s_1 和上一步的 s_4 总是相同的。该算法的关键步骤如下：

$$s_1 = f(t_n, y_n)$$
$$s_2 = f\left(t_n + \frac{h}{2}, y_n + \frac{h}{2}s_1\right)$$
$$s_3 = f\left(t_n + \frac{3}{4}h, y_n + \frac{3}{4}hs_2\right)$$
$$t_{n+1} = t_n + h$$
$$y_{n+1} = y_n + \frac{h}{9}(2s_1 + 3s_2 + 4s_3)$$
$$s_4 = f(t_{n+1}, y_{n+1})$$
$$e_{n+1} = \frac{h}{72}(-5s_1 + 6s_2 + 8s_3 - 9s_4)$$

图 7-1 显示了算法开始的情形，以及后续的三个阶段。计算由点 (t_n, y_n) 开始，已知初始

斜率 $s_1 = f(t_n, y_n)$ 和一个估计的步长 h。而我们的目标是得到 $t_{n+1} = t_n + h$ 处的近似解 y_{n+1}，使它在要求的误差范围内近似准确值 $y(t_{n+1})$。

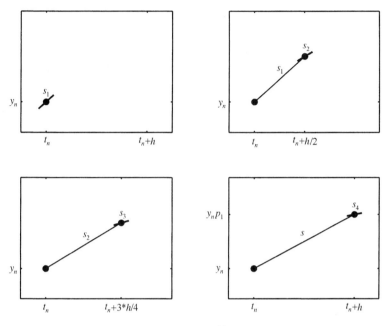

图 7-1　BS23 算法

第一阶段使用初始斜率 s_1 与欧拉法向前推进区间的一半，在区间中点处计算函数值得到第二个斜率 s_2。使用该斜率与欧拉法从起点开始向前推进区间的四分之三，然后再次求函数值得到第三个斜率 s_3。对这三个斜率进行加权平均：

$$s = \frac{1}{9}(2s_1 + 3s_2 + 4s_3)$$

使用它进行横跨整个区间的计算得到 y_{n+1} 的一个试验值，然后再对 f 函数求值得到 s_4。误差估计用到所有这四个斜率：

$$e_{n+1} = \frac{h}{72}(-5s_1 + 6s_2 + 8s_3 - 9s_4)$$

如果误差满足给定的要求，这一步成功结束，试验值 y_{n+1} 被接受，且 s_4 成为下一步的 s_1，否则 y_{n+1} 被放弃，该步重新开始。这两种情况的误差估计 e_{n+1} 都是下一步选择步长 h 的依据。

`ode23tx` 的第一个输入参数指定了函数 $f(t, y)$，这个参数可以取以下三种不同形式：

- 函数句柄
- 内嵌函数
- 匿名函数（MATLAB 7）

这个函数通常接受两个参数 t 和 y，但不是必需的。函数返回结果为一个包含导数 dy/dt 值的列向量。

`ode23tx` 的第二个输入参数 `tspan` 是一个向量，包含两个分量 `t0` 和 `tfinal`。积分过程在以下区间上进行：

$$t_0 \leqslant t \leqslant t_{\text{final}}$$

参数 tspan 的这种形式是本书例程的简化之一，MATLAB 中的常微分方程求解程序可以对积分区间进行更为灵活的指定。

第三个输入参数是列向量 y0，作为初始值 $y_0 = y(t_0)$。y0 的长度告诉 ode23tx 微分方程组中方程的数目。

第四个参数是可选的，并有两种形式。最简单也最常用的形式，是一个标量数值 rtol，用来作为相对误差的阈值。其默认值是 10^{-3}，如果要获得不同的精度，可以自行设定。该参数的另一种形式，是由 MATLAB 函数 odeset 产生的结构。该函数使用多对参数，来指定 MATLAB 常微分方程求解程序的选项。对于 ode23tx，可以改变三个属性的默认值，包括相对误差的阈值、绝对误差的阈值，以及每一步成功后执行的 M 文件。下面的语句

```
opts = odeset('reltol',1.e-5, 'abstol',1.e-8, ...
             'outputfcn',@myodeplot)
```

创建了一个结构，指定相对误差的阈值为 10^{-5}，绝对误差的阈值为 10^{-8}，输出函数为 myodeplot。

ode23tx 的输出有图形和数值两种形式，不带输出参数的语句为

```
ode23tx(F,tspan,y0);
```

产生解的所有分量的动态图形。带两个参数的语句为

```
[tout,yout] = ode23tx(F,tspan,y0);
```

产生解的数值表格。

7.6 ode23tx

下面详细介绍 ode23tx 的程序代码，首先是序言。

```
function [tout,yout] = ode23tx(F,tspan,y0,arg4,varargin)
%ODE23TX   Solve non-stiff differential equations.
%          Textbook version of ODE23.
%
%   ODE23TX(F,TSPAN,Y0) with TSPAN = [T0 TFINAL]
%   integrates the system of differential equations
%   dy/dt = f(t,y) from t = T0 to t = TFINAL.
%   The initial condition is y(T0) = Y0.
%
%   The first argument, F, is a function handle, an
%   inline object in MATLAB6, or an anonymous function
%   in MATLAB7, that defines f(t,y).  This function
%   must have two input arguments, t and y, and must
%   return a column vector of the derivatives, dy/dt.
%
%   With two output arguments, [T,Y] = ODE23TX(...)
%   returns a column vector T and an array Y where Y(:,k)
%   is the solution at T(k).
%
%   With no output arguments, ODE23TX plots the solution.
%
%   ODE23TX(F,TSPAN,Y0,RTOL) uses the relative error
%   tolerance RTOL instead of the default 1.e-3.
```

```
%
%    ODE23TX(F,TSPAN,Y0,OPTS) where OPTS = ...
%    ODESET('reltol',RTOL,'abstol',ATOL,'outputfcn',@PLTFN)
%    uses relative error RTOL instead of 1.e-3,
%    absolute error ATOL instead of 1.e-6, and calls PLTFN
%    instead of ODEPLOT after each step.
%
%    More than four input arguments, ODE23TX(F,TSPAN,Y0,
%    RTOL,P1,P2,..), are passed on to F, F(T,Y,P1,P2,..).
%
%    ODE23TX uses the Runge-Kutta (2,3) method of
%    Bogacki and Shampine.
%
%    Example
%        tspan = [0 2*pi];
%        y0 = [1 0]';
%        F = '[0 1; -1 0]*y';
%        ode23tx(F,tspan,y0);
%
%    See also ODE23.
```

下面是分析输入参数和初始化内部变量的代码。

```
rtol = 1.e-3;
atol = 1.e-6;
plotfun = @odeplot;
if nargin >= 4 & isnumeric(arg4)
    rtol = arg4;
elseif nargin >= 4 & isstruct(arg4)
    if ~isempty(arg4.RelTol), rtol = arg4.RelTol; end
    if ~isempty(arg4.AbsTol), atol = arg4.AbsTol; end
    if ~isempty(arg4.OutputFcn),
        plotfun = arg4.OutputFcn; end
end
t0 = tspan(1);
tfinal = tspan(2);
tdir = sign(tfinal - t0);
plotit = (nargout == 0);
threshold = atol / rtol;
hmax = abs(0.1*(tfinal-t0));
t = t0;
y = y0(:);

% Initialize output.

if plotit
    feval(plotfun,tspan,y,'init');
else
    tout = t;
    yout = y.';
end
```

197

初始步长的计算是比较棘手的问题，需要对问题的整个规模有一定的理解。

```
s1 = feval(F, t, y, varargin{:});
r = norm(s1./max(abs(y),threshold),inf) + realmin;
h = tdir*0.8*rtol^(1/3)/r;
```

下面是主循环的开始。积分从 $t = t_0$ 处开始，逐渐增大 t 直到 t_{final}，也可以"后退"计算，即 $t_{\text{final}} < t_0$。

```
while t ~= tfinal

    hmin = 16*eps*abs(t);
    if abs(h) > hmax, h = tdir*hmax; end
    if abs(h) < hmin, h = tdir*hmin; end

    % Stretch the step if t is close to tfinal.

    if 1.1*abs(h) >= abs(tfinal - t)
        h = tfinal - t;
    end
```

接下来是实际的计算过程。此时已经计算了第一个斜率 s1，接着计算函数值三次得到另外三个斜率。

```
s2 = feval(F, t+h/2, y+h/2*s1, varargin{:});
s3 = feval(F, t+3*h/4, y+3*h/4*s2, varargin{:});
tnew = t + h;
ynew = y + h*(2*s1 + 3*s2 + 4*s3)/9;
s4 = feval(F, tnew, ynew, varargin{:});
```

下面是误差估计。误差向量的范数，按照绝对误差和相对误差的比进行缩放。使用最小的浮点数 realmin 是为了防止 err 精确值为零。

```
e = h*(-5*s1 + 6*s2 + 8*s3 - 9*s4)/72;
err = norm(e./max(max(abs(y),abs(ynew)),threshold),
        ... inf) + realmin;
```

接下来测试该步是否成功。如果满足要求，就把结果绘出或者输出，否则，放弃结果。

```
if err <= rtol
  t = tnew;
  y = ynew;
  if plotit
    if feval(plotfun,t,y,'');
        break
    end
  else
    tout(end+1,1) = t;
    yout(end+1,:) = y.';
  end
  s1 = s4; % Reuse final function value to start new step.
end
```

得到的误差估计用来计算新的步长。如果当前步成功，那么比值 rtol/err 大于 1，否则小于 1。由于 BS23 是一个三阶的算法，所以会涉及立方根的计算。这意味着容差变化八倍，会引起标准的步长和总的步数变化两倍。其中，数字 0.8 和 5 用来防止步长的过度变化。

```
% Compute a new step size.
h = h*min(5,0.8*(rtol/err)^(1/3));
```

下面是检测奇异性的唯一步骤。

```
    if abs(h) <= hmin
        warning(sprintf( ...
            'Step size %e too small at t = %e.\n',h,t));
        t = tfinal;
    end
end
```

上面的代码结束了主循环。为了完成整个计算过程，可能还需要使用绘图函数。

```
if plotit
    feval(plotfun,[],[],'done');
end
```

7.7 实例

针对下面的内容，请在电脑前坐下并运行 MATLAB。确保 ode23tx 位于当前目录或者 MATLAB 的路径中，从键入下面的代码开始：

```
F = inline('0','t','y');  ode23tx(F,[0 10],1)
```

或

```
F = @(t,y) 0 ;  ode23tx(F,[0 10],1)
```

这会产生初值问题

$$\frac{\mathrm{d}y}{\mathrm{d}t} = 0$$

$$y(0) = 1$$

$$0 \leqslant t \leqslant 10$$

的图形解。显然这个解是一个常值函数 $y(t) = 1$。

199

按住上方向键，再用左方向键改变 0 会得到一些有趣的函数。举一些例子，只改变 0 保留 [0 10] 和 1 不变。

```
F                   Exact solution
0                   1
t                   1+t^2/2
y                   exp(t)
-y                  exp(-t)
1/(1-3*t)           1-log(1-3*t)/3      (有奇异点)
2*y-y^2             2/(1+exp(-2*t))
```

建议读者编写一些自己的例子，比如改变初始条件，增加第四个参数 1.e-6 来改变精度等。

下面来解决一个实际的问题——谐波振荡器，这是一个二阶微分方程。可以写成一对一阶方程组。首先，创建一个内嵌函数来指定这个方程，在 MATLAB 6 中可以使用

```
F = inline('[y(2); -y(1)]','t','y')
```

或者

```
F = inline('[0 1; -1 0]*y','t','y')
```

在 MATLAB 7 中使用

```
F = @(t,y) [y(2); -y(1)];
```

或者

```
F = @(t,y) [0 1; -1 0]*y;
```

然后语句

```
ode23tx(F,[0 2*pi],[1; 0])
```

绘制出两个读者早已熟悉的关于 t 的函数。有两种方法来获得相位平面（phase plane）图。一种是保存输出结果，在计算完成后绘制。

```
[t,y] = ode23tx(F,[0 2*pi],[1; 0])
plot(y(:,1),y(:,2),'-o')
axis([-1.2 1.2 -1.2 1.2])
axis square
```

另一种更有意思的方法是，使用一个在计算过程中绘制结果的函数。MATLAB 提供了一个这种功能的函数 odephas2.m。通过在 odeset 中设置属性结构来使用这个函数。

```
opts = odeset('reltol',1.e-4,'abstol',1.e-6, ...
    'outputfcn',@odephas2);
```

也可以使用自己的绘图函数，大致如下：

```
function flag = phaseplot(t,y,job)
persistent p
if isequal(job,'init')
   p = plot(y(1),y(2),'o','erasemode','none');
   axis([-1.2 1.2 -1.2 1.2])
   axis square
   flag = 0;
elseif isequal(job,'')
   set(p,'xdata',y(1),'ydata',y(2))
   drawnow
   flag = 0;
end
```

然后用

```
opts = odeset('reltol',1.e-4,'abstol',1.e-6, ...
    'outputfcn',@phaseplot);
```

来调用。选择了绘图函数并创建属性结构后，可以使用下面的代码来同时计算和绘制结果。

```
ode23tx(F,[0 2*pi],[1; 0],opts)
```

建议尝试一下不同容差的情况。

使用命令 twobody 测试一下路径中是否存在名为 twobody.m 的 M 文件。没有的话,找到在本章前面出现过的两三行代码,创建该文件。然后输入

```
ode23tx(@twobody,[0 2*pi],[1; 0; 0; 1])
```

上面代码中初始条件的长度,表示解含有四个分量,但图中只显示了三个。为什么? 提示:可以找到窗口工具栏上的 zoom 按钮,放大蓝色的曲线观察。

可以通过改变第四个分量来改变二体问题的初始条件。

```
y0 = [1; 0; 0; 修改此处];
ode23tx(@twobody,[0 2*pi],y0);
```

以质量大的物体为原点,绘制轨迹

```
y0 = [1; 0; 0; 修改此处];
[t,y] = ode23tx(@twobody,[0 2*pi],y0);
plot(y(:,1),y(:,2),'-',0,0,'ro')
axis equal
```

也可以使用其他的数值来代替 2π 作为 tfinal 进行测试。

201

7.8　洛伦茨吸引子

世界上对常微分方程研究最广泛的领域之一是洛伦茨吸引子(Lorenz attractor),它最先由美国 MIT 大学的数学家和气象学家 Edward Lorenz 在 1963 年提出,他的主要研究方向是地球大气的流体流动模型。有关这方面,还可以参考 Colin Sparrow 写的一本极好的书[54]。

下面选择一种稍不寻常的方式来表达洛伦茨方程,其中涉及矩阵的乘积。

$$\dot{y} = Ay$$

向量 y 有三个分量,均为时间 t 的函数:

$$y(t) = \begin{bmatrix} y_1(t) \\ y_2(t) \\ y_3(t) \end{bmatrix}$$

尽管用了上面的形式表述,这个方程也不是一个线性微分方程组。其中 3×3 矩阵 A 的九个元素中有七个是常量,而另两个则和 $y_2(t)$ 相关。

$$A = \begin{bmatrix} -\beta & 0 & y_2 \\ 0 & -\sigma & \sigma \\ -y_2 & \rho & -1 \end{bmatrix}$$

解的第一个分量 $y_1(t)$ 和大气对流相关,而另外两个分量分别和温度的竖直及水平变化相关。参数 σ 称为普兰特数,ρ 是规范化的瑞利数,β 和域的几何形状相关。这些参数最普遍的取法是 $\sigma = 10$,$\rho = 28$,$\beta = 8/3$,在与地球大气相关范围外。

矩阵 A 中,由 y_2 引入的貌似简单的非线性极大地改变了系统的性质。这些方程组中没有随机的因素,所以解 $y(t)$ 完全由上面的参数和初始条件确定,但却很难预测它们的特性。这些参数取某些值时,三维空间中 $y(t)$ 的轨迹就是著名的奇异吸引子(strange attractor),有界但无周期,且不收敛,也不自交。轨道混乱地来回于两个不同的点,即吸引子。而对于参

数的另外一些值，解可能会收敛于一个固定点，分叉到无穷或有周期性摆动。参见图 7-2 和图 7-3。

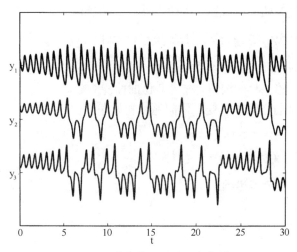

图 7-2　洛伦茨吸引子三个分量

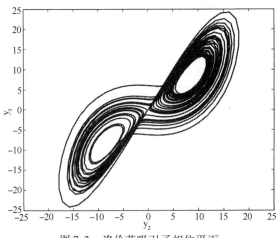

图 7-3　洛伦茨吸引子相位平面

假设 $\eta = y_2$ 是自由变量，限制 ρ 大于 1，研究矩阵

$$A = \begin{bmatrix} -\beta & 0 & \eta \\ 0 & -\sigma & \sigma \\ -\eta & \rho & -1 \end{bmatrix}$$

可以证明 A 奇异当且仅当

$$\eta = \pm \sqrt{\beta(\rho - 1)}$$

规范化对应的零向量使其第二个分量等于 η

$$\begin{bmatrix} \rho - 1 \\ \eta \\ \eta \end{bmatrix}$$

这样就有两个不同符号的 η，进而定义了三维空间中的两个点，这就是微分方程的固定点。如果

$$y(t_0) = \begin{bmatrix} \rho - 1 \\ \eta \\ \eta \end{bmatrix}$$

那么对所有的 t 有

$$\dot{y}(t) = \begin{bmatrix} 0 \\ 0 \\ 0 \end{bmatrix}$$

202
~
203

所以 $y(t)$ 保持不变。但这些点不是稳定的固定点，如果 $y(t)$ 不从这些点中的某个开始，就永远不会到达其中的任何一点，如果函数接近某一点，便会受到排斥。

这里提供了一个 M 文件 lorenzgui.m，用于帮助对洛伦茨方程进行实验。其中两个参数固定为 $\beta = 8/3$，$\sigma = 10$。uicontrol 用于设置参数 ρ 的值，可以在几个不同的值中进行选择。如果取 $\rho = 28$，程序的简化版本如下：

```
rho = 28;
sigma = 10;
beta = 8/3;
eta = sqrt(beta*(rho-1));
A = [ -beta      0        eta
          0   -sigma    sigma
       -eta     rho       -1  ];
```

初始条件取值接近于两个吸引子之一。

```
yc = [rho-1; eta; eta];
y0 = yc + [0; 0; 3];
```

因为时间跨度为无限长，所以积分过程由另一个 uicontrol 来终止。

```
tspan = [0 Inf];
opts = odeset('reltol',1.e-6,'outputfcn',@lorenzplot);
ode45(@lorenzeqn, tspan, y0, opts, A);
```

矩阵 A 作为积分方程的一个额外参数传递给定义微分方程的子函数 lorenzeqn，这种函数包含额外参数的方法使得 lorenzqn 能够以一种非常紧凑的形式写出。

```
function ydot = lorenzeqn(t,y,A)
A(1,3) = y(2);
A(3,1) = -y(2);
ydot = A*y;
```

lorenzgui 中大部分复杂的代码都包含在绘图子函数 lorenzplot 中，包括用户界面控件的管理，预测区间来提供合适的坐标缩放等。

7.9 刚性

刚性是常微分方程数值解法中一个奇妙、困难和重要的概念。它取决于微分方程、初始条件和所采用的数值方法。词典中"stiff"这个词有"不容易弯曲""坚硬"和"顽固"的意思。我们关心的是这些性质在计算中的反映。

204

一个问题被称为刚性的，是指其解产生过程变化很慢，同时存在很接近的变化很快的解，进而数值算法必须采用小步长来获得满意的结果。

刚性本身是一个效率的问题，如果不关心计算过程耗费时间的多少，那么可以不理会刚性。非刚性的方法也能求解刚性问题，只不过需要花费较长的时间。

火焰蔓延的模型可以作为一个例子，它是由 MATLAB 常微分方程组件一文的作者 Larry Shampine 提出的。当点燃一根火柴时，火焰迅速增大直到一个临界体积，然后维持这一体积不变，此时火球内部燃烧耗费的氧气和其表面的氧气达到了一种平衡。简化的模型表示为：

$$\dot{y} = y^2 - y^3$$
$$y(0) = \delta$$
$$0 \leq t \leq 2/\delta$$

标量 $y(t)$ 代表了火球的半径，y^2 和 y^3 项分别源自面积和体积。其中关键的参数是比较"小"的初始半径 δ，这里求解的计算时间和 δ 成反比。

建议读者在这里打开 MATLAB，实际运行一下这个例子，看一下其运行情况有助于对概念的理解。这里使用 ode45，它是 MATLAB 中常微分方程组件中的骨干程序。这个问题在 δ 不是很小时，并不是非常刚性的。尝试取 $\delta = 0.01$，相对误差为 10^{-4}。

```
delta = 0.01;
F = inline('y^2 - y^3','t','y');
opts = odeset('RelTol',1.e-4);
ode45(F,[0 2/delta],delta,opts);
```

在不设置输出参数时，ode45 会在计算完成后自动绘制图形解。图形从 $y = 0.01$ 处开始，以一个适度增大的速度增长，直到时间 t 达到 100，也就是 $1/\delta$，然后增加很快，达到一个接近 1 的值，并保持不变。

接下来观察一下刚性在实际中的表现。把 δ 减小两个数量级。（如果读者只运行一个例子，用下面这个。）

```
delta = 0.0001;
ode45(F,[0 2/delta],delta,opts);
```

经过较长时间绘制图形，得到的最终结果类似图 7-4。如果读者厌倦观察这种痛苦无聊的过程，可以点击窗口左下角的停止按钮。打开缩放，使用鼠标来放大观察刚接近稳态时的解，结果类似于图 7-4 下方的详细图。可以注意到 ode45 本身正在进行计算，并保持解和固定的稳态值差距在 10^{-4} 内，但显然较为吃力。如果希望观察到更为夸张的刚性演示，把误差限降低到 10^{-5} 或 10^{-6}。

这个问题在起始时并不具有刚性，它只在解接近稳态的时候变为刚性，这是由于稳态解过于"严厉"，任何接近 $y(t) = 1$ 的解都会快速增大或减小。（这里需要指出"快速"是相对于异乎寻常的长时间尺度。）

如何处理刚性问题呢？显然改变微分方程和初始条件不是解决问题的办法，那么只能改变数值方法本身，有效地求解刚性问题的数值方法，每步要做更多的工作，但也因此可以取大得多的步长。刚性方法都是隐式的，它们每步都调用 MATLAB 的矩阵运算，求解联立的线性方程组来帮助预测解的变化。对于前面的火焰例子，矩阵只是 1 乘 1 的，即使如此，刚性方法也要比非刚性方法做更多的工作。

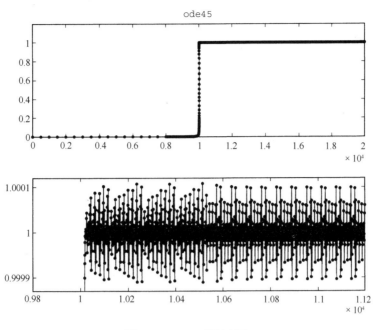

图 7-4　ode45 刚性行为

下面再次求解前面提到的火焰的例子，这次使用 MATLAB 中名字以"s"结尾的常微分方程求解程序，"s"代表刚性。

```
delta = 0.0001;
ode23s(F,[0 2/delta],delta,opts);
```

图 7-5 显示了计算的结果和缩放的细节。可以看出 ode23s 使用的步数比 ode45 大为减少。对刚性求解程序而言实际上是一个简单的问题，ode23s 总共使用 99 步和 412 个函数求值，而 ode45 使用了 3040 步和 20179 个函数求值。刚性甚至会影响图形输出，用于 ode45 绘图的文件比 ode23s 大得多。

想象从山上长途步行回来，在一个两边都是陡峭斜坡狭窄的峡谷中。显式的方法简单地通过局部的斜率来寻找下降的方向，但是跟随两边轨迹的斜率会使你反复跨过峡谷，就像 ode45 那样。虽然最终可以回到家里，但是一定是天黑之后很久才到。而隐式的方法是你的眼睛紧盯着山路并预测每步该如何走，这种额外的专心是非常值得的。

前面提到的火焰问题也非常有趣，因为它涉及一个兰伯特（Lambert）W 函数 $W(z)$。这个微分方程是可分离的。积分一次得到 y 的一个隐式方程，其中 y 是时间 t 的函数。

$$\frac{1}{y} + \log\left(\frac{1}{y} - 1\right) = \frac{1}{\delta} + \log\left(\frac{1}{\delta} - 1\right) - t$$

这个方程可以解出 y，可以证明这个火焰模型的精确解析解是

$$y(t) = \frac{1}{W(a\mathrm{e}^{a-t}) + 1}$$

其中 $a = 1/\delta - 1$。兰伯特 W 函数 $W(z)$ 是下面方程的解：

$$W(z)\mathrm{e}^{W(z)} = z$$

206

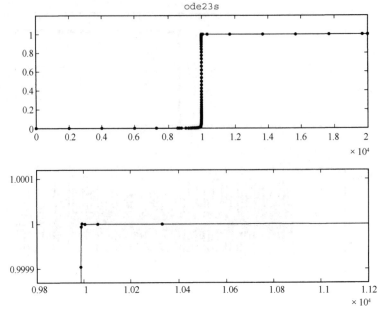

图 7-5   ode23s 刚性行为

用 MATLAB 的符号数学工具箱，语句

```
y = dsolve('Dy = y^2 - y^3','y(0) = 1/100');
y = simplify(y);
pretty(y)
ezplot(y,0,200)
```

的运行结果为

```
                   1
        ---------------------------
        lambertw(99 exp(99 - t)) + 1
```

精确解的图形如图 7-6 所示。如果初始值 1/100 减小并且时间段 $0 \leqslant t \leqslant 200$ 增加，过渡区域就会变得更为狭窄。

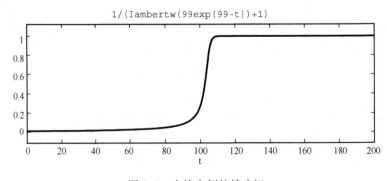

图 7-6   火焰实例的精确解

兰伯特 W 函数是以 J. H. Lambert(1728—1777)的名字命名的。Lambert 在柏林科学院时是欧

拉和拉格朗日的同事，他最著名的成就是光照定律以及 π 为无理数的证明。这个函数在近几年前被 Corless、Gonnet、Hare、Jeffey 以及 Don Knuth "再发现"[14]，当时前面四位正在编写 Maple 软件。

7.10　事件

到目前为止，我们一直在假设区间 $\text{tspan}(t_0 \leqslant t \leqslant t_{\text{final}})$ 或是问题中一个给定的部分，或是使用无穷区间和图形按钮来终止计算。但在许多情况下，t_{final} 如何确定是问题的一个重要方面。

举一个例子，物体在重力作用下下落并遇到空气阻力，求它落到地面的时间。另一个例子是二体问题，一个物体在引力作用下绕一个比自身重得多的物体作运动，求运动的周期。MATLAB 中的事件功能可以用来解决这种问题。

常微分方程中事件检测涉及两个函数 $f(t,y)$ 和 $g(t,y)$，以及一个初始条件 (t_0,y_0)。问题是寻找函数 $y(t)$ 和一个终点值 t_* 满足

$$\dot{y} = f(t,y)$$
$$y(t_0) = y_0$$

且

$$g(t_*,y(t_*)) = 0$$

下落物体的一个简单模型可以表示为

$$\ddot{y} = -1 + \dot{y}^2$$

初始条件为 $y(0) = 1$，$\dot{y}(0) = 0$。要求解的问题是，t 为何值时有 $y(t) = 0$。函数 $f(t,y)$ 的代码如下：

```
function ydot = f(t,y)
ydot = [y(2); -1+y(2)^2];
```

其中将微分方程写成了一阶系统，所以 y 成为一个有两个分量的向量，包含两个分量，并且有 $g(t,y) = y_1$。$g(t,y)$ 的代码如下：

```
function [gstop,isterminal,direction] = g(t,y)
gstop = y(1);
isterminal = 1;
direction = [];
```

第一个输出量 gstop 是待成为零的值，设置第二个输出量 isterminal，为 1 表示常微分方程求解程序，在 gstop 为零时应该停止，第三个输出量 direction 被设为空矩阵表示，可以从任一方向接近零。使用这两个函数，下面的语句可计算并绘制出如图 7-7 所示的轨迹。

```
opts = odeset('events',@g);
y0 = [1; 0];
[t,y,tfinal] = ode45(@f,[0 Inf],y0,opts);
tfinal
plot(t,y(:,1),'-',[0 tfinal],[1 0],'o')
axis([-.1 tfinal+.1 -.1 1.1])
xlabel('t')
ylabel('y')
title('Falling body')
text(1.2, 0, ['tfinal = ' num2str(tfinal)])
```

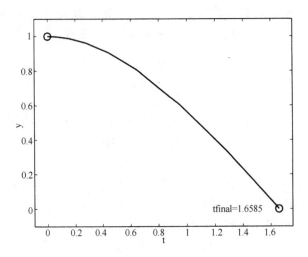

图 7-7   落体过程的事件处理

求解出的时间 t 的终止值为 tfinal =1.6585。

　　这个例子中的三段代码可以存放在三个独立的 M 文件(两个函数和一个脚本)中, 也可以存放在一个 M 文件里。在后一种情况下, f 和 g 成为子函数, 必须出现在主程序之后。

　　事件检测对涉及周期现象的问题特别有用, 二体问题就是一个很好的例子。下面是函数 orbit.m 的开始部分, 输入参数是期望的局部相对容差 reltol。

```
function orbit(reltol)
y0 = [1; 0; 0; 0.3];
opts = odeset('events',@gstop,'reltol',reltol);
[t,y,te,ye] = ode45(@twobody,[0 2*pi],y0,opts,y0);
tfinal = te(end)
yfinal = ye(end,1:2)
plot(y(:,1),y(:,2),'-',0,0,'ro')
axis([-.1 1.05 -.35 .35])
```

　　其中函数 ode45 是用来计算轨迹的, 第一个输入参数是函数句柄 @ twobody, 它指向定义微分方程的函数, 第二个输入参数是大于一个完整周期的时间区间, 四维向量 y0 作为第三个输入参数, 提供了初始位置和速度。轻物体从(1, 0)点出发, 与重物体距离为1, 初始速度为(0, 0.3), 和初始的位置向量垂直。第四个输入参数是由 odeset 创建的选项组, 包括reltol的默认值, 并用函数 gstop 来定位期望的事件。y0 是最后一个参数, 作为 ode45 的"额外"参数, 传递给 twobody 和 gstop。

　　twobody 的代码需要加以修改, 以便能够接受第三个参数, 尽管实际中并没有使用这个参数。

```
function ydot = twobody(t,y,y0)
r = sqrt(y(1)^2 + y(2)^2);
ydot = [y(3); y(4); -y(1)/r^3; -y(2)/r^3];
```

　　常微分方程求解程序在积分中的每一步都要调用 gstop 函数, 用来判断是否应该停止。

```
function [val,isterm,dir] = gstop(t,y,y0)
d = y(1:2)-y0(1:2);
v = y(3:4);
val = d'*v;
isterm = 1;
dir = 1;
```

其中二维向量 d 是当前位置和起始点的差值，v 是当前速度。数值 val 是这两个向量的内积。数学中停止函数为

$$g(t,y) = \dot{d}(t)^{\mathrm{T}}d(t)$$

其中

$$d = (y_1(t) - y_1(0), y_2(t) - y_2(0))^{\mathrm{T}}$$

满足 $g(t,y(t)) = 0$ 的点是 $d(t)$ 的局部极值点。通过设置 dir = 1，可以限制 $g(t,y)$ 在增大的时候接近零，也就是对应着极小值。如果要让求解计算过程在第一个极小值点就停止，可以设置 isterm = 1。如果轨道是周期性的，那么物体回到其起始点时，d 都会到达一个极小值。

如果放松限制

```
orbit(2.0e-3)
```

其结果为

```
tfinal =
    2.35087197761898

yfinal =
    0.98107659901079   -0.00012519138559
```

如图 7-8 所示。

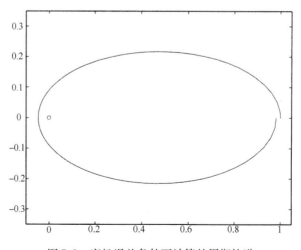

图 7-8　宽松误差条件下计算的周期轨道

从 yfinal 的数值和图中都可以看出，轨道并没有准确回到起始点，所以需要更高的精度。

```
orbit(1.0e-6)
```

结果为

```
tfinal =
    2.38025846171805

yfinal =
    0.99998593905521    0.00000000032240
```

可以发现现在 yfinal 的数值已经非常接近 y0，图中的轨道已经很好地闭合。

7.11 多步法

单步法具有较短的记忆性，当前步传递给下一步的信息只包括合适的步长估计，至多包括两步连接点处 $f(t_n, y_n)$ 的值。

如名字所暗示的那样，多步法具有较长的记忆性。在 p 阶的多步法中，经过初始启动阶段后，可使用一系列已存储的数值 $y_{n-p+1}, y_{n-p+2}, \cdots, y_{n-1}, y_n$ 来计算 y_{n+1}。实际上，多步法可以有变化的阶数 p 和步长 h。

对于那些对解有较高稳定性和精度要求的问题，多步法往往比单步法更为有效。比如行星轨道计算以及深度空间探索都采用多步法进行计算。

7.12 MATLAB ODE 求解程序

本节源于 MATLAB 参考手册中常微分方程求解程序的算法部分。

ode45 是基于显式的龙格－库塔(4，5)公式，采用 Dormand－Prince 公式的单步法。在计算 $y(t_{n+1})$ 时，只需要前一个时间点的值 $y(t_n)$。一般而言，大多数问题使用 ode45 进行第一步的试验都是很好的办法。

ode23 实现了由 Bogacki 和 Shampine 提出的显式的龙格－库塔(2，3)公式对，对于误差要求不高或适度刚性的问题，它比 ode45 更为有效。和 ode45 一样，ode23 也是一个单步法求解程序。

ode113 使用了一种变阶数的 Adams-Bashforth-Moulton 预校正算法。当常微分方程中函数求值代价非常高，并且有严格的精度要求时，它比 ode45 更为有效。和前两者不同，ode113 属于多步法求解程序，它通常需要前面多个时间点的函数值来计算当前步的函数值。

上面的方法都是为非刚性问题设计的，如果在实际使用中发现效果不佳，就需要进一步考虑下面的刚性问题求解程序。

ode15s 是一种基于数值微分公式(NDF)的变阶方法。也可以使用后向差分公式(BDF，也称为吉尔算法)，不过这样一般效率较低，它和 ode113 一样，也是一种多步法。如果使用 ode45 求解失败，或是非常低效，那么问题可能是刚性的，此时可以考虑使用 ode15s。对于差分代数方程也应该考虑使用 ode15s 求解。

ode23s 基于一种修改的二阶 Rosenbrock 公式。它属于单步法，所以在一些精度要求不高的情况下比 ode15s 更为有效，有些刚性问题采用 ode15s 效果不佳，但用 ode23s 却很有效。

ode23t 使用梯形公式，其插值位置是"自由的"。这一方法适用于适度刚性的问题，并且可能获得无数值衰减的结果，也可以用来解决差分代数方程。

ode23tb 是 TR-BDF2 方法的一种实现。TR-BDF2 属于隐式龙格 – 库塔方法，第一阶段采用梯形公式，第二阶段采用二阶 BDF。通过构造，在两个阶段的计算中采用同样的迭代矩阵。和 ode23s 类似，该方法在误差要求较为宽松时，比 ode15s 高效。

下面是从参考手册中摘录的总结，对每个函数列出了适合的问题类型、精度以及推荐使用的范围。

- ode45：非刚性问题，中等精度。大部分情况下适用，是解决问题的首选。
- ode23：非刚性问题，低精度。适用于容差较大或者适度刚性的问题。
- ode113：非刚性问题，从低到高的精度。适用于容差要求严格，或常微分方程函数计算代价较大的情况。
- ode15s：刚性问题，低到中等精度。在 ode45 计算很慢（由于刚性）或有质量矩阵时使用。
- ode23s：刚性问题，低精度。适用于对误差要求不高的刚性问题，或常数质量矩阵的情况。
- ode23t：适度刚性问题，低精度。适用于要求结果无数值衰减的适度刚性问题。
- ode23tb：刚性问题，低精度。适用于对误差要求不高的刚性问题，或者含有质量矩阵的情况。

7.13　误差

初值问题在数值求解过程中的误差包括以下两个来源：

- 离散化误差
- 舍入误差

离散化误差是微分方程和数值方法的一种性质。如果算术计算可以在无限精度下完成，那么结果只会存在离散化误差。舍入误差是和计算机硬件及程序相关的，通常情况下远小于前者，除非需要非常高的精度，否则一般不予考虑。

离散化误差可以从局部和全局两个角度来评估。局部离散化误差是指，假定前面的值精确且没有舍入误差时，计算一步所造成的误差。令 $u_n(t)$ 是由 t_n 处的计算值代替 t_0 处原始的初始条件而得到的微分方程的解，即 $u_n(t)$ 是满足下列条件的 t 的函数：

$$\dot{u}_n = f(t, u_n)$$
$$u_n(t_n) = y_n$$

局部离散化误差 d_n 是上面的理论解和由 t_n 处同样数据计算得到的解（忽略舍入误差）之间的差值，即

$$d_n = y_{n+1} - u_n(t_{n+1})$$

而全局离散化误差同样是在忽略舍入误差的情况下，计算值和由 t_0 处的初始条件确定的真实解之间的差，即

$$e_n = y_n - y(t_n)$$

当 $f(t, y)$ 和 y 无关时，很容易看出局部和全局离散化误差的区别，此时解只是一个简单的积分，$y(t) = \int_{t_0}^{t} f(\tau) \, d\tau$，欧拉法退化为简单的数值求积方法，可以称为"复合懒汉的矩形公式"。它直接采用子区间的左端点而不是中点处的函数值进行计算：

213

$$\int_{t_0}^{t_N} f(\tau)\,\mathrm{d}\tau \approx \sum_{0}^{N-1} h_n f(t_n)$$

该子区间上的局部离散化误差为

$$d_n = h_n f(t_n) - \int_{t_n}^{t_{n+1}} f(\tau)\,\mathrm{d}\tau$$

而全局离散化误差为整个误差：

$$e_N = \sum_{n=0}^{N-1} h_n f(t_n) - \int_{t_0}^{t_N} f(\tau)\,\mathrm{d}\tau$$

在这一特殊情况下，每步子积分过程都是独立的，也就是可以按照任意次序求和，所以此时全局误差为局部误差的简单累加：

$$e_N = \sum_{n=0}^{N-1} d_n$$

214

但在实际微分方程中，$f(t,y)$ 和 y 相关，所以每一步计算的误差都和前面计算的结果有关。因此，全局误差和局部误差的关系与微分方程的稳定性（stability）密切相关。对一个仅有单个标量的方程，如果偏导数 $\partial f/\partial y$ 为正，那么解 $y(t)$ 随着 t 增加而增大，全局误差比局部误差的累加和要大，反之，如果 $\partial f/\partial y$ 为负，全局误差比局部误差之和要小。如果 $\partial f/\partial y$ 符号不定，或者对非线性方程系统 $\partial f/\partial y$ 是一个变化的矩阵，那么全局误差 e_N 和 d_n 的累加和之间的关系非常复杂，难以预测。

可以把局部离散化误差比作在一个银行账户上的每次存款，而全局误差则对应账户的余额，此时 $\partial f/\partial y$ 就扮演了利率的角色，如果为正，余额会比每次存款的总和要多，否则余额会比每次储蓄的累加和小。

本书设计的代码 ode23tx，和 MATLAB 中的其他相关代码类似，只尝试对局部误差进行控制。因为对全局误差进行控制，会使求解程序大为复杂，运行代价高昂，但是效果也并不好。

衡量一个数值方法精度的基本概念是阶数（order），它是通过把数值方法应用到具有光滑解的问题时所获得的局部误差来定义的。一个方法具有 p 阶精度是指，存在一个常数 C 满足

$$|d_n| \leqslant Ch_n^{p+1}$$

数值 C 可能和定义微分方程的函数的偏导数以及求解区间长度有关，但它应该独立于步数 n 以及步长 h_n。上面的不等式可以用"大 O 符号"简写为：

$$d_n = O(h_n^{p+1})$$

以欧拉方法为例来说明：

$$y_{n+1} = y_n + h_n f(t_n, y_n)$$

假设局部解 $u_n(t)$ 具有连续的二阶导数，那么在点 t_n 处使用泰勒展开得到：

$$u_n(t) = u_n(t_n) + (t - t_n) u'_n(t_n) + O((t - t_n)^2)$$

使用定义 $u_n(t)$ 的微分方程和初始条件有

$$u_n(t_{n+1}) = y_n + h_n f(t_n, y_n) + O(h_n^2)$$

所以

$$d_n = y_{n+1} - u_n(t_{n+1}) = O(h_n^2)$$

于是可以得出 $p = 1$，即欧拉法具有一阶精度。按照 MATLAB 中对常微分方程求解程序的命名规则，这种使用欧拉法自身，固定步长，没有误差控制的方法应当称为 ode1。

现在考虑在固定点 $t = t_f$ 处的全局离散化误差。随着对精度要求的提高，步长 h_n 会减小，为了使到达 t_f 处需要的步数 N 增大，可以简单地认为

$$N = \frac{t_f - t_0}{h}$$

其中 h 是平均步长，此外，全局误差 e_N 可以表示为 N 个局部误差用描述方程稳定性的因子作权值的加权和。这些因子与步长没有太大关系，从而可以近似认为如果局部误差为 $O(h^{p+1})$，那么全局误差为 $N \cdot O(h^{p+1}) = O(h^p)$，这就是使用 $p+1$ 而不是 p 作为指数来定义阶数的原因。

对于欧拉法，$p = 1$，即步长减小为二分之一，会使误差降低 $2^{p+1} = 4$ 倍左右，但使到达 t_f 所需的步数增大两倍，进而全局误差只减小 $2^p = 2$ 倍。可见，对于高阶的方法，平滑解的全局误差会以大得多的倍数降低。

这里需要指出的是，在讨论常微分方程的数值解法时，"阶数"一词有多种不同的含义。微分方程的阶数是出现的最高阶导数的指数，比如 $d^2y/dt^2 = -y$ 就是一个二阶的微分方程。而方程系统的阶数通常指系统中含有的方程个数。例如 $\dot{y} = 2y - yz, \dot{z} = -z + yz$ 是一个二阶系统。数值方法的阶数则是前面所讨论的含义，即全局误差表达式中出现的步长的指数。

检查数值方法阶数的一种方法是，当 $f(t, y)$ 为 t 的多项式且与 y 无关时该数值方法的表现。如果对 t^{p-1} 保持精确，但 t^p 不精确，那么其阶数不会超过 p（阶数可能小于 p 是因为该方法对一些普通的函数可能不像多项式那样精确），欧拉法仅在 $f(t, y)$ 为常数时才精确，但 $f(t, y) = t$ 时不行，所以欧拉法的阶数不会超过 1。

现代计算机使用 IEEE 双精度浮点数进行算术计算，计算过程中的舍入误差只在需要很高精度或积分区间非常长的情况下才变得重要。如果积分区间的长度为 $L = t_f - t_0$，且一步计算中的舍入误差为 ε，那么在经过 N 步步长为 $h = \frac{L}{N}$ 的计算后，误差最坏的情况类似于

$$N\varepsilon = \frac{L\varepsilon}{h}$$

对于一个全局离散化误差为 Ch^p 的方法来说，总的误差为

$$Ch^p + \frac{L\varepsilon}{h}$$

可以看出，为了让舍入误差与离散化误差可比，需要有

$$h \approx \left(\frac{L\varepsilon}{C}\right)^{\frac{1}{p+1}}$$

以这样的步长完成计算需要的步数大约为

$$N \approx L\left(\frac{C}{L\varepsilon}\right)^{\frac{1}{p+1}}$$

如果 $L = 20$，$C = 100$，$\varepsilon = 2^{-52}$，对不同的阶数 p 需要的步数为

p	N
1	$4.5 \cdot 10^{17}$
3	5,647,721
5	37,285
10	864

这里 p 的值为欧拉法、MATLAB 函数 ode23 和 ode45 的阶数，以及变阶 ode113 方法中阶数的典型取值。从上面的数字可以看出，对于低阶的方法为了使最坏情况下的舍入误差和离散化误差可比，需要的步数是非常大的，在实际中几乎不可能达到。而且如果假设每步引起的误差随机变化，则需要更多步数。相比之下变阶数的多步法 ode113 则完全能够满足考虑舍入误差时的精度要求。

7.14　性能

下面通过一个例子来观察上面这些方法在实际中的表现。谐波振荡器的微分方程为

$$\ddot{x}(t) = -x(t)$$

取初始条件为 $x(0)=1, \dot{x}(0)=0$，求解区间为 $0 \leqslant t \leqslant 10\pi$，区间长度为周期解的五倍，所以全局误差可以简单地通过解的初值和终点值之差来计算。由于解本身不随着 t 增加或减小，所以全局误差和局部误差近似成正比。

下面的 MATLAB 程序使用 odeset 来设置相对和绝对容差，并设置了细化等级以便算法在每一步都产生一行输出。

```
y0 = [1 0];
for k = 1:13
    tol = 10^(-k);
    opts = odeset('reltol',tol,'abstol',tol,'refine',1);
    tic
    [t,y] = ode23(@harmonic,[0 10*pi],y0',opts);
    time = toc;
    steps = length(t)-1;
    err = max(abs(y(end,:)-y0));
end
```

微分方程在 harmonic.m 中定义为

```
function ydot = harmonic(t,y)
ydot = [y(2); -y(1)];
```

分别用 ode23、ode45、ode113 运行上面的程序三次，图 7-9 显示了三个全局误差和要求的容差的变化关系。从图中可以看出，实际的误差和要求的容差的轨迹非常吻合。对于 ode23，全局误差是容差的 36 倍；ode45 是 4 倍；而 ode113 则是在 1 和 45 倍之间变化。

图 7-9 中第二个图显示了需要的步数，结果和前面的模型非常吻合。令 τ 表示容差 10^{-k}，ode23 方法需要的步数约为 $10\tau^{-1/3}$，符合一个三阶方法的特性。而 ode45 需要的步数约为 $9\tau^{-1/5}$，也符合一个五阶方法的特性。对于 ode113，图中的步数反映出解本身较为平缓，所以该方法大部分时间内都是其最大阶数 13。

图 7-9 中第三个图显示了程序在一台 800 兆主频的奔腾 III 笔记本电脑上的运行时间，单位是秒。对这个问题，当容差为 10^{-6} 或更大时，ode45 是最快的方法，而对于较小的容差，

ode113 速度最快。由于是低阶方法，ode23 需花费很长的计算时间才能达到高的准确度。

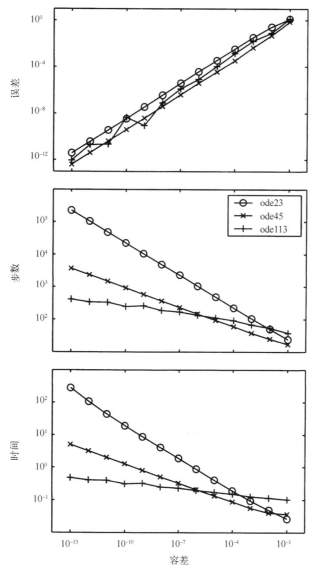

图 7-9　常微分方程求解程序性能比较

不过只是一个实验，其中问题的解是一个非常平滑而稳定的函数。

7.15　更多阅读资料

参考文献［51］介绍了 MATLAB 常微分方程组件。Ascher 和 Petzold 在［4］中介绍了常微分方程数值方法的一些额外属性，特别是刚性问题，这方面还可以参考 Brennan、Campbell 和 Petzold［11］以及 Shampine［50］。

习题

7.1　常微分方程初值问题的标准形式为：

$$\dot{y} = f(t, y), y(t_0) = y_0$$

把下面的微分方程用标准形式表达。

$$\ddot{u} = \frac{v}{1 + t^2} - \sin r$$

$$\ddot{v} = \frac{u}{1 + t^2} + \cos r$$

其中 $r = \sqrt{\dot{u}^2 + \dot{v}^2}$，初始条件为

$$u(0) = 1, v(0) = \dot{u}(0) = \dot{v}(0) = 0$$

7.2 你在一个存储账户内投资 100 美元，每年得到 6% 的利息，令 $y(t)$ 表示 t 年后账户内的余额。利息以复利计(利息也计入本金)，那么可以通过求解下面的常微分方程初值问题得到 $y(t)$。

$$\dot{y} = ry, r = 0.06$$

$$y(0) = 100$$

离散时间间隔 h 上的值对应着有限差分方法逼近微分方程的解。时间间隔 h 表示为一年的分数。例如，月复利有 $h = 1/12$。n 次时间间隔后的余额 y_n，用来近似连续复利余额 $y(nh)$。银行有效地使用欧拉法来计算复利。

$$y_0 = y(0)$$

$$y_{n+1} = y_n + hr y_n$$

这个习题要求读者使用高阶的差分方法来计算复利，试分别计算下列情况下 10 年后账户的余额：

欧拉法，按年度

欧拉法，按月

中点公式，按月

梯形公式，按月

B23 算法，按月

连续复利

7.3 (a) 用实验验证或者代数推导证明 BS23 算法对 $f(t, y) = 1$，$f(t, y) = t$ 以及 $f(t, y) = t^2$ 的结果精确，但对 $f(t, y) = t^3$ 则不精确。

(b) 何时 ode23 算法的误差估计量精确？

7.4 误差函数 $\mathrm{erf}(x)$ 通常由一个积分定义：

$$\mathrm{erf}(x) = \frac{2}{\sqrt{\pi}} \int_0^x e^{-x^2} dx$$

但也可以定义为微分方程的解

$$y'(x) = \frac{2}{\sqrt{\pi}} e^{-x^2}$$

$$y(0) = 0$$

使用 ode23tx 在区间 $0 \leqslant x \leqslant 2$ 上求解该微分方程，并在 ode23tx 选择的点上把结果和 MATLAB 内部函数 erf(x) 进行比较。

7.5 (a) 仿照 ode23tx.m 的样式编写一个名为 myrk4.m 的 M 文件，实现经典龙格 – 库塔固定步长算法。改变可选的第四个参数 rtol 或 opts 为步长 h，下面是建议的序言。

```
% function [tout,yout] = myrk4(F,tspan,y0,h,varargin)
% MYRK4   Classical fourth-order Runge-Kutta.
% Usage is the same as ODE23TX except the fourth
% argument is a fixed step size h.
% MYRK4(F,TSPAN,Y0,H) with TSPAN = [T0 TF] integrates
% the system of differential equations y' = f(t,y)

% from t = T0 to t = TF.  The initial condition
% is y(T0) = Y0.
% With no output arguments, MYRK4 plots the solution.
% With two output arguments, [T,Y] = MYRK4(..) returns
% T and Y so that Y(:,k) is the approximate solution at
% T(k). More than four input arguments,
% MYRK4(..,P1,P2,..), are passed on to F,
% F(T,Y,P1,P2,...).
```

220

(b) 一般来说,在经典龙格－库塔法步长 h 减小一半时,误差如何变化?(提示:考虑 myrk4 中 4 的含义)。通过实验来说明这种特性。

(c) 考虑描绘谐波振荡器函数的常微分方程 $\ddot{y} = -y$,若在一个完整的谐波周期 $0 \le t \le 2\pi$ 内对其求积,则比较初始点和结束点处的 y 函数值即可得到全局误差。设定 $h = \pi/50$,用程序 myrk4 求解这个问题,你将发现计算了 100 步,且最后结果的误差大约是 10^{-6}。设定程序 ode23、ode45 和 ode113 中的相对阈值为 10^{-6},求精级别为 1,考察用它们计算该问题时所需的步数,并加以比较。这个问题的解函数非常光滑,所以你会发现 ode23 需要更多的步数,而 ode45 和 ode113 则需要较少的步数。

7.6 常微分方程问题

$$\dot{y} = -1000(y - \sin t) + \cos t, y(0) = 1$$

在区间 $0 \le t \le 1$ 上是略微刚性的。

(a) 求出其精确解,手工推导或者使用符号工具箱中的 dsolve。

(b) 利用 ode23tx 求解,需要多少步?

(c) 利用刚性求解程序 ode23s 求解该问题,需要多少步?

(d) 在同一幅图上绘制上面两个解,用 '.' 线绘制 ode23tx 的解,'o' 绘制 ode23s 的解。

(e) 放大图像或者调整坐标轴设置来观察图像中解变化非常快的部分,可以发现两种方法此时的步长都很小。

(f) 显示图像中解变化缓慢的部分,可以看到 ode23tx 采用的步长明显比 ode23s 小。

7.7 下面各个问题在区间 $0 \le t \le \pi/2$ 上有相同的解:

$$\dot{y} = \cos t, \ y(0) = 0$$
$$\dot{y} = \sqrt{1 - y^2}, \ y(0) = 0$$
$$\ddot{y} = -y, \ y(0) = 0, \ \dot{y}(0) = 1$$
$$\ddot{y} = -\sin t, \ y(0) = 0, \ \dot{y}(0) = 1$$

(a) 求解共有的解 $y(t)$。

(b) 有两个问题涉及二阶导数 $\ddot{y}$。把这两个问题改写为含向量 y 和 f 的一阶系统 $\dot{y} = f(t, y)$。

(c) 对每个问题求其雅可比矩阵 $J = \dfrac{\partial f}{\partial y}$。当时间 t 趋于 $\pi/2$ 时,各个雅可比矩阵如何变化?

221

(d) 利用龙格－库塔法来求解初值问题 $\dot{y} = f(t, y)$,使用 odeset 把 reltol 和 abstol

都设为 10^{-9}。求 ode45 在整个求解过程中需要的工作量，为什么有些问题比别的问题要耗费更多的计算？

（e）如果把区间变为 $0 \leqslant t \leqslant \pi$，计算的解有何变化？

（f）如果在区间 $0 \leqslant t \leqslant \pi$ 上把第二个问题变为 $\dot{y} = \sqrt{|1 - y^2|}$，$y(0) = 0$，结果有何变化？

7.8 使用符号工具箱中的 jacobian 和 eig 函数，验证二体问题的雅可比矩阵为

$$J = \frac{1}{r^5} \begin{bmatrix} 0 & 0 & r^5 & 0 \\ 0 & 0 & 0 & r^5 \\ 2y_1^2 - y_2^2 & 3y_1y_2 & 0 & 0 \\ 3y_1y_2 & 2y_2^2 - y_1^2 & 0 & 0 \end{bmatrix}$$

并且其特征值为

$$\lambda = \frac{1}{r^{3/2}} \begin{bmatrix} \sqrt{2} \\ i \\ -\sqrt{2} \\ -i \end{bmatrix}$$

7.9 验证洛伦茨方程中的矩阵

$$A = \begin{bmatrix} -\beta & 0 & \eta \\ 0 & -\sigma & \sigma \\ -\eta & \rho & -1 \end{bmatrix}$$

是奇异的，当且仅当

$$\eta = \pm \sqrt{\beta(\rho - 1)}$$

并验证对应的零向量为

$$\begin{pmatrix} \rho - 1 \\ \eta \\ \eta \end{pmatrix}$$

7.10 洛伦茨方程中的雅可比矩阵 J 并不等于 A，但非常接近 A。求出 J，在 7.8 节给出的一个不动点上计算特征值，并证明该不动点不稳定。

7.11 固定 β 和 σ 的值，求洛伦茨方程中使得不动点稳定的最大 ρ 值。

7.12 在 lorenzgui 中除了 $\rho = 28$ 之外，所有 ρ 值都会产生，最终为稳定周期轨道的轨迹。Sparrow 在他关于洛伦茨方程的书中对周期轨道进行了分类，分类的依据是通过 + 号和 – 号序列来确定轨迹在一个周期内临界点的次序，我们可以称之为标记图。一个单独的 + 或 – 号是轨迹刚好绕过一个临界点的标记，除非这样的轨道不存在。而标记" + –"则表示绕过每个临界点一次，标记" + + + – + – – –"表示一个非常特别的轨道，这个轨道绕临界点八次后才开始重复自身。

lorenzgui 产生的四个不同周期的轨道的标记如何？注意，每个标记都是不同的，且 $\rho = 99.65$ 特别棘手。

7.13 lorenzgui 中不同 ρ 值产生的周期轨道的周期分别是多少？

7.14 MATLAB 的 demos 目录下含有一个名为 orbitode 的 M 文件，它使用 ode45 求解一个受限三体问题（restricted three-body problem）的实例。该问题涉及一个轻物体绕两个重物体的运动轨迹，比如在地球和月亮之间运动的阿波罗号飞船。运行这个演示程序，然后利用下面的语句找到其源代码。

```
orbitode
which orbitode
```

拷贝一个单独的 `orbitode.m`，找到下面的语句：

```
tspan = [0 7];
y0 = [1.2; 0; 0; -1.04935750983031990726];
```

上面的语句设置了积分的区间，以及轻物体的初始位置和速度。问题是，这些值是从何而来的？为了解决这个问题，找到语句

```
[t,y,te,ye,ie] = ode45(@f,tspan,y0,options);
```

删去分号，再加入另外的三条语句

```
te
ye
ie
```

再次运行这个演示程序。试解释 `te`、`ye` 和 `ie` 的值与 `tspan` 以及 `y0` 的关系。

7.15 Lotka-Volterra 捕食者–被掠食者模型是数学生态学中的一个经典模型。考虑一个简单的生态系统，包含有无限食物供给的兔群和依靠捕食兔子为生的狐狸群体。这个系统可以通过一对非线性一阶微分方程来建模：

$$\frac{\mathrm{d}r}{\mathrm{d}t} = 2r - \alpha rf, r(0) = r_0$$

$$\frac{\mathrm{d}f}{\mathrm{d}t} = -f + \alpha rf, f(0) = f_0$$

其中 t 为时间，$r(t)$ 为兔子的数量，$f(t)$ 为狐狸的数量，α 为一个正常数。如果 $\alpha = 0$，这两个种群没有关系，兔子很好地生存，而狐狸因饥饿而死亡。如果 $\alpha > 0$，狐狸捕食和自身数量成比例的兔子，这种捕食会造成兔子数量的减少和狐狸数量的增加（原因不像减少那么显而易见）。

这个非线性系统的解无法写成已知的其他函数的组合，只能通过数值求解。可以证明该系统的解具有周期性，其周期取决于初始条件。也就是说，对任意的 $r(0)$ 和 $f(0)$ 值，都存在一个时间 $t = t_p$，此时这两个种群的数量都等于初始值。因此对所有的 t 有

$$r(t + t_p) = r(t), f(t + t_p) = f(t)$$

(a) 计算系统的解，取 $r_0 = 300$，$f_0 = 150$ 以及 $\alpha = 0.01$。结果应该有 t_p 接近 5。绘制两幅图，一个以 r 和 f 作为 t 的函数，一个相位平面图分别以 r 和 t 为两个坐标轴。

(b) 计算并绘制 $r_0 = 15$，$f_0 = 22$ 和 $\alpha = 0.01$ 时的解。t_p 应该接近 6.62。

(c) 计算并绘制 $r_0 = 102$，$f_0 = 198$ 和 $\alpha = 0.01$ 时的解，计算出周期 t_p，可以通过误差试算或者消息句柄机制。

(d) 点 $(r_0, f_0) = (1/\alpha, 2/\alpha)$ 是一个稳定的平衡点，如果初值为此值，那么种群数量不会变化。如果初值不等于但比较接近该平衡点，那么其数量不会发生大的变化。令 $u(t) = r(t) - 1/\alpha$，$v(t) = f(t) - 2/\alpha$，函数 $u(t)$ 和 $v(t)$ 满足另外一个非线性微分方程系统，但如果忽略 uv 项，系统变为线性。试问这个线性系统为何？其周期解的周期是多少？

7.16 人们提出了多种 Lotka-Volterra 捕食者–被掠食者模型的修改模型，以更精确地反映自然中的实际情况。比如，可以按如下修改第一个方程，以便防止兔子数量无限增长：

$$\frac{\mathrm{d}r}{\mathrm{d}t} = 2\left(1 - \frac{r}{R}\right)r - \alpha rf, r(0) = r_0$$

$$\frac{\mathrm{d}f}{\mathrm{d}t} = -f + \alpha rf, y(0) = y_0$$

其中 t 为时间，$r(t)$ 为兔子的数量，$f(t)$ 为狐狸的数量，α 为一个正常数，R 也是一个正常数。由于 α 为正数，当 $r \geqslant R$ 时 $\frac{\mathrm{d}r}{\mathrm{d}t}$ 为负，因此，兔子的数量永远不会超过 R。对于 $\alpha = 0.01$，比较原始模型和 $R = 400$ 时修改后的模型的特性。在比较的过程中，取 $r_0 = 300$，$f_0 = 150$，在 50 个时间单位上求解方程，并绘制四个不同的图。

- 原始模型狐狸数量和兔子数量相对时间。
- 修改模型狐狸数量和兔子数量相对时间。
- 原始模型狐狸数量相对兔子数量。
- 修改模型狐狸数量相对兔子数量。

对所有的图，标记所有曲线和坐标轴并给出一个标题，对后两个图，设置纵横比以便保证 x 和 y 坐标轴上同样增量对应的长度相同。

224

7.17 一个 80 千克的伞兵在 600 m 的高度从飞机上跳落，降落伞在 5 s 后打开，伞兵的高度对时间的函数 $y(t)$ 由下面的方程给出：

$$\ddot{y} = -g + \alpha(t)/m$$
$$y(0) = 600 \text{ m}$$
$$\dot{y}(0) = 0 \text{ m/s}$$

其中 $g = 9.81 \text{ m/s}^2$ 为重力加速度，$m = 80 \text{ kg}$ 是伞兵的质量。空气阻力 $\alpha(t)$ 和速度平方成比例，比例常数在降落伞打开前后为两个不同的常量。

$$\alpha(t) = \begin{cases} K_1\dot{y}(t)^2 & t < 5 \\ K_2\dot{y}(t)^2 & t \geqslant 5 \end{cases}$$

（a）求解自由下落即 $K_1 = 0, K_2 = 0$ 时的解析解。求降落伞打开时的高度，到达地面所用的时间，碰撞地面时的速度，并以高度对时间绘图，要求对图做出适当的标注。

（b）考虑 $K_1 = 1/15, K_2 = 4/15$ 的情况。求降落伞打开时的高度，到达地面所用的时间，碰撞地面时的速度，绘制高度对时间的图像并给出适当的标注。

7.18 确定球形炮弹的轨迹，以水平线为 x 轴、竖直方向为 y 轴、发射点为原点建立静态笛卡儿坐标系，炮弹发射时的初始速度相对于坐标系的大小为 v_0，方向和 x 轴成 θ_0 角度。炮弹在运动过程中仅受到重力和空气阻力 D 的影响，后者和炮弹相对于可能存在的风的速度有关。可以用下面的方程来描述炮弹的运动。

$$\dot{x} = v\cos\theta, \dot{y} = v\sin\theta$$

$$\dot{\theta} = -\frac{g}{v}\cos\theta, \dot{v} = -\frac{D}{m} - g\sin\theta$$

该问题的常量包括重力加速度 $g = 9.81 \text{ m/s}^2$，质量 $m = 15 \text{ kg}$，初始速度 $v_0 = 50 \text{ m/s}$，风向假设水平且风速为时间的一个特定函数 $w(t)$。空气阻力和炮弹相对于风的速度平方成正比：

$$D(t) = \frac{c\rho s}{2}((\dot{x} - w(t))^2 + \dot{y}^2)$$

其中 $c = 0.2$ 为阻力系数，$\rho = 1.29 \text{ kg/m}^3$ 是空气密度，$s = 0.25 \text{ m}^2$ 是炮弹的截面面积。

考虑下面四种不同风力的情形：

- 没有风，任意时刻都有 $w(t) = 0$。
- 稳定的逆风，任意时刻都有 $w(t) = -10 \text{ m/s}$。
- 间歇性的顺风，当时间 t 整数部分为奇数时有 $w(t) = 10 \text{ m/s}$，否则为零。 [225]
- 阵风，$w(t)$ 为高斯随机变量，均值为零，标准差为 10 m/s。

在 MATLAB 中对 t 的取整函数 $\lfloor t \rfloor$ 为 floor(t)，均值 0、标准差 σ 的高斯随机变量可以通过 sigma * randn(见第 9 章，随机数)产生。

对四种风力条件的每种情况，进行下面的计算：令初始角度为 5 的倍数，即 $\theta_0 = k\pi/36$，$k = 1, 2, \cdots, 17$，在同一图中绘制这 17 条轨迹，比较哪条轨迹的射程最远，并对该轨迹给出它的初始角度、飞行时间、射程、落地速度以及求解方程需要的计算步数。四种条件下哪个需要最多的计算量？给出解释。

7.19　在墨西哥 1968 年奥林匹克运动会上，Bob Beamon 创造了一项跳远的世界纪录 8.90 m，这个数字比前世界纪录多了 0.80 m，从那至今，在竞赛中这个记录只被 Mike Poweu 在 1991 年于东京以 8.95 m 打破过一次。在 Beamon 那次非凡的跳远之后，一些人认为墨西哥城 2250 m 的海拔所造成的低空气阻力是一个重要因素。下面的问题检查了这种可能性。

该问题的数学模型和上面的球形炮弹一样。固定的笛卡儿坐标系以水平方向为 x 轴，竖直方向为 y 轴，起跳板为原点。起跳者的初始速度大小为 v_0，并和 x 轴成 θ_0 度。起跳后仅受到重力和空气阻力 D，后者和速度大小的平方成正比。没有风。下面的方程描述了起跳者的运动

$$\dot{x} = v\cos\theta, \dot{y} = v\sin\theta$$

$$\dot{\theta} = -\frac{g}{v}\cos\theta, \dot{v} = -\frac{D}{m} - g\sin\theta$$

空气阻力为

$$D = \frac{c\rho s}{2}(\dot{x}^2 + \dot{y}^2)$$

其中的常量包括重力加速度 $g = 9.81 \text{ m/s}^2$，质量 $m = 80 \text{ kg}$，阻力系数 $c = 0.72$，跳远运动员的截面积 0.50 m^2，起跳角度 $\theta_0 = 22.5^0 = \pi/8$ 弧度。

计算下面四种不同的跳跃，它们各自有不同的初始速度 v_0 和空气密度 ρ。每次跳跃的距离为 $x(t_f)$，在空中的时间 t_f 由条件 $y(t_f) = 0$ 决定。

(a) 高海拔的跳跃。$v_0 = 10 \text{ m/s}$，$\rho = 0.94 \text{ kg/m}^3$。

(b) 海平面的跳跃。$v_0 = 10 \text{ m/s}$，$\rho = 1.29 \text{ kg/m}^3$。

(c) 赛跑选手在高海拔的跳跃。$\rho = 0.94 \text{ kg/m}^3$，确定能够达到 Beamon 记录 8.90 m 的 v_0。

(d) 赛跑选手在海平面的跳跃。$\rho = 1.29 \text{ kg/m}^3$，以(c)计算的 v_0 为初始速度。 [226]

通过下面表格的比较来展示你的结果：

v0	theta0	rho	distance
10.0000	22.5000	0.9400	???
10.0000	22.5000	1.2900	???
???	22.5000	0.9400	8.9000
???	22.5000	1.2900	???

相比而言，空气密度和初始速度哪个影响更大？

7.20 一个钟摆是由一个无重量的长度为 L 的杆和一个质量密集的点通过无摩擦的销子连接构成的。如果重力是唯一作用于钟摆的力,那么其摆动可以如下建模:

$$\ddot{\theta} = -(g/L)\sin\theta$$

其中 θ 是杆的角度,当 $\theta = 0$ 时,杆垂于销子的下方,$\theta = \pi$ 时,杆不稳定平衡于销子的上方。取 $L = 30$ cm,重力加速度 $g = 998$ cm/s^2,初始条件为

$$\theta(0) = \theta_0$$

$$\dot{\theta}(0) = 0$$

如果初始角度 θ_0 不太大,那么近似有

$$\sin\theta \approx \theta$$

从而得到一个线性方程

$$\ddot{\theta} = -(g/L)\theta$$

它比较容易求解。

(a) 对线性方程,摆动的周期是多少?

如果 θ_0 不是很小,则不能用 θ 替代 $\sin\theta$,可以证明摆动的周期 T 为

$$T(\theta_0) = 4(L/g)^{1/2} K(\sin^2(\theta_0/2))$$

其中 $K(s^2)$ 是第一类椭圆积分,由下式给出:

$$K(s^2) = \int_0^1 \frac{dt}{\sqrt{1 - s^2 t^2}\sqrt{1 - t^2}}$$

(b) 用两种方法计算并绘制 $0 \le \theta_0 \le 0.9999\pi$ 上的 $T(\theta_0)$,使用 MATLAB 函数 `ellipke` 和 `quadtx` 进行数值积分。验证这两种方法的结果在积分误差范围内相等。

(c) 验证对小角度 θ_0,线性和非线性方程的周期近似相等。

(d) 针对非线性模型,计算几个不同的 θ_0 值,包括 0 和 π 附近的值,计算大于一个周期上的解,并在同一个图上绘制出相平面图。

7.21 燃烧矿物燃料对大气中的二氧化碳有何影响?尽管今天二氧化碳的数量只占大气的大约百万分之 350,但其任何增加都可能对气候产生深远的影响。在 LightHouse Foundation 维护的网站[37] 上有许多相关背景的文章介绍。

Eric Roden 将 J. C. G. Walker 在[62]中提出的模型引入我们的视线,该模型模拟了多种不同形式碳原子的相互转化,包括存在于大气、浅海及深海的三种状态。模型中五个主要的变量都是时间的函数:

p,大气中二氧化碳的分压力

σ_s,浅海中集中溶解的碳

σ_d,深海中集中的溶解的碳

α_s,浅海的碱度

α_d,深海的碱度

另外在浅海的平衡方程中还涉及三个量:

h_s,浅海中的碳酸氢盐

c_s,浅海中的碳酸盐

p_s,浅海中气态的二氧化碳的分压力

五个主要变量的变化速率由五个常微分方程给出。大气和浅海之间的交换涉及一个固定的特征传输时间 d 和源项 $f(t)$：

$$\frac{\mathrm{d}p}{\mathrm{d}t} = \frac{p_s - p}{d} + \frac{f(t)}{\mu_1}$$

下面的方程描述了浅海和深海之间的交换，其中 v_s 和 v_d 分别为两个区域的体积：

$$\frac{\mathrm{d}\sigma_s}{\mathrm{d}t} = \frac{1}{v_s}\left((\sigma_d - \sigma_s)w - k_1 - \frac{p_s - p}{d}\mu_2 \right)$$

$$\frac{\mathrm{d}\sigma_d}{\mathrm{d}t} = \frac{1}{v_d}(k_1 - (\sigma_d - \sigma_s)w)$$

$$\frac{\mathrm{d}\alpha_s}{\mathrm{d}t} = \frac{1}{v_s}((\alpha_d - \alpha_s)w - k_2)$$

$$\frac{\mathrm{d}\alpha_d}{\mathrm{d}t} = \frac{1}{v_d}(k_2 - (\alpha_d - \alpha_s)w)$$

二氧化碳和浅海中的碳酸盐之间的平衡方程由三个非线性代数方程描述：

$$h_s = \frac{\sigma_s - (\sigma_s^2 - k_3\alpha_s(2\sigma_s - \alpha_s))^{1/2}}{k_3}$$

$$c_s = \frac{\alpha_s - h_s}{2}$$

$$p_s = k_4 \frac{h_s^2}{c_s}$$

模型中涉及的常量数值如下：

$$d = 8.64$$
$$\mu_1 = 4.95 \cdot 10^2$$
$$\mu_2 = 4.95 \cdot 10^{-2}$$
$$v_s = 0.12$$
$$v_d = 1.23$$
$$w = 10^{-3}$$
$$k_1 = 2.19 \cdot 10^{-4}$$
$$k_2 = 6.12 \cdot 10^{-5}$$
$$k_3 = 0.997148$$
$$k_4 = 6.79 \cdot 10^{-2}$$

|228|

源项 $f(t)$ 描述了现代工业燃烧矿物燃料所造成的影响。时间间隔从一千年前到未来几千年后：

$$1000 \leq t \leq 5000$$

在 $t = 1000$ 处的初始值：

$$p = 1.00$$
$$\sigma_s = 2.01$$
$$\sigma_d = 2.23$$
$$\alpha_s = 2.20$$
$$\alpha_d = 2.26$$

描述了前工业时代的平衡并保持近似不变，其中 $f(t)$ 近似为零。

下面的列表大致描述了燃烧矿物燃料(特别是汽油) 所释放二氧化碳的源项$f(t)$。其数值在 1850 年后开始变得显著, 在 19 世纪末达到峰值, 然后降低直到燃料消耗完。

年	使用率
1000	0.0
1850	0.0
1950	1.0
1980	4.0
2000	5.0
2050	8.0
2080	10.0
2100	10.5
2120	10.0
2150	8.0
2225	3.5
2300	2.0
2500	0.0
5000	0.0

图 7-10 显示了源项及其对大气和海洋的影响。下半部的三个图线显示了大气、浅海及深海中碳的变化(两个碱度值由于基本保持不变, 所以没有绘出)。开始时, 三个区域中的碳维持在平衡状态, 所以其数量在 1850 年之前几乎没有变化。在 $1850 \leqslant t \leqslant 2500$ 之间, 图 7-10 的上半部表示了燃烧矿物燃料所产生的碳进入系统, 下半部分表示了系统的反应。大气是最先受到影响的, 在 500 年后将增加四倍多, 大约有一半的碳缓慢进入浅海并最终转入深海区域内。

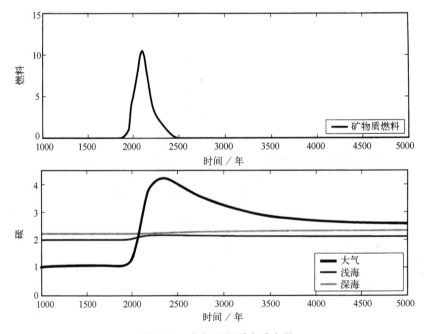

图 7-10　大气和海洋中碳含量

（a）重新绘制图7-10。使用 `pchiptx` 插入燃料表格，并使用 `ode23tx` 在默认的容差下求解此微分方程。

（b）比较三个区域中5000年和1000年时碳的含量。

（c）大气中的二氧化碳在何时达到最大值？

（d）该方程是适度刚性的，这是由不同时间尺度内多种化学反应的发生造成的。放大图的某些部分，可以发现由于 `ode23tx` 采用了小步长所引起的特征锯齿形态。找到这样的一个区域。 230

（e）用 MATLAB 的常微分方程求解程序，包括 `ode23`、`ode45`、`ode113`、`ode23s` 以及 `ode15s`，尝试采用不同的容差并用如下代码并报告其计算代价：

```
odeset('RelTol',1.e-6,'AbsTol',1.e-6,'stats','on');
```

哪个方法更适合解决此问题？

7.22　下面的问题使用了积分、常微分方程以及方程求根来研究一个非线性边界值问题。函数 $y(t)$ 在区间 $0 \leqslant x \leqslant 1$ 上定义如下：

$$y'' = y^2 - 1$$
$$y(0) = 0$$
$$y(1) = 1$$

这个问题可以通过四种方法求解。使用 `subplot(2,2,1)`,...,`subplot(2,2,4)` 把四个解绘制在一张图上。

（a）发射法。假设 $\eta = y'(0)$ 已知，那么可以使用常微分方程求解程序（如 `ode23tx` 或 `ode45`）来求解如下初值问题：

$$y'' = y^2 - 1$$
$$y(0) = 0$$
$$y'(0) = \eta$$

求解区间为 $0 \leqslant x \leqslant 1$。每个 η 值都会确定一个不同的解 $y(x;\eta)$ 以及相应的 $y(1;\eta)$ 值，期望的边界条件 $y(1) = 1$ 会定义一个 η 的函数

$$f(\eta) = y(1;\eta) - 1$$

编写一个参数为 η 的 MATLAB 函数，这个函数求解常微分方程初值问题并返回 $f(\eta)$。然后使用 `fzero` 或 `fzerotx` 找到一个值 η_*，满足 $f(\eta_*) = 0$。然后在初值问题中使用这个 η_* 值并得到期望的 $y(x)$。求出 η_* 的值。

（b）积分法。观察到 $y'' = y^2 - 1$ 可以写为

$$\frac{\mathrm{d}}{\mathrm{d}x}\left(\frac{(y')^2}{2} - \frac{y^3}{3} + y\right) = 0$$

这意味着表达式

$$\kappa = \frac{(y')^2}{2} - \frac{y^3}{3} + y$$ 231

为常量。由于 $y(0) = 0$，有 $y'(0) = \sqrt{2\kappa}$，进而，如果能够找到常量κ，边界值问题就可以转化为初值问题。对下式积分

$$\frac{\mathrm{d}x}{\mathrm{d}y} = \frac{1}{\sqrt{2(\kappa + y^3/3 - y)}}$$

可以得到

$$x = \int_0^y h(y, \kappa) \, \mathrm{d}y$$

其中

$$h(y, \kappa) = \frac{1}{\sqrt{2(\kappa + y^3/3 - y)}}$$

至此，结合边界条件 $y(1) = 1$ 可以定义函数 $g(\kappa)$ 如下：

$$g(\kappa) = \int_0^1 h(y, \kappa) \, \mathrm{d}y - 1$$

需要实现两个 MATLAB 函数，一个计算 $h(y, \kappa)$，另一个计算 $g(\kappa)$。可以把它们写成两个独立的 M 文件，但更好的做法是，把 $h(y, \kappa)$ 写成 $g(\kappa)$ 的一个内嵌函数。函数 $g(\kappa)$ 可以使用 quadtx 来计算 $h(y, \kappa)$ 的积分。通过 quatdtx 把参数 κ 作为 g 的一个额外参数传递给 h。再使用 fzerotx 找到满足 $g(\kappa_*) = 0$ 的 κ_* 值。最终这个 κ_* 值提供了第二个需要的初始值，进而可以用常微分方程求解程序来计算 $y(x)$，求出 κ_* 的值。

(c) 和 (d) 非线性有限差分法。把区间分为 $n + 1$ 个相等的子区间，每个长度为 $h = 1/(n+1)$：

$$x_i = ih, i = 0, \cdots, n + 1$$

把微分方程替换为包含 n 个未知量 $y_1, y_2, \cdots, y_n$ 的一组非线性微分方程系统。

$$y_{i+1} - 2y_i + y_{i-1} = h^2(y_i^2 - 1), i = 1, \cdots, n$$

边界条件为 $y_0 = 0$ 和 $y_{n+1} = 1$。

一种方便的计算第二个差分向量的方法是，使用一个 $n \times n$ 的三角矩阵 A，其主对角线上元素均为 -2，主对角线上下两个副对角线元素均为 1，其他元素均为 0。可以使用下面的代码生成这个矩阵的稀疏形式：

```
e = ones(n,1);
A = spdiags([e -2*e e],[-1 0 1],n,n);
```

边界条件 $y_0 = 1$ 和 $y_{n+1} = 1$，可以用 n 维向量 b 来表示，其中 $b_i = 0, i = 1, \cdots, n-1$，且 $b_n = 1$。这样非线性差分方程的矩阵形式为：

$$Ay + b = h^2(y^2 - 1)$$

其中 y^2 是包含 y 元素平方的向量，在 MATLAB 中用 y.^2 来计算。求解这个系统至少有两种方法。

(c) 线性迭代。这种方法首先把差分方程写成如下形式：

$$Ay = h^2(y^2 - 1) - b$$

从向量 y 的一个初始猜测值开始，迭代过程包括把当前 y 插入到当前方程的右端，然后求解得到的线性系统得到一个新的 y。这个过程需要重复使用稀疏反斜线操作符迭代赋值语句：

```
y = A\(h^2*(y.^2 - 1) - b)
```

可以证明这个迭代过程线性收敛，并提供了求解非线性差分方程的一个鲁棒的方法。给出你使用的 n 以及所用的迭代次数。

(d) 牛顿法。这种方法基于把差分方程写成如下的形式：

$$F(y) = Ay + b - h^2(y^2 - 1) = 0$$

通过牛顿法求解 $F(y) = 0$，需要一个多变量的微分 $F'(y)$。这个微分是雅可比矩阵即偏导数矩阵：

$$J = \frac{\partial F_i}{\partial y_i} = A - h^2 \text{diag}(2y)$$

在 MATLAB 中，牛顿法的一步过程大致为：

```
F = A*y + b - h^2*(y.^2 - 1);
J = A - h^2*spdiags(2*y,0,n,n);
y = y - J\F;
```

如果起始猜测值较好，牛顿法就可以在较少的迭代下收敛。给出你使用的 n 值及需要的迭代次数。

7.23 双联摆在初始角度足够大的时候，是展示混沌运动的经典物理模型。如图 7-11 所示，模型包括两个重物，或者说是摆锤，通过一个无重量的刚性杆连接，并固定于一个枢轴上。不考虑摩擦力，即开始运动就不会停止。运动可以通过两个杆以及 y 轴负方向的角度 θ_1 和 θ_2 来描述。令 m_1 和 m_2 代表摆锤的质量，ℓ_1 和 ℓ_2 代表杆的长度，那么摆锤的位置为

$$x_1 = \ell_1 \sin\theta_1, y_1 = -\ell_1 \cos\theta_1$$
$$x_2 = \ell_1 \sin\theta_1 + \ell_2 \sin\theta_2, y_2 = -\ell_1 \cos\theta_1 - \ell_2 \cos\theta_2$$

唯一受到的外力是重力，用 g 表示。通过经典机械学中的拉格朗日方程可以推导出一对关于两个角度 $\theta_1(t)$ 和 $\theta_2(t)$ 的二阶非线性常微分方程：

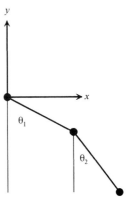

图 7-11　双联摆

$$(m_1 + m_2)\ell_1\ddot{\theta}_1 + m_2\ell_2\ddot{\theta}_2\cos(\theta_1 - \theta_2) = -g(m_1 + m_2)\sin\theta_1 - m_2\ell_2\dot{\theta}_2^2\sin(\theta_1 - \theta_2)$$
$$m_2\ell_1\ddot{\theta}_1\cos(\theta_1 - \theta_2) + m_2\ell_2\ddot{\theta}_2 = -gm_2\sin\theta_2 + m_2\ell_1\dot{\theta}_1^2\sin(\theta_1 - \theta_2)$$

通过引入一个 4×1 的列向量 $u(t)$，可以把方程重写为一个一阶系统：

$$u = [\theta_1, \theta_2, \dot{\theta}_1, \dot{\theta}_2]^T$$

取 $m_1 = m_2 = \ell_1 = \ell_2 = 1$，$c = \cos(u_1 - u_2)$，以及 $s = \sin(u_1 - u_2)$，方程组变为

$$\dot{u}_1 = u_3$$
$$\dot{u}_2 = u_4$$
$$2\dot{u}_3 + c\dot{u}_4 = -g\sin u_1 - su_4^2$$
$$c\dot{u}_3 + \dot{u}_4 = -g\sin u_2 + su_3^2$$

令 $M = M(u)$ 表示 4×4 的质量矩阵

$$M = \begin{bmatrix} 1 & 0 & 0 & 0 \\ 0 & 1 & 0 & 0 \\ 0 & 0 & 2 & c \\ 0 & 0 & c & 1 \end{bmatrix}$$

并令 $f = f(u)$ 代表 4×1 非线性力函数

$$f = \begin{bmatrix} u_3 \\ u_4 \\ -g\sin u_1 - su_4^2 \\ -g\sin u_2 + su_3^2 \end{bmatrix}$$

233
≀
234

采用矩阵向量符号，方程组可以简写成如下形式：

$$M\dot{u} = f$$

这是一个隐式的微分方程系统，包含一个变化的非线性质量矩阵。通常双联摆问题不使用质量矩阵推导，但含有更多自由度的较大规模问题一般都是隐式的。在许多情形下，质量矩阵都是奇异的，不可能把方程写成显式的。

　　NCM M 文件 swinger 提供了一个这类问题的交互式图形实现。通过指定第二个摆锤的位置，(x_2, y_2) 将初始坐标传递给 swinger，或者也可以使用鼠标确定。在大部分情形下，这并不能唯一确定第一个摆锤的起始位置，但也只有两个可能，可以任意取一个。初始速度 $\dot{\theta}_1$ 和 $\dot{\theta}_2$ 均为零。数值求解使用了 ode23，本书提供的 ode23tx 并不适用于隐式方程。在调用 ode23 之前要使用 odeset 来设置产生质量矩阵的函数和绘图函数：

```
opts = odeset('mass',@swingmass, ...
      'outputfcn',@swingplot);
ode23(@swingrhs,tspan,u0,opts);
```

质量矩阵函数为

```
function M = swingmass(t,u)
c = cos(u(1)-u(2));
M = [1 0 0 0; 0 1 0 0; 0 0 2 c; 0 0 c 1];
```

驱动力函数为

```
function f = swingrhs(t,u)
g = 1;
s = sin(u(1)-u(2));
f = [u(3); u(4); -2*g*sin(u(1))-s*u(4)^2;
    -g*sin(u(2))+s*u(3)^2];
```

可以仅使用一个常微分方程函数返回 M\f，但这里想强调一下隐式技巧。

　　内部函数 swinginit 把指定的起始点 (x, y) 转化为一对角度 (θ_1, θ_2)，如果 (x, y) 位于圆之外，即

$$\sqrt{x^2 + y^2} > \ell_1 + \ell_2$$

235

那么单摆无法到达这个指定点。在这种情形下，我们将单摆拉直使 $\theta_1 = \theta_2$ 并指向给定的方向。如果 (x, y) 在半径为 2 的圆内，则返回到达这个点的两种可能解之一。

下面是一些引导你研究 swinger 的问题。

(a) 当初始点位置位于半径为 2 的圆之外时，两根杆像一根杆一样开始运动。如果初始角度不大，那么双联摆会继续像单个单摆那样运动。但如果初始角度足够大，会发生混沌运动。多大的初始角度会导致混沌运动？

(b) 默认的初始条件为

```
swinger(0.862,-0.994)
```

为什么这个轨迹比较有趣? 你能找到一个类似的轨道吗?

(c) 运行 swinger 一会儿, 然后点击 stop 按钮。进入 MATLAB 的命令行, 输入 get(gcf,'userdata'), 返回什么值?

(d) 修改 swinginit, 使位于半径为 2 的圆内的其他可能初始点也被选中。

(e) 修改 swinger 取不同于 $m_1 = m_2 = 1$ 的质量。

(f) 修改 swinger 取不同于 $\ell_1 = \ell_2 = 1$ 的长度。这比改变质量要困难, 因为要涉及初始几何图形。

(g) 重力因素在这里扮演什么角色? 如果把双联摆移到月球上, 其行为有何变化? 修改 swingrhs 中的 g, 会如何影响图形显示的速度、常微分方程求解程序的步长选择以及 t 的计算值?

(h) 合并 swingmass 和 swingrhs 为一个函数 swingode, 除去 mass 选项, 并使用 ode23tx 替代 ode23。

(i) 这些方程是刚性的吗?

(j) 下面是一个比较困难的问题。语句 swinger(0,2) 试图让单摆在其支点上平衡, 实际中单摆只停留于支点一段时间, 但很快失去平衡。观察 swinger(0,2) 标题中显示的 t 值, 是什么力让单摆从竖直位置离开的? 在 t 为何值时这个力变得显著? |236|

傅里叶分析

我们每天都在使用傅里叶分析,但是我们却浑然不知。手机、磁盘驱动器、DVD、JPEG 都涉及了快速傅里叶变换。这一章讨论快速傅里叶变换(FFT)的计算和描述。

缩写词 FFT 是一个模糊的概念。第一个 F 可以表示快速或者有限。一个更准确的缩写应该为 FFFT,但没有人这样用。在 MATLAB 里,表达式 fft(x) 计算任意向量 x 的离散傅里叶变换。如果整数 n = length(x) 是小的素数幂的乘积,这个变换是很快速的。在 8.6 节中讨论此算法。

8.1 按键式拨号盘

按键式电话拨号盘是每天使用傅里叶分析的一个例子。按键式拨号盘的基础是双音多频(DTMF)系统。程序 touchtone 显示了 DTMF 的音调是如何产生和解码的。电话的拨号盘类似于一个 4×3 的矩阵(如图 8-1)。与每个行列有关的是一个频率。基本的频率为

```
fr = [697 770 852 941];
fc = [1209 1336 1477];
```

如果 s 是一个字母,表示键区的一个按钮,相应的行索引 k 和列索引 j 可以由下面的程序得到:

```
switch s
   case '*', k = 4; j = 1;
   case '0', k = 4; j = 2;
   case '#', k = 4; j = 3;
   otherwise,
      d = s-'0'; j = mod(d-1,3)+1; k = (d-j)/3+1;
end
```

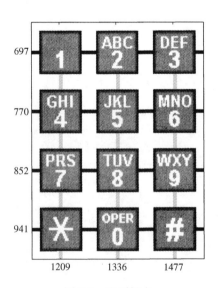

图 8-1　电话键盘

在数字语言中一个重要的参数是取样频率。

```
Fs = 32768
```

在这种取样频率下，在时间区间为 $0 \leqslant t \leqslant 0.25$ 时，

```
t = 0:1/Fs:0.25
```

通过叠加频率为 fr(k) 和 fc(j) 的两个基本音调，可以得到由位置(k,j)处按钮产生的音调。

```
y1 = sin(2*pi*fr(k)*t);
y2 = sin(2*pi*fc(j)*t);
y = (y1 + y2)/2;
```

如果你的电脑装有声卡，MATLAB 中输入

```
sound(y,Fs)
```

播放这个音调。

图 8-2 显示了按钮′1′由程序 touchtone 产生的图。上方的子图显示了按键产生的两个基本频率，下方的子图显示一部分信号，由频率的正弦波取平均值得到。

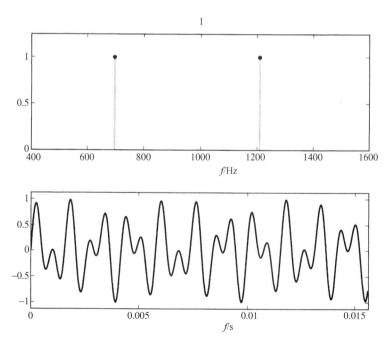

图 8-2　按键"1"产生的波形

数据文件 touchtone.mat 包含了一个正在拨号的音调记录。通过这个音调记录，是否可以确定电话号码呢？输入语句：

```
load touchtone
```

加载一个信号 y 和一个取样频率 Fs 到工作站。为了减小文件，向量 y 的分量由 8 位整数构成，$-127 \leqslant y_k \leqslant 127$。

输入语句：

```
y = double(y)/128;
```

调整向量将其变换成双精度，以便以后使用。输入语句：

```
n = length(y);
t = (0:n-1)/Fs
```

重现记录的取样时间。t 的最后一个分量是 9.1309，说明了记录持续 9 秒多一点。图8-3
画出了整个信号。

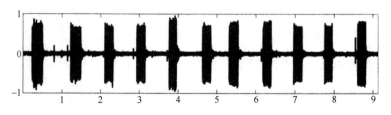

图8-3　11 位数字的电话号码记录

这种信号有许多噪声。我们甚至能看到当按下按钮的时刻图上出现小的峰值。容易看出
已拨出了 11 个数字，但是，在这种情况下，不可能确定分别是哪些数字。

图 8-4 显示了这个信号的离散傅里叶变换，这是确定各个数字的关键。

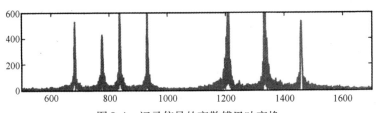

图8-4　记录信号的离散傅里叶变换

在 MATLAB 中输入以下命令产生该图：

```
p = abs(fft(y));
f = (0:n-1)*(Fs/n);
plot(f,p);
axis([500 1700 0 600])
```

x 坐标表示频率。坐标轴的设置限制了 DTMF 的频率范围。这里有 7 个峰值，对应 7 个
基本频率。整个信号的离散傅里叶变换显示了在信号的某处出现所有的 7 个频率，但是，这
并不能帮助确定各个数字。

我们将信号分成 11 个相等的段，通过程序 touchtone 分别分析各个段。图8-5 显示了
第一个段。

在这个段中，只有两个峰值，显示了该信号的这部分只有两个基本的频率。这两个频率
来自按钮'1'。我们也能看出，这一部分的波形和按钮'1'产生的波形相似。因此我们可以推
断：在 touchtone 中按下的数字由'1'开始。请做习题 8.1，继续分析并确定完整的电话
号码。

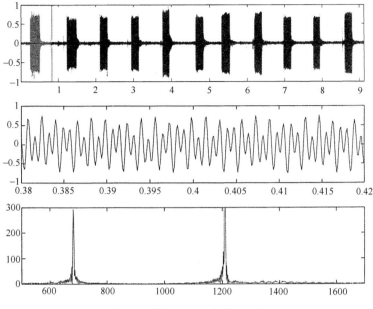

图 8-5   傅里叶变换中的第一段

8.2   离散傅里叶变换

一个有 n 个分量的复向量 y 通过有限或者离散傅里叶变换得到另外一个复向量 Y:

$$Y_k = \sum_{j=0}^{n-1} \omega^{jk} y_j$$

其中,ω 是一个单位 1 的 n 次单位根:

$$\omega = e^{-2\pi i/n}$$

在这一章中,数学符号遵循信号处理文献中的一般惯例。$i = \sqrt{-1}$ 是单位复数,j 和 k 是索引,从 0 到 $n-1$。

傅里叶变换可以表示为矩阵向量乘:

$$Y = Fy$$

其中傅里叶矩阵 F 各元素为

$$f_{k,j} = \omega^{jk}$$

可以证明,F 几乎是自身的逆。更精确地说,F 的复共轭转置 F^H 满足

$$F^H F = nI$$

因此

$$F^{-1} = \frac{1}{n} F^H$$

这允许我们做傅里叶变换的逆变换:

$$y = \frac{1}{n} F^H Y$$

因此

$$y_j = \frac{1}{n} \sum_{k=0}^{n-1} Y_k \overline{\omega}^{jk}$$

其中 $\overline{\omega}$ 是 ω 的复共轭。

$$\bar{\omega} = e^{2\pi i/n}$$

我们应该指出，这并不是日常用到的离散傅里叶变换的唯一符号。在第一个方程 ω 定义中的负号有时会出现在反变换使用的 $\bar{\omega}$ 的定义中。逆变换中的缩放因子 $1/n$ 有时候被同时在交换与逆变换中乘以 $1/\sqrt{n}$ 取代。

在 MATLAB 中，傅里叶矩阵 F 可以由以下命令产生：

```
omega = exp(-2*pi*i/n);
j = 0:n-1;
k = j'
F = omega.^(k*j)
```

k*j 是一个外积，对一个 $n \times n$ 的矩阵，它的元素是这两个向量的各分量外积。但是，内部函数 fft 实现的是这个矩阵每一列的离散傅里叶变换，因此，一个更容易、更快的产生 F 的方法是：

```
F = fft(eye(n))
```

8.3 **fftgui**

fft 的图形用户接口(GUI)可以帮助你研究离散傅里叶变换的性质。如果 y 是一个包含几十个分量的向量，输入命令

```
fftgui(y)
```

生成四个图

```
real(y)          imag(y)
real(fft(y))     imag(fft(y))
```

你可以用鼠标来移动这些图中的任意一点，其他图中的点会产生一些变化。

运行 fftgui 并试着做下面的例子。每个例子说明某种傅里叶变换的性质。如果你运行时没有代入参数

```
fftgui
```

所有的 4 个图都被初始化为由 zeros(1,32) 产生。用鼠标左键点击上排左图的左上角，此时，你正在记录第零个单位向量，其第一个分量为 1，其余分量为零，得到图 8-6。

结果的实部是一个常量而虚部是零。你可以从下面的定义中看出

$$Y_k = \sum_{j=0}^{n-1} y_j e^{-2ijk\pi/n}, \ k = 0, \cdots, n-1$$

如果 $y_0 = 1$ 并且 $y_1 = \cdots = y_{n-1} = 0$。结果为

$$Y_k = 1 \cdot e^0 + 0 + \cdots + 0 = 1, \ \text{对所有} \ k$$

再次点击 y_0，让鼠标竖直下移。常量的振幅会相应变化。

接着，试第二个单位向量。使用鼠标设置 $y_0 = 0$，$y_1 = 1$，于是得到图 8-7。此时，你看到下面的函数图形：

$$Y_k = 0 + 1 \cdot e^{-2ik\pi/n} + 0 + \cdots + 0$$

n 次单位根可以写为

$$\omega = \cos\delta - i\sin\delta, \ \text{其中} \ \delta = 2\pi/n$$

因此，对于 $k = 0, \cdots, n-1$

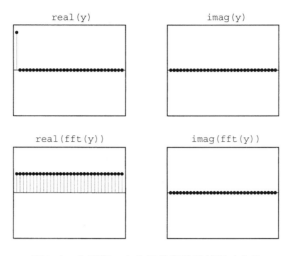

图 8-6　向量第一个分量是常数的傅里叶变换

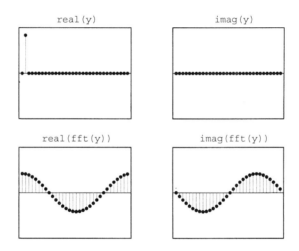

图 8-7　向量第二个分量是常数的傅里叶变换是完美的正弦波

$$\mathrm{real}(Y_k) = \cos k\delta, \ \mathrm{imag}(Y_k) = -\sin k\delta$$

我们在区间 $0 \leqslant x \leqslant 2\pi$ 的 n 等分点取样两个三角函数。第一个采样点为 $x = 0$，最后一个采样点为 $x = 2\pi - \delta$。

现在设置 $y_2 = 1$，用鼠标改变 y_4。图 8-8 是一个快照。我们得到图

$$\cos 2k\delta + \eta\cos 4k\delta \ \text{and} \ -\sin 2k\delta - \eta\sin 4k\delta$$

变量值 $\eta = y_4$。

x 轴正中点右边的一个点是特别重要的点，称为奈奎斯特点。对于偶数 n，给这些点编号 0 到 $n-1$，该点的索引为 $\frac{n}{2}$。如果 $n = 32$，该点索引为 16。图 8-9 显示了向量在奈奎斯特点分量为 1 的傅里叶变换，是一个 $+1$ 和 -1 的交替变化序列。

现在来看傅里叶变换的对称性。在 $\mathrm{real}(y)$ 画出的图上随机点击几下，使得 $\mathrm{imag}(y)$ 为零。图 8-10 显示了一个例子。仔细看这两幅图。忽略每个图的第一个点，实部关于奈奎斯特点对称，而虚部关于奈奎斯特点反对称。更精确地说，如果 y 是任意长度为 n 的向量，$Y = \mathrm{fft}(y)$，那么

243

$$\mathrm{real}(Y_0) = \sum y_j$$
$$\mathrm{imag}(Y_0) = 0$$
$$\mathrm{real}(Y_j) = \mathrm{real}(Y_{n-j}), \ j = 1, \cdots, n/2$$
$$\mathrm{imag}(Y_j) = -\mathrm{imag}(Y_{n-j}), \ j = 1, \cdots, n/2$$

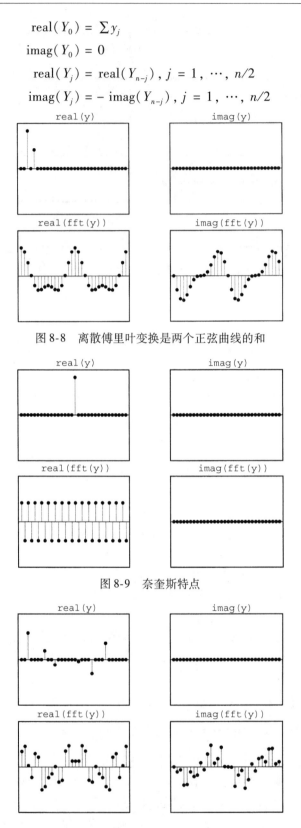

图8-8   离散傅里叶变换是两个正弦曲线的和

图8-9   奈奎斯特点

图8-10   关于奈奎斯特点的对称性

8.4　太阳黑子

几百年以来，人们已经注意到太阳表面是不稳定或不均匀的，并且周期性地、随机地在一些地方呈现深色的区域。该活动与天气以及其他重要的经济现象有关。在 1848 年，Rudolf Wolfer 提出一个准则，将太阳黑子的数目和大小做了一个索引。用相关的记录，天文学家应用 Wolfer 的准则确定太阳黑子的活动可追溯到 1700 年。现在，很多天文学家都测量了太阳黑子索引，比利时皇家天文台太阳影响数据中心对世界范围内的数据做了整理[53]。

MATLAB 中 demos 目录下的文本文件 sunspot.dat 有两列数字。第一列从 1700 到 1987 年，第二列是每年 Wolfer 太阳黑子数目的平均值。

244
～
245

```
load sunspot.dat
t = sunspot(:,1)';
wolfer = sunspot(:,2)';
n = length(wolfer);
```

这个数据有稍微向上的趋势。最小二乘拟合给出了这个趋势直线。

```
c = polyfit(t,wolfer,1);
trend = polyval(c,t);
plot(t,[wolfer; trend],'-',t,wolfer,'k.')
xlabel('year')
ylabel('Wolfer index')
title('Sunspot index with linear trend')
```

你可以清楚地看到这个现象的周期(特征图 8-11)。峰值和峰谷差不多有 10 年的间隔。

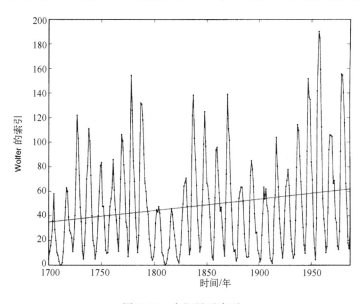

图 8-11　太阳黑子索引

现在减去线性趋势，然后进行离散傅里叶变换。

```
y = wolfer - trend;
Y = fft(y);
```

向量 $|Y|^2$ 是信号的功率。功率与频率的关系曲线图是个周期图（图 8-12）。我们想画 $|Y|$ 的图，而不是 $|Y|^2$，因为它的缩放因子相对小。这些数据的取样频率是一年，所以频率 f 的单位是次/年。

```
Fs = 1;  % Sample rate
f = (0:n/2)*Fs/n;
pow = abs(Y(1:n/2+1));
pmax = 5000;
plot([f; f],[0*pow; pow],'c-', f,pow,'b.', ...
    'linewidth',2,'markersize',16)
axis([0 .5 0 pmax])
xlabel('cycles/year')
ylabel('power')
title('Periodogram')
```

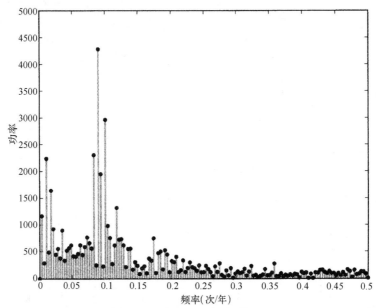

图 8-12　太阳黑子索引周期图

峰值出现在频率 =0.09 次/年附近。你可能想知道相应的周期，其单位为年/次。让我们放大这个图，x 轴为频率的倒数。

```
k = 0:44;
f = k/n;
pow = pow(k+1);
plot([f; f],[0*pow; pow],'c-',f,pow,'b.', ...
    'linewidth',2,'markersize',16)
axis([0 max(f) 0 pmax])
k = 2:3:41;
f = k/n;
period = 1./f;
periods = sprintf('%5.1f|',period);
set(gca,'xtick',f)
set(gca,'xticklabel',periods)
xlabel('years/cycle')
ylabel('power')
title('Periodogram detail')
```

正如所料，周期差不多为 11.1 年(图 8-13)。这说明，在过去的 300 年里，太阳黑子的周期稍大于 11 年。 247

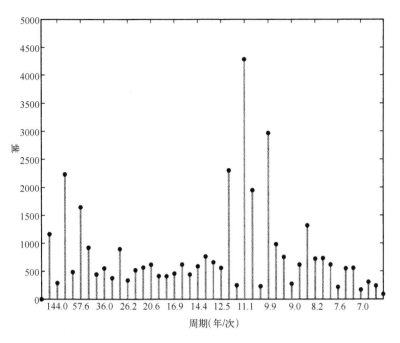

图 8-13　周期图显示为 11 年/次

这部分的代码收藏在 NCM `sunspotstx.m` 文件中。`toolbox/MATLAB/demos/sunspots.m` 为较旧的版本，使用了稍微不同的标记。

8.5　周期时间序列

由按键式电话产生的音调和 Wolfer 的太阳黑子索引是两个周期时间序列的例子。时间函数显示周期特性，至少相似。傅里叶分析使我们能够估计数值离散集的周期，该离散集以固定频率采集数据。下表显示了在这个分析里用到的各量之间的关系。

```
Y                           数据
Fs                          采样点/单位时间
n = length(y)               采样点数目
t = (0:n-1)/Fs              总时间
dt = 1/Fs                   时间增量

Y = fft(y)                  有限傅里叶变换
abs(Y)                      FFT值振幅
abs(Y).^2                   幂
f = (0:n-1)*(Fs/n)          频率、周期/单位时间
(n/2)*(Fs/n) = Fs/2         奈奎斯特频率
p = 1./f                    周期，单位时间/周期
```

周期图是 FFT 的振幅 `abs(Y)` 或幂 `abs(Y).^2` 与频率 f 的关系曲线图。只需画出一半，因为另一半图是前半图关于奈奎斯特频率的反射。 248

8.6 快速离散傅里叶变换

百万个点的一维 FFT 和 1000×1000 的二维傅里叶变换是十分常见的。现代信号和图像处理的关键是如何加速这个计算。

直接利用定义

$$Y_k = \sum_{j=0}^{n-1} \omega^{jk} y_j, \ k = 0, \cdots, n-1$$

对于 Y 的 n 个分量，每个分量都需要 n 个乘法和 n 个加法，因此总共需要 $2n^2$ 次浮点运算。这不包括 ω 的幂运算。一台每微秒能做一次乘法和加法的计算机，做百万个点的傅里叶变换需要百万秒，即大约 11.5 天。

一些人独立地提出了快速傅里叶变换算法，后来很多人也为其做出了贡献，但是 1965 年，普林斯顿大学的 John Tukey 和 IBM 研究中心的 John Cooley 将其写成论文，一般被认为是现代傅里叶变换应用的开端。

现代快速傅里叶变换算法的计算复杂度是 $O(n\log_2 n)$ 而不是 $O(n^2)$。如果 n 是 2 的幂，一个长度为 n 的一维傅里叶变换需要少于 $3n\log_2 n$ 次浮点运算。对于 $n = 2^{20}$，比 $2n^2$ 几乎快 35 000 倍。即使 $n = 1024 = 2^{10}$，也能快约 70 倍。

MATLAB. 6.5 在 Pentium 700 MHz 笔记本电脑上运行，如果 x 的长度为 $2^{20} = 1\,048\,576$，其快速傅里叶变换需要大约 1 秒。内带的函数 fft 基于 FFTW，是由 MIT 的 Matteo Frigo 和 Steven G. Johnson 开发的"The Fastest Fourier Transform in the West"[21]。

快速傅里叶变换算法的关键是，单位 1 的 $2n$ 次单位根的平方等于单位 1 的 n 次单位根，用复数表示：

$$\omega = \omega_n = \mathrm{e}^{-2\pi i/n}$$

我们有

$$\omega_{2n}^2 = \omega_n$$

快速算法的推导始于离散傅里叶变换的定义：

$$Y_k = \sum_{j=0}^{n-1} \omega^{jk} y_j, \ k = 0, \cdots, n-1$$

设想 n 是偶数，而且 $k \leqslant n/2 - 1$。将其按下标的奇偶性分开求和。

$$Y_k = \sum_{\text{偶数} j} \omega^{jk} y_j + \sum_{\text{奇数} j} \omega^{jk} y_j = \sum_{j=0}^{n/2-1} \omega^{2jk} y_{2j} + \omega^k \sum_{j=0}^{n/2-1} \omega^{2jk} y_{2j+1}$$

249

方程右边的两个和是长度为 $n/2$ 的 FFT 的分量，分别为 y 的奇、偶下标。为了得到长度为 n 的整个傅里叶变换，我们需要做两次长度为 $n/2$ 的傅里叶变换，将其中一个结果乘上 ω 的幂，再将两部分结果相加，得到最终结果。

长度为 n 和长度为 $n/2$ 的傅里叶变换之间的关系，可以由 MATLAB 简洁地表达。如果 n = length(y) 是一个偶数：

```
omega = exp(-2*pi*i/n);
k = (0:n/2-1)';
w = omega .^ k;
u = fft(y(1:2:n-1));
v = w.*fft(y(2:2:n));
```

然后

```
fft(y) = [u+v; u-v];
```

现在，如果 n 不仅是偶数，而且是 2 的幂，这个过程可以重复。1 个长度为 n 的快速傅里叶变换可以表示为 2 个长度为 $n/2$ 的快速傅里叶变换，4 个长度为 $n/4$ 的快速傅里叶变换，接着 8 个长度为 $n/8$ 的快速傅里叶变换，然后类推直至变换为 n 个长度为 1 的傅里叶变换。长度为 1 的傅里叶变换就是它本身。如果 $n = 2^p$，这个递归步数为 p。每一步时间复杂度为 $O(n)$，所以总的时间复杂度为

$$O(np) = O(n \log_2 n)$$

如果 n 不是 2 的幂，仍然可以将长度为 n 的傅里叶变换表示为几个长度短一些的傅里叶变换。1 个长度为 100 的傅里叶变换可以写成 2 个长度为 50 的傅里叶变换，4 个长度为 25 的傅里叶变换。1 个长度为 25 的傅里叶变换可以表示为 5 个长度为 5 的傅里叶变换。如果 n 不是一个素数，长度为 n 的傅里叶变换可以表示为若干个其长度能被 n 整除的傅里叶变换。即使 n 是一个素数，傅里叶变换也可以嵌入到另一个其长度可以被因式分解的傅里叶变换中。在这里，我们不详细介绍这些算法。

MATLAB 早一些的版本中，其长度为小的素数的乘积时，fft 函数直接用的是快速算法。从 MATLAB 6 开始，fft 函数即使长度为素数，也使用快速算法。

8.7 ffttx

我们的函数 ffttx 将本章的两个基本概念进行了合并。如果 n 是 2 的幂，使用 $O(n\log_2 n)$ 快速算法。如果 n 包含奇数因子，使用快速递归直至达到一个奇数长度，然后建立离散傅里叶矩阵并使用矩阵向量乘。

```
function y = ffttx(x)
%FFTTX Textbook Fast Finite Fourier Transform.
% FFTTX(X) computes the same finite Fourier transform
% as FFT(X).  The code uses a recursive divide and
% conquer algorithm for even order and matrix-vector
% multiplication for odd order.  If length(X) is m*p
% where m is odd and p is a power of 2, the computational
% complexity of this approach is O(m^2)*O(p*log2(p)).
x = x(:);
n = length(x);
omega = exp(-2*pi*i/n);

if rem(n,2) == 0
   % Recursive divide and conquer
   k = (0:n/2-1)';
   w = omega .^ k;
   u = ffttx(x(1:2:n-1));
   v = w.*ffttx(x(2:2:n));
   y = [u+v; u-v];
else
   % The Fourier matrix
   j = 0:n-1;
   k = j';
   F = omega .^ (k*j);
   y = F*x;
end
```

250

8.8 傅里叶矩阵

下面的 MATLAB 语句可生成 $n \times n$ 矩阵。

```
F = fft(eye(n,n))
```

是一个复数矩阵，其元素为单位 1 的 n 次方根。

$$\omega = e^{-2\pi i/n}$$

语句

```
plot(fft(eye(n,n))
```

连接 F 矩阵的每一列元素，产生一个 n 个点的子图。如果 n 是素数，则连接所有列的元素，会生成关于 n 个点的完全图。如果 n 不是素数，这个图的稀疏性与快速傅里叶变换有关。图 8-14 显示了 $n = 8, 9, 10$ 和 11 的图。因为 $n = 11$ 是素数，相应的图连接了所有点。但是其他 3 个值不是素数。图中的一些连接被省略了，这说明具有多个点的向量的离散傅里叶变换是可以使用快速算法的。

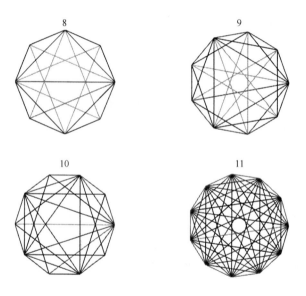

图 8-14 傅里叶矩阵图

程序 fftmatrix 可以用来研究这些图。

```
fftmatrix(n)
```

画出 n 阶傅里叶矩阵 F 的所有列的图。

```
fftmatrix(n,j)
```

仅画出第 j + 1 列

```
fftmatrix
```

默认值为 fftmatrix(10,4)。在所有情况下，按键允许改变 n 和 j 的值，一列至所有列之间都可以被改变。

8.9　其他傅里叶变换和级数

我们已经学习了用离散傅里叶变换将有限系数的序列变换为另外一个相同长度的序列。变换为

$$Y_k = \sum_{j=0}^{n-1} y_j e^{-2ijk\pi/n}, \ k = 0, \cdots, n-1$$

逆变换为

$$y_j = \frac{1}{n} \sum_{k=0}^{n-1} Y_k e^{2ijk\pi/n}, \ j = 0, \cdots, n-1$$

傅里叶积分变换将一个复数函数变换为另一个复数函数, 变换为

$$F(\mu) = \int_{-\infty}^{\infty} f(t) e^{-2\pi i\mu t} dt$$

逆变换为

$$f(t) = \int_{-\infty}^{\infty} F(\mu) e^{2\pi i\mu t} d\mu$$

变量 t 和 μ 的定义域为整个实数轴。如果 t 的单位为秒, 那么 μ 的单位为弧度/每秒。$f(t)$ 和 $F(\mu)$ 函数均为复数值, 不过在很多应用中, $f(t)$ 的虚数部分为 0。

还可以使用 $v = 2\pi\mu$, 其单位为周期或者转速/秒。随着变量的改变, 指数中没有 2π 这个因子, 但是在积分式前有因子 $1/\sqrt{2\pi}$, 或者在逆变换中, 积分式前乘以因子 $1/(2\pi)$。

Maple 和 MATLAB 符号工具箱中, 使用这种替代的符号, 在逆变换中乘以 $1/(2\pi)$。

傅里叶级数是将一个周期函数变换为一个无限的傅里叶系数序列。令周期函数为 $f(t)$, L 为其周期, 因此

$$f(t + L) = f(t), \text{ 对所有 } t$$

傅里叶系数由下面周期内的积分给出:

$$c_j = \frac{1}{L} \int_{-L/2}^{L/2} f(t) e^{-2\pi ijt} dt, \ j = \cdots, -1, 0, 1, \cdots$$

由这些系数, 傅里叶级数的复数形式为

$$f(t) = \sum_{j=-\infty}^{\infty} c_j e^{2\pi ijt/L}$$

离散时间傅里叶变换可将一个无限数据值序列变换为周期函数。令 x_k 为这个序列, k 为索引, 包括所有正负整数。

离散时间傅里叶变换是一个复值的周期函数

$$X(e^{i\omega}) = \sum_{k=-\infty}^{\infty} x_k e^{ik\omega}$$

这个序列可以表示为

$$x_k = \frac{1}{2\pi} \int_{-\pi}^{\pi} X(e^{i\omega}) e^{-ik\omega} d\omega, \ k = \cdots, -1, 0, 1, \cdots$$

傅里叶积分变换只涉及积分。离散傅里叶变换只涉及有限系数的和。傅里叶级数和离散时间傅里叶变换涉及积分和级数。通过取极限或有限域, 有可能从"形态"上将傅里叶变换转换为其他变换。

从傅里叶级数开始。令周期长度 L 变得无穷大, 令系数索引除以周期 j/L 变成连续变量

μ, 那么傅里叶系数 c_j 变成傅里叶变换 $F(\mu)$。

再次从傅里叶级数开始。交换周期函数和无穷系数序列, 得到离散时间傅里叶变换。

又一次从傅里叶级数开始。限定 t 为一个有限的积分值 k, 限定 j 为相同的有限值。那么, 傅里叶系数变为离散傅里叶变换。

在傅里叶积分变换中, Parseval 定理显示:

$$\int_{-\infty}^{+\infty} |f(t)|^2 \mathrm{d}t = \int_{-\infty}^{+\infty} |F(\mu)|^2 \mathrm{d}\mu$$

253 | 这个量被称为信号的总能量。

8.10 更多阅读资料

Van Loan[61] 描述了快速变换的计算框架。FFTW 网站的连接提供了有用的信息。

习题

8.1 用 touchtone.mat 记录的电话号码是什么? 用 touchone.m 分析。

8.2 更改 touchone.m, 使得它可以由输入参数确定拨号, 如 touchone('1-800-555-1212')。

8.3 我们的 touchone.m 版本将记录分为等间隔段的固定数字, 每个固定数字都对应一个信号数字。修改 touchone 使得它可以自动确定数字和能区分间隔段的不同长度。

8.4 研究 MATLAB 中 audiorecorder andaudioplayer 函数或者其他系统的数字记录。做一个电话号码记录并用你修改后的 touchone.m 版本对其进行分析。

8.5 回忆傅里叶矩阵 F 是一个 $n \times n$ 的复矩阵, 其元素为

$$f_{k,j} = \omega^{jk}$$

其中

$$\omega = \mathrm{e}^{-2\pi i / n}$$

证明 $\dfrac{1}{\sqrt{n}} F$ 是酉阵。换句话说, 证明 F 的复共轭矩阵 F^H 满足

$$F^H F = nI$$

注意这里的变量记号与一般讨论矩阵时的不同, 下标 j 和 k 在 0 到 $n-1$ 之间, 而不是从 1 到 n。

8.6 当 n 和 j 满足什么关系时, 会使得 fftmatrix(n,j) 生成五角星? 当 n 和 j 满足什么关系时, 会生成正五边形?

8.7 el Nino 气候现象。el Nino 来自南太平洋的气压变化的结果。"南部振动索引"是同一时刻在海平面测量的复活节岛和澳大利亚达尔文市之间的气压差。文本文件 elnino.dat 包含了 1962 年至 1975 年这 14 年间每月测量的索引值。

你的作业是, 对 el Nino 数据的一个类似太阳黑子例子的分析。时间单位为月而不是年。你应该找到 12 个月这个主要的周期, 还有一个次要的不太明显的较长周期, 它出现在 3 个傅里叶系数中, 很难测量它, 但你看看是否能做个估计。

254 | 8.8 火车汽笛声。MATLAB demos 目录下有几种声音例子。其中一个是火车汽笛声。输入

```
load train
```

给你一个长向量 y 和一个标量 Fs, 其值为每秒的取样数目。时间增量是 $1/Fs$ 秒。

如果你的电脑有声卡，输入语句

sound(y,Fs)

播放这个信号，但是对于这个问题，你不需要那样做。

这个数据没有明显的线性趋势。有两个汽笛声脉冲，不过这两个脉冲的谐函数是相同的。

（a）画出数据图，时间为独立变量，单位为秒。

（b）生成一个周期图，频率作为独立变量，单位为周期/秒。

（c）找出周期图中六个峰值的频率。你应该找到这六个频率之间的比值接近小整数之间的比值。例如，其中一个频率为另一个的5/3倍。为其他频率整数倍的频率称为谐波。这些峰值中有多少是基本频率，其中有多少是谐波？

8.9 鸟叽叽喳喳声。分析 MATLAB demos 目录下的 chirp 声采样。忽略结束时的小段部分，可以将信号分为8个相等长度的段，每段包含一个叽叽喳喳声。画出每段傅里叶变换的大小。用 subplot(4,2,k)k=1:8，所有子图的坐标缩放比例相同。频率在400赫兹到800赫兹之间比较合适。你应该注意到，其中一两个叽叽喳喳声有不同的子图。如果你认真听，可以听到不同的声音。

255

随 机 数

本章描述均匀和正态分布的伪随机数的产生算法。

9.1 伪随机数

这里有一个有趣的数：

0.95012928514718

这是 MATLAB 随机数生成器在默认设置时产生的第一个数。启动 MATLAB 程序，先设置长字节显示格式（format long），然后输入 rand 命令，就可以得到这个数。

如果全世界所有的 MATLAB 使用者，在不同的电脑上按上面的操作都得到同样的数值，我们能称其为真正的随机数吗？不能。电脑（理论上讲）是确定性的机器，因此不能显示出随机行为。如果电脑不能访问外部设备，比如一个 γ 射线计数器或者时钟，那么它就真的只能生成伪随机数。1951 年加州大学伯克利分校教授 D. H. Lebmer——一个计算特别是计算数字理论的先驱者，给出了我们喜欢的定义：

> 随机序列是一个模糊的说法……其中，每一项对于外行者都是不可预测的，它的数字通过了一定数量的统计学家的传统测试……

9.2 均匀分布

Lebmer 也提出了相乘取模算法，它是现在很多随机数生成器的基础。Lebmer 的生成器有 3 个整数参数 a、c 和 m，以及一个称为种子的初始值 x_0。一个整数序列可以定义为：

$$x_{k+1} = ax_k + c \mod m$$

其中操作"mod m"的意思是除以 m 后取余数。例如，当 $a=13$，$c=0$，$m=31$，$x_0=1$ 时，生成的序列由下面的数字开始：

$$1, 13, 14, 27, 10, 6, 16, 22, 7, 29, 5, 3, \cdots$$

那么再下一个值是多少呢？它看起来是不可预料的，但是你早已是内行，所以你可以计算 $(13 \cdot 3) \mod 31$，结果为 8。这个序列的前 30 项是整数 1 到 30 的一个排列，然后这个序列重复自身。它的周期等于 $m-1$。

如果一个伪随机整数序列的值在 0 至 m 之间，那么对它们除以 m 后的结果是在区间 $[0, 1]$ 上均匀分布的浮点数。一个简单的例子以下面这些数开始：

$$0.0323, 0.4194, 0.4516, 0.8710, 0.3226, 0.1935, 0.5161, \cdots$$

这样的例子中只出现有限数目的一些值，本例子中是 30 个，最小的值为 1/31，最大的值为 30/31。而在整个长长的序列中，每个值出现的可能性是相同的。

在 20 世纪 60 年代的 IBM 大型计算机科学计算子程序包（Scientific Subroutine Package）中，有一个叫作 RND 或者 RANDU 的随机数生成器。它是一个乘法同余序列，其中参数为 $a = 65\,539$，$c = 0$，$m = 2^{31}$。在 32 位字长的电脑中，对 2^{31} 取模的运算是很快的。而且，因为 $a = 2^{16} + 3$，乘以 a 可以通过一次移位和加法运算实现。对于那个时代的计算机，这些考虑非常重要，但是它使得生成的结果序列性质非常不好。下面公式中的相等关系均指 2^{31} 取模之后：

$$x_{k+2} = (2^{16}+3)x_{k+1} = (2^{16}+3)^2 x_k = (2^{32}+6\cdot 2^{16}+9)x_k$$
$$= [6\cdot(2^{16}+3)-9]x_k$$

因此

$$x_{k+2} = 6x_{k+1} - 9x_k, \text{对所有 } k$$

结果是，由 RANDU 得到的随机整数序列中，连续的三个数之间有很强的联系。

我们实现了这个有缺陷的生成器，放在 M 文件 randssp 中。演示程序 randgui 试图在立方体中生成随机点，并计算其中落入内切球中的数目，从而计算 π。若这些 M 文件在当前路径下，输入命令

```
randgui randssp
```

将可以看到序列中三个连续项存在相互关系带来的后果。结果的形式与真正随机的情况大相径庭，但是它仍然可以通过立方体和球体的体积比来计算 π。

很多年来，MATLAB 均匀随机数函数 rand 也是一个乘法同余生成器，其采用的参数为

$$a = 7^5 = 16\,807$$
$$c = 0$$
$$m = 2^{31} - 1 = 2\,147\,483\,647$$

这些值是 1988 年 Park 和 Miller 的论文[48]中所推荐的。

这个老的 MATLAB 乘法同余随机数生成器可以在 M 文件 randmcg 里找到。输入命令

```
randgui randmcg
```

显示生成的点不再像 SSP 生成器得到的那样有强的内在联系，它们在这个立方体中形成更好的"随机云"。

像简单的随机数生成器一样，randmcg 以及 MATLAB 中旧版本的生成器 rand 生成的都是 k/m 形式的实数，$k = 1$，$\cdots$，$m-1$。最小和最大的值分别为 0.000 000 000 465 66 和 0.999 999 999 534 34。在第 $m-1$ 个数后，序列重复其自身，其数字个数比 20 亿多一点。一些年前，这是一个很大的数目。但是今天，一台 800 MHz 奔腾处理器的便携式计算机就可以在半小时内完成这个周期。当然，用 20 亿个数做任何有意义的事都需要更多的时间，但是我们还是喜欢随机数重复自身的周期能更长。

在 1995 年，MATLAB 5 使用了完全不同的随机数生成器。其算法基于佛罗里达州立大学 George Marsaglia 教授的工作，他也是经典的分析随机数生成器的论文"随机数主要落在平面上"[38]的作者。

Marsaglia 的生成器[41]没有使用 Lehmer 的同余算法。实际上，其中根本没用乘法和除法。它采用特别的技术直接生成浮点数，而不是整数的比值。新的生成器不再使用单个的"种子"，而要用到长度为 35 个字的存储空间，或者称之为状态。这其中 32 个字形成一个存放浮点数 z（z 在 0 到 1 之间）的高速缓存器，剩下的 3 个字包括值在 0 到 31 之间的整数索引 i、一个随机整数 j 和一个"借位"标记 b。在初始化过程中，整个状态向量在一位一位地建立起来。不同的 j 对应不同的初始状态。

序列中第 i 个浮点数的产生涉及一个"借位减法"的步骤，其中在高速缓存器中的一个数被另外两个数的差所替代：

$$z_i = z_{i+20} - z_{i+5} - b$$

258

这里三个下标 i、$i+20$、$i+5$ 应解释为对 32 取模的结果(只用它们的后 5 个二进制位)。b 的取值与前一步相关,为 0 或者小的正值。如果计算出的 z_i 是正值,下一步将 b 设为 0。如果 z_i 为负值,在保存前将其值加 1.0 使其变为正值,并在下一步将 b 设为 2^{-53}。2^{-53} 是 MATLAB 中 eps 值的一半,称为一个 ulp(unit in the last place),因为它是仅比 1 小一点的浮点数值变化单位。

就其自身来说,这个生成器已几乎完全令人满意了。Marsaglia 证明了生成的随机数序列有一个很大的周期——在重复自身之前,差不多可产生出 2^{1430} 个值。但是,这个方法还有一个小的缺陷,就是所有的数字是由最初在高速缓冲存储器中存储的浮点数相加或者相减得到的,因此它们都是 2^{-53} 的整数倍。最终,这使得区间[0, 1]中的很多浮点数无法表示出来。

在 1/2 到 1 之间的浮点数等距分布,它们的间距是一个 ulp。按前面的借位减法生成算法可以完全产生出它们。但是,对于小于 1/2 的浮点数,它们的距离小得多,生成器就会漏掉很多数值。在 1/4 和 1/2 之间上面的算法只能生成大约一半的数,在 1/8 到 1/4 之间则只能生成 1/4 的可能数值,以此类推。正是因为存在这样的问题,在状态向量中才需要 j 这个量。它是一个基于位逻辑运算的独立随机数生成器得到的结果。按前面算法得到的每个浮点小数 z_i 都需要与 j 进行异或(XOR)运算后,才能作为最终的结果返回。这样就可以改变原来生成的小于 1/2 的数间隔均匀的状况,从而产生出 2^{-53} 到 $1-2^{-53}$ 之间的所有浮点数。我们不确定是否所有的数都能由此产生,但至少看不出有哪个数不能由此产生。

图 9-1 显示了这个新的生成器所要生成的浮点数。在这个图中,间距为 2^{-4} 而不是 2^{-53}。

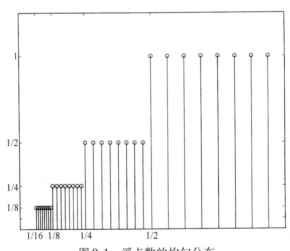

图 9-1 浮点数的均匀分布

这幅图也描述了每个浮点数出现的相对频率,总共包括 32 个浮点数。其中 8 个在 1/2 和 1 之间,它们出现的概率相同。8 个数在 1/4 和 1/2 之间,因为间距仅为前一组数的 1/2,所以,出现的概率为前者的一半。让我们再往左看,每个子区间仅为它右边子区间长度的一半,但其中所需表示的随机数的个数不变,因此相对出现频率减小一半。想象一个类似的有 2^{32} 个子区间、每个子区间有 2^{53} 个数的图,你就能明白新的生成器所做的工作了。

采用附加的位拨动技术,新的随机数生成器的周期可达到 2^{1492}。也许,我们应该称之为克里斯多佛 – 哥伦布(Christopher Clumbus)生成器。无论如何,它运行很长的时间后才会重复其自身。

9.3 正态分布

几乎所有生成正态分布随机数的算法,都基于对均匀分布随机数的转换。生成一个元素是近似正态分布的 $m \times n$ 矩阵的最简单办法是输入命令

```
sum(rand(m,n,12),3) - 6
```

260

由于 R = rand(m, n, p) 生成一个三维均匀分布的数组,而 sum(R,3) 按第三维进行求和,上述命令可以满足需要。它运行的结果为一个二维数组,其元素是均值为 $p/2$、方差为 $p/12$ 的一个分布,当 p 增大时趋向于正态分布。如果我们取 $p = 12$,可以得到对正态分布较好的近似,当不进行另外的比例缩放时其标准差为 1。但这个方法有两个问题,首先它需要 12 个均匀分布来得到一个正态分布,因此速度较慢。其次用有限大小的 p 进行近似,会导致分布的末端效应与正态分布相去甚远。

在 MATLAB 5 之前的版本中,使用极点算法生成正态分布。它一次生成两个值,并包括在一个单位圆中寻找随机点的算法。这通过在 $[-1,1] \times [-1,1]$ 正方形区域生成均匀分布点,然后舍弃落在圆外的点来实现。正方形区域内的点用两个分量的向量表示,而舍弃部分点的程序代码为

```
r = Inf;
while r > 1
   u = 2*rand(2,1)-1
   r = u'*u
end
```

对于每一个接受的点,极点变换

```
v = sqrt(-2*log(r)/r)*u
```

生成一个含两个独立的正态分布元素的向量。这个算法没有任何近似,所以在分布末端其正态性依然很好。但是,它的计算代价有一些偏高。均匀分布中 21% 的数由于落在圆外而被舍弃,并且平方根和对数运算导致计算量过大。

从 MATLAB 5 开始,正态分布随机数生成器 randn 使用了一个复杂的查表算法,这个算法也是 George Marsaglia 提出的。Marsaglia 称之为金字形神塔算法。金字形神塔是古代美索不达米亚的叠层式塔,数学上称之为二维阶跃函数。一维的金字形神塔算法是 Marsaglia 提出的算法的基础。

这些年来,Marsaglia 一直在改进他的金字形神塔算法。其早期版本在 Knuth 的经典著作 *The Art of Computer Programming*[34] 中有所描述。关于 MATLAB 中使用的版本的介绍,可参考 Marsaglia 和 W. W. Tsang 的论文[40],参考文献[33, 10.7 节]中描述了一个用 Fortran 语言写的算法版本。这个算法最新的版本可以在网上电子期刊 *Journal of Statistical Software*[39] 中找到。我们下面介绍这个最新的版本,因为它最简洁,效果也最好。在 MATLAB 中实际使用的算法更加复杂,但是基于同样的思想,效果也完全一样。

正态分布的概率密度函数(或者简称 pdf)是钟形(bell-shaped)曲线:

$$f(x) = ce^{-x^2/2}$$

其中,$c = 1/(2\pi)^{1/2}$ 是归一化常量,我们可以忽略。如果我们产生出均匀分布在平面内的随机点 (x, y),然后舍弃未落在曲线下的点,剩余的 x 就形成了我们想要的正态分布。金字形神

261

塔算法用包括 n 段的稍大点区域覆盖概率密度函数下面的面积。例如图 9-2 中，$n=8$，而实际应用中可能设 $n=128$。上面的 $n-1$ 段区域都是矩形，最下面的区域为矩形加一个 $f(x)$ 曲线下面的无限长"尾巴"。这些矩形的右边界点为 z_k，$k=2, \cdots, n$，在图中用圆圈标记。令 $f(z_1)=1$ 而 $f(z_{n+1})=0$，则第 k 段矩形的高度为 $f(z_k)-f(z_{k+1})$。这个算法的关键点是选择各个 z_k，使得所有 n 段（包括底部无界的那段）有相同的面积。还有其他一些用矩形来近似计算概率密度函数下面积的算法，Marsaglia 算法和它们的本质区别在于，它用的矩形是水平的，而且面积相同。

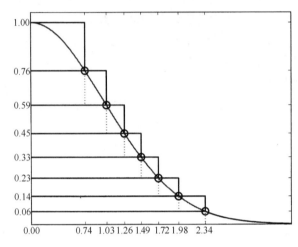

图 9-2   金字形神塔算法

对于特定的段数 n，可通过求解超越方程找到 z_n，即无限长的"尾巴"与第一个矩形子区域的交点。在我们的 $n=8$ 的图中，$z_n=2.34$。实际使用的程序中 $n=128$，对应的 $z_n=3.4426$。一旦知道了 z_n 后，就很容易计算出各段矩形的相同的面积，以及它们右边的端点 z_k，也能计算出相邻两段之间长度的比值 $\sigma_k=z_{k-1}/z_k$。我们称长度方向与上面矩形重叠的这一部分为金字形神塔的核心区。在图 9-2 中，核心区的右端是虚线边。计算这些 z_k 和 σ_k 的工作在程序的初始化阶段进行，仅需要运行一次。

初始化结束后，可以很快地计算出正态分布的随机数。程序的关键部分是计算 1 到 n 之间的一个随机整数 j，以及一个 -1 到 1 之间的均匀分布随机数 u。然后，检查 u 是否在第 j 段的核心区。如果是，则 uz_j 是概率密度函数下方一个点的 x 轴坐标，可作为正态分布的一个采样点返回。对应的程序代码大概是这样的：

```
j = ceil(128*rand);
u = 2*rand-1;
if abs(u) < sigma(j)
    r = u*z(j);
    return
end
```

大多数的 σ_j 大于 0.98，因此上面的检查在 97% 以上的时间是满足的。因此，计算出一个正态分布的随机数，需要一个随机整数、一个随机均匀分布数、一次条件判断和一次乘法运算，而没有平方根或者求对数等复杂运算。还有 3% 的情况下由 j 和 u 确定的点落在核心区外面，出现这种情况有三种可能：当 $j=1$ 时，因为顶部的矩形段没有核心区；当 j 在 2 和 $n-1$ 之间时，随机点正好落在覆盖 $f(x)$ 曲线的小矩形内；当 $j=n$ 时，这个点落在无限长的曲线"尾巴"上。在这些情况下，就需要进行对数、指数运算，以及生成更多的均匀分布随机数。

我们应该认识到，即使金字形神塔阶跃函数只是近似概率密度函数，由此得到的结果也是严格的正态分布。较小的 n 值会减少表格的存储量，同时增加额外运算所占的时间比例，但是不会影响结果的准确度。即使 $n=8$，我们需要用大约 23% 的时间（而不是 3% 的时间）来做更多的修正运算，但是也可以得到准确的正态分布。

使用了这一算法，MATLAB 6 中生成正态分布随机数和生成均匀分布随机数一样快。事实上，MATLAB 在 800 MHz 奔腾处理器的笔记本电脑上，在一秒钟之内可以产生大于 1000 万个正态或者均匀分布的随机数。

9.4　`randtx` 和 `randntx`

本书附带的 NCM 程序包中有函数 `randtx` 和 `randntx` 的实现。对于这两个函数，我们完全实现了相应的 MATLAB 内部函数 `rand` 和 `randn` 的功能，它们分别与这两个内嵌函数使用同样的算法，并有相同的计算结果（在舍入误差范围内）。同时，所有这四个函数——`rand`、`randn`、`randtx`、`randntx`——也有同样的用法。当没带参数时，命令 `randtx` 或 `randntx` 产生单个均匀或者正态分布的伪随机数。当有一个参数时，命令 `randtx(n)` 或者 `randntx(n)` 产生 $n \times n$ 的矩阵，其元素为均匀或者正态分布的伪随机数。当带两个参数时，`randtx(m,n)` 或者 `randntx(m,n)` 产生 $m \times n$ 的矩阵，其元素为均匀或者正态分布的伪随机数。

通常情况下，不需要进入这些生成器程序的内部来设置它的初始状态。但是，如果想重复出一个完全相同的伪随机数序列，你可以对这些随机数生成器进行复位操作。按默认设置，可通过命令 `randtx('state',0)` 或者 `randntx('state',0)` 将生成器设置为初始状态。在计算过程中的任何时候，都可以用命令 `s = randtx('state')` 或者 `s = randntx('state')` 得到当前的状态，然后可以用命令 `randtx('state',s)` 或者 `randntx('state',s)` 恢复这些状态。你也可以使用命令 `randtx('state',j)` 或者 `randntx('state',j)` 直接对状态进行设置，其中 j 为 0 到 $2^{31}-1$ 之间的任意整数。通过这个 32 位二进制整数所设置的状态个数实际上仅仅是总共状态数目的很小一部分。

对于均匀分布随机数生成器 `randtx`，状态变量 s 为含 35 个元素的向量。其中 32 个分量为 2^{-53} 到 $1-2^{-53}$ 之间的浮点数，另外 3 个分量为 eps 的较小的整数倍。`randtx` 状态中所有可能的位模式的总数为 $2 \cdot 32 \cdot 2^{32} \cdot 2^{32 \cdot 52}$，即 2^{1702}，虽然按默认的初始设置未必都能达到。

对于正态分布随机数生成器 `randntx`，状态 s 为两个 32 位的整数元素构成的向量，因此其总的状态数目为 2^{64}。

两个生成器程序在第一次使用或复位后都需要做一些启动运算。对于 `randtx`，启动过程生成状态向量中的初始浮点数，每次生成一位。对于 `randntx`，设置计算金字形神塔阶跃函数中的转折点。

在启动过程之后，均匀分布随机数生成程序 `randtx` 的主要部分为

```
U = zeros(m,n);
for k = 1:m*n
   x = z(mod(i+20,32)+1) - z(mod(i+5,32)+1) - b;
   if x < 0
     x = x + 1;
```

263

```
      b = ulp;
   else
      b = 0;
   end
   z(i+1) = x;
   i = i+1;
   if i == 32, i = 0; end
   [x,j] = randbits(x,j);
   U(k) = x;
end
```

这段程序计算状态向量中两个分量的差，减去从上次计算得到的借位 b，如果结果是负数，还做一些调整，最后将结果插入状态向量。辅助函数 randbits 执行浮点数 x 和随机整数 j 之间的异或(XOR)运算。

在启动过程后面，正态分布随机数生成程序 randntx 的主要部分为

```
R = zeros(m,n);
for k = 1:m*n
   [u,j] = randuni;
   rk = u*z(j+1);
   if abs(rk) < z(j)
      R(k) = rk;
   else
      R(k) = randntips(rk,j,z);
   end
end
```

这段程序使用子函数 randuni 产生均匀分布随机数 u 和一个随机整数 j，再用一次乘法运算得到候选结果 rk，并检查其是否在金字形神塔的"核心区"。几乎所有情况下都会落入核心区，这个结果变为最终所要的。如果 rk 在核心之外，再由辅助函数 randtips 执行附加的运算。

习题

9.1　数字 13 通常被人们理解为不幸运，但是

```
rand('state',13)
randgui rand
```

　　会产生十分幸运的结果，结果是什么？

9.2　改进 randgui 使它能计算 π，使用正方形内的圆代替立方体内的球。

9.3　在 rangui 中，改变语句

```
X = 2*feval(randfun,3,m)-1;
```

　　为

```
X = 2*feval(randfun,m,3)'-1;
```

　　我们交换了 3 和 m，插入了一个矩阵转置操作符。有了这些改变

```
randgui randssp
```

　　不再表示为默认的 randssp。解释原因。

9.4 可以基于无理数,例如黄金分割比例

$$\phi = \frac{(1 + \sqrt{5})}{2}$$

得到一个很快的随机数生成器。简单地通过公式

$$x_n = 取小数部分(n\phi)$$

的计算就可以得到满足 $0 < x_n < 1$ 的一组数 x_n。在 MATLAB 中反复执行命令

`x = rem(x + phi, 1)`

可以生成这个序列。这个随机数生成器通过了一些统计测试,但大多数情况下效果并不好。

(a) 写一个 MATLAB 函数 randphi 实现这个随机数生成器,它类似于 randmcg 和 randssp 的程序风格。

(b) 比较 randmcg、randssp 和 randgui 三个程序生成的柱状图。每个程序生成 10 000 个 随机数,将它们放入均分[0, 1]区间的 50 个"桶"内,然后统计各个"桶"的采样 数,验证它们是否是随机分布。哪个生成器得到最好的均匀分布?

(c) 执行

`randgui randphi`

命令计算 的值,看看效果怎样,为什么?

265

9.5 M 文件 randtx.m 和 randntx.m 包括内联函数 randint,采用了一系列的位移动来 产生随机整数。

(a) 写一个 MATLAB 方程 randjsr,用 randmcg 的风格,使用寄存器移位来产生均 匀分布随机浮点数。

(b) 比较你的 randjsr 和 randmcg 的柱状图。你应该发现两个图有相似的图形。

(c) 验证

`randgui randpsr`

能很好地计算 π。

9.6 M 文件 randnpolar.m 产生正态分布随机数,使用了在 9.3 节正态分布中介绍的极点 算法。检验你的函数产生与 randn 和 randntx 同样的 bell 曲线柱状图。

9.7 NCM M 文件 brownian 画出了粒子云层从原始的演变,扩散为二维的随机漫步,建立 了气体分子模型。

(a) 修改 brownian.m 文件,记录平均以及最大粒子的距离。使用 log-log 坐标,画出两 者的距离,作为步数 n 的函数。应该观察到,在 log-log 坐标下,两个图接近线性。 用函数 $cn^{1/2}$ 形式使之适合这些距离。画出观察到的距离和适合值,使用线性轴。

(b) 修改 brownian.m 作为三维随机漫步的模型。距离是否像 $n^{1/2}$?

9.8 术语 Monte Carlo 模拟是指在有关随机或概率现象的计算模型中使用伪随机数。NCM M 文件 blackjack 提供了这种模拟的一个例子。该程序模拟纸牌游戏"二十一点",可以一次 处理一次下注或者几千次下注(一次下注也称为"一手"),并搜集、统计输赢的多少。

在二十一点游戏中,人头牌(J、Q、K)记10点,A 记 1 点或者 11 点,其他牌的点数为 其牌面值所示。游戏的目标是牌的总点数达到但不能超过 21 点。如果在庄家结束发牌 之前你的总点数超过了 21(或者叫"爆掉"),那一局你就输掉了所下的赌注。如果你 的第一、二张牌就得到了 21 点,但是庄家不是 21 点,那么这就叫"blackjack",你可以赢

得 1.5 倍的赌注。如果你的头两张牌是一对,就可以把所下的赌注加倍,从而把这对牌拆开,用它们得到独立的两手牌。在看了第一、二张牌后,你也可以将赌注加倍,然后要求再多要一张牌(double down)。"Hit"和"Draw"表示再要一张牌,"Stand"表示停止要牌,"Push"表示两手牌有同样的总点数。

最早对"二十一点"游戏进行的数学分析是 Baldwin、Cantey、Maisel、Mcdermott 在 1956 年发表的[5],他们的基本策略(在近期的许多书籍中也有所描述)使得二十一点游戏成为更接近公平的游戏。在这种基本策略下,每手预期的输和赢都小于赌注的 1%。核心思想是避免在庄家停止发牌之前"爆掉"。庄家必须采用固定的策略,在点数不超过 16 时继续要牌,而点数等于或多于 17 时停止要牌。既然几乎有三分之一的牌值 10 个点,你就可以假设庄家未掀开的牌是 10 点,以此来比较你手里的牌和庄家的牌。如果庄家已掀开的牌是 6 或者更少的点数,他肯定会再要牌。所以,这个策略使得在庄家掀开的牌点数是 6 或者更少,而你自己的点数大于 11 时就不能再要牌了。只分开 A 和 8,而不分开其他任何牌。如果庄家的牌为 6 或者更小,自己的点数是 10 或者 11,采用"double down"策略。这个程序针对各种情况,用红色字体显示出推荐的玩法策略。在代码中,这个完整的基本策略定义为三个数组 Hard、Soft 和 Split。

一个更加精心设计的策略称为"card counting",它在数学上具有一定的优势。采用这种策略的玩家记录以前各手游戏中出现的牌,然后使用这些信息在不断要牌的过程中改变下的赌注和策略。我们的模拟程序不包括"card counting"。

我们的 blackjack 程序有两种模式。每一手的初始赌注为 10 美元。在"play"模式中,程序用彩色显示推荐的基本策略,但允许玩家做其他的选择。"simulate"模式根据基本策略,模拟玩特定手的过程并统计信息。在程序模拟过程中积累的总赌资用一幅图显示。另一个图每一手可能的十种输赢情况的概论。这些情况包括"push"带来的 0 输赢,"blackjack"赢 15 美元,没有分开牌或加倍赌注时赢或输 10 美元,一次分开或加倍赌注造成的输或赢 20 美元,在分牌以后再加倍赌注造成的赢或输 30 美元或 40 美元。一次 30 美元和 40 美元的输赢很少出现(可能在某些赌场里还不允许),但是它们对于确定基本策略的预期返还率是很重要的。在第二幅图中也采用"0.xxxx ± 0.xxxx"的形式显示了每手赌博期望的赢和输的比值以及它的置信区间。注意预期的返还率通常是负的,但是在置信区间里。对于少于几百万手的游戏过程,决定输赢的更多是运气而不是期望的返还率。

(a) 在我们的 blackjack 程序中使用了多少副纸牌? 这些纸牌是如何表示的,怎么洗牌? 怎么发牌? rand 程序起什么作用?

(b) 从新洗的牌得到 21 点,理论上有多少可能性? 即玩家在第一、二张牌中得到 21 点(而庄家不是)。这个理论结果与在程序模拟中观察到的可能性相比,有什么不同?

(c) 修改 blackjack 程序使之在出现"blackjack"时赢和赌注相等的钱,而不是它的 1.5 倍。这对期望的返还率有什么影响?

(d) 在一些赌场中,出现"push"即被认为是输。根据这一规则修改 blackjack 程序。这对于期望的返还率有什么影响?

(e) 修改 blackjack 程序,使用 4 副 56 张一套的牌,每套中 A 的数目比一般情况下的多一倍。对于期望的返回率,这有什么影响?

(f) 修改 blackjack 程序,使用 4 副 48 张一套的牌,这里每套中不含任何的 K。对于期望的返回率,这有什么影响?

特征值与奇异值

本章的内容是关于矩阵的特征值与奇异值，我们将讨论各种算法以及对于扰动的敏感度。

10.1 特征值与奇异值分解

方阵 A 的一组特征值（eigenvalue）和特征向量（eigenvector）是一个标量 λ 和一个非零向量 x，它们满足

$$Ax = \lambda x$$

矩阵 A 的一组奇异值（singular value）和奇异向量对（singular vector）是一个非负标量 σ 以及两个非零向量 u 和 v，它们满足

$$Av = \sigma u$$
$$A^H u = \sigma v$$

其中，A^H 的上角标代表矩阵的埃尔米特转置（Hermitian transpose），它表示对一个复矩阵的共轭转置。如果矩阵是实矩阵，那么它的 A^T 和 A^H 相同。在 MATLAB 中，矩阵的转置都用 A′ 表示。

英文术语"eigenvalue"是德文"eigenvert"的局部翻译。它的完整翻译应该是"own value"（本征值）或者"characteristic value"（特征值），但是这些说法并不常用。术语"singular value"与一个矩阵的奇异程度有关。

如果矩阵是由某个向量空间到自身的变换，那么在这种情况下，特征值起着重要的作用。线性常微分方程组就是一个基本的例子。λ 的值可以对应于振动的频率、稳定性参数的临界值，或者原子的能量等级。如果矩阵是某个向量空间到另一个空间（很可能与原空间维数不同）的变换，那么在这种情况下，奇异值起着重要的作用。超定或者欠定代数方程组是一个基本的例子。

特征向量和奇异值向量的定义并没有规定它们的标准化。一个特征向量 x 或者一对奇异向量 u 和 v，可以通过任何非零因子换算而不改变其他的重要性质。对称矩阵的特征向量，一般被标准化为其欧几里得长度等于 1，即 $\|x\|_2 = 1$。另一方面，非对称矩阵的特征向量，一般在不同的情况下有不同的标准化方法。奇异向量几乎总是被标准化为其欧几里得长度等于 1，即 $\|u\|_2 = \|v\|_2 = 1$。你也可以将特征向量或者奇异向量乘以 -1，并不会改变它们的长度。

方阵的特征值——特征向量方程可以写成

$$(A - \lambda I)x = 0, \ x \neq 0$$

这意味着 $A - \lambda I$ 是奇异的，因此有

$$\det(A - \lambda I) = 0$$

特征值的这种定义就是矩阵 A 的特征方程（characteristic equation）或者特征多项式（characteristic polynomial），不直接涉及对应的特征向量。特征多项式的次数等于矩阵的阶数。这表示一个 $n \times n$ 的矩阵有 n 个特征值，其中重复的特征值也要计数。和行列式本身一样，特征多项式在理论研究和手算中都是非常有用的，但是不能为鲁棒的数值计算软件提供一个坚实的基础。

令 $\lambda_1, \lambda_2, \cdots, \lambda_n$ 为矩阵 A 的特征值，x_1，x_2，$\cdots$，x_n 为对应的特征向量，Λ 为 λ_j 位于对角线上所构成的 $n \times n$ 的对角阵，X 表示 $n \times n$ 的矩阵，其第 j 列是 x_j。那么有

$$AX = X\Lambda$$

将 Λ 放在第二个表达式的右边，以便使 X 的每一列与其对应的特征值相乘。现在让我们做一个并非对所有矩阵都成立的关键的假设——假设所有特征向量是线性无关的。那么 X^{-1} 存在并且有

$$A = X\Lambda X^{-1}$$

其中 X 为非奇异矩阵，这种形式被称作矩阵 A 的特征值分解（eigenvalue decomposition）。如果这种分解存在，它使得我们可以通过分析对角阵 Λ 来研究 A 的性质。例如，矩阵幂运算可以通过简单的标量幂运算来实现：

$$A^p = X\Lambda^p X^{-1}$$

如果 A 的特征向量不是线性无关的，那么这样的对角阵分解则不存在，并且 A 的幂很难计算。

设 T 是一个任意的非奇异矩阵，那么

$$B = T^{-1}AT$$

被称为相似变换（similarity transformation），并且 A 和 B 被称为相似的。如果 $Ax = \lambda x$ 并且 $y = Tx$，那么 $By = \lambda y$。换句话说，相似变换保持特征值不变。矩阵的特征值分解实际上就是试图找到对角矩阵的一个相似变换。

把奇异值和奇异向量的定义方程写成矩阵的形式：

$$AV = U\Sigma$$
$$A^H U = V\Sigma^H$$

这里 Σ 是和 A 有相同尺寸的矩阵，它只有主对角线上的元素可能非零。可以证明，总可以选择奇异向量使得它们彼此正交，所以这里假设矩阵 U 和 V 的列向量都是已经标准化好的，满足 $U^H U = I$ 和 $V^H V = I$。换句话说，当 U 和 V 是实矩阵的时候，两者是正交（orthogonal）矩阵；当它们是复矩阵的时候，两者是酉（unitary）矩阵。因此，

$$A = U\Sigma V^H$$

其中 Σ 为对角阵，U 和 V 是正交或酉矩阵，这种形式被称作矩阵 A 的奇异值分解（singular value decomposition）或者 SVD。

如果一个 $n \times n$ 的方阵 A 被看作一个 n 维空间到自身的映射，那么在抽象的线性代数的术语中，称特征值是相关的。我们设法找到该空间的一组基使得该矩阵变成对角阵。即使矩阵 A 是实矩阵，这组基也有可能是复的。事实上，如果特征向量不是线性无关的，那么这组基是不存在的。同样，如果一个 $m \times n$ 的长方矩阵 A 被看作一个 n 维空间到一个 m 维空间的映射，那么它的 SVD 是相关的。我们设法找到定义域中的一组基和像中的一组基（通常两者是不同的）使得该矩阵变为对角阵。如果矩阵 A 是实矩阵，那么这样的基总是存在且总是实的。事实上，由于变换矩阵是正交阵或者酉矩阵，所以它们会保持长度和角度不变，不会放大误差。

如果 A 是一个 $m \times n$ 的矩阵，并且 m 大于 n，那么完全的 SVD 中，U 是一个大的 $m \times m$ 的方阵。但是 U 的最后 $m - n$ 列是"多余的"，它们在重建矩阵 A 的过程中是不必要的。当 A 是一个长方阵的时候，SVD 还有另外一个可以节省计算机存储的版本，它被称作简化（economy-sized）SVD。在简化版本中，只有 U 的前 n 列以及 Σ 的前 n 行需要计算。在这两种分解中，矩阵 V 都是同样的 $n \times n$ 的矩阵，没有变化。图 10-1 显示了两种 SVD 版本中矩阵的形状

变化。这两种分解都可以写作 $A = U \sum V^H$ 的形式，只不过简化分解中的 U 和 $\sum$ 是完全分解中矩阵的子阵。

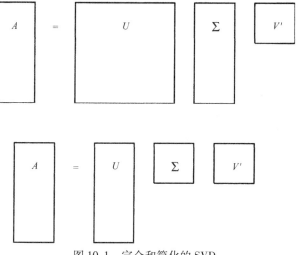

图 10-1   完全和简化的 SVD

10.2   一个简单例子

本节给出一个特征值分解和奇异值分解的例子。该例子是 MATLAB 测试矩阵库中的一个小规模的方阵。使用命令

```
A = gallery(3)
```

所得矩阵

$$A = \begin{bmatrix} -149 & -50 & -154 \\ 537 & 180 & 546 \\ -27 & -9 & -25 \end{bmatrix}$$

这个矩阵的特征多项式很容易分解：

$$\det(A - \lambda I) = \lambda^3 - 6\lambda^2 + 11\lambda - 6$$
$$= (\lambda - 1)(\lambda - 2)(\lambda - 3)$$

所以它的三个特征值分别为 $\lambda_1 = 1$，$\lambda_2 = 2$，$\lambda_3 = 3$，并且有

$$\Lambda = \begin{bmatrix} 1 & 0 & 0 \\ 0 & 2 & 0 \\ 0 & 0 & 3 \end{bmatrix}$$

特征向量构成的矩阵可以标准化，使得所有元素都是整数：

$$X = \begin{bmatrix} 1 & -4 & 7 \\ -3 & 9 & -49 \\ 0 & 1 & 9 \end{bmatrix}$$

可以证明 X 的逆矩阵的所有项也都是整数：

$$X^{-1} = \begin{bmatrix} 130 & 43 & 133 \\ 27 & 9 & 28 \\ -3 & -1 & -3 \end{bmatrix}$$

以上这些矩阵给出了这个例子的特征值分解:

$$A = X\Lambda X^{-1}$$

这个矩阵的 SVD 不能通过一些小整数简洁地表示出来,它的奇异值是下面这个方程的所有正根:

$$\sigma^6 - 668\,737\sigma^4 + 4\,096\,316\sigma^2 - 36 = 0$$

但是这个方程很难因式分解。使用符号工具箱命令

271
～
272

```
svd(sym(A))
```

可以得到奇异值的精确表达式,但是这个结果的总长度有 822 个字符。所以我们只从数值上计算这个 SVD。

```
[U,S,V] = svd(A)
```

结果为

```
U =
    -0.2691    -0.6798     0.6822
     0.9620    -0.1557     0.2243
    -0.0463     0.7167     0.6959

S =
   817.7597          0          0
          0     2.4750          0
          0          0     0.0030

V =
     0.6823    -0.6671     0.2990
     0.2287    -0.1937    -0.9540
     0.6944     0.7193     0.0204
```

表达式 U ∗ S ∗ V′ 生成的原始矩阵含有舍入误差。

请注意 gallery(3) 的特征值 1、2、3 与其奇异值 817、2.47、0.03 之间的巨大差别。这种差别的产生,主要是由于该例子中矩阵的对称性很差,后面我们还会详细讨论这个问题。

10.3 eigshow

函数 egishow 在 MATLAB 的 demos 目录下可以找到。egishow 的输入是一个实的 2×2 的矩阵 A,或者你也可以从标题的下拉菜单中选择一个。默认的 A 是

$$A = \begin{bmatrix} 1/4 & 3/4 \\ 1 & 1/2 \end{bmatrix}$$

egishow 首先画出单位向量 $x = [1,0]'$ 和向量 Ax,也就是矩阵 A 的第一列。接下来你可以使用鼠标沿着单位圆移动 x(绿色显示)。随着你移动 x,Ax 也跟着移动(蓝色显示)。图10-2 中的前四幅子图,显示出了 x 沿着绿色单位圆移动的轨迹。得到的 Ax 的轨迹是什么形状呢?线性代数中的一个重要定理告诉我们,这个蓝色的曲线是一个椭圆。egishow 给出了这个定理的一个“形象的证明”。

egishow 的标题是“使 Ax 平行于 x”。对于这样一个方向向量 x,算子 A 仅仅是对 x 进行伸缩变换,乘以因子 λ。换句话说,x 是一个特征向量并且 Ax 的长度是对应的特征值。

图10-2 中最后的两幅子图, 显示了这个 2×2 矩阵例子的特征值以及特征向量。第一个特征值是正的, 所以 Ax 与特征向量 x 的方向相同。Ax 的长度是对应的特征值, 在这个例子中刚好就是 $5/4$。第二个特征值是负的, 所以 Ax 与 x 平行, 但是指向相反的方向。Ax 的长度是 $1/2$, 所以对应的特征值是 $-1/2$。

273

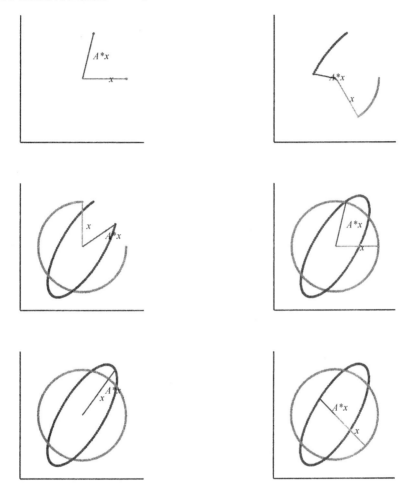

图 10-2 egishow

你可能已经注意到了, 这两个特征向量并非椭圆的长轴和短轴。但是如果这个矩阵是对称的, 它们就是。egishow 默认的矩阵接近对称, 但不完全对称。对于其他矩阵来说, 可能根本找不到一个实的 x, 使得 Ax 与 x 平行。我们在练习中会有这样的例子, 它们将证明 2×2 的矩阵可以有少于 2 个实的特征向量。

在 SVD 中椭圆的轴起着关键的作用。图 10-3 显示了 svd 模式下 egishow 的结果。同样, 鼠标可以沿着单位圆移动 x, 而且这次有另一个单位向量 y 跟着 x 移动, 且始终保持和它垂直。得到的 Ax 和 Ay 沿这个椭圆来回移动, 但是彼此并非总保持相互垂直。我们的目标是使它们相互垂直, 那个时候它们就构成了椭圆的轴。

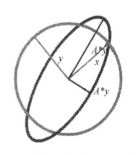

图 10-3 egishow(svd)

向量 x 和 y 是 SVD 中 U 的列向量,向量 Ax 和 Ay 是 V 的列向量的倍数,而轴的长度就是对应的奇异值。

10.4　特征多项式

令 A 是一个 20×20 的对角矩阵,其对角线上的元素分别为 1,2,$\cdots$,20。显然,A 的特征值就是其对角线上的元素。但是,它的特征多项式 $\det(A - \lambda I)$ 却是

$$\lambda^{20} - 210\lambda^{19} + 20615\lambda^{18} - 1256850\lambda^{17} + 53327946\lambda^{16}$$
$$- 1672280820\lambda^{15} + 40171771630\lambda^{14} - 756111184500\lambda^{13}$$
$$+ 11310276995381\lambda^{12} - 135585182899530\lambda^{11}$$
$$+ 1307535010540395\lambda^{10} - 10142299865511450\lambda^{9}$$
$$+ 63030812099294896\lambda^{8} - 311333643161390640\lambda^{7}$$
$$+ 1206647803780373360\lambda^{6} - 3599979517947607200\lambda^{5}$$
$$+ 8037811822645051776\lambda^{4} - 12870931245150988800\lambda^{3}$$
$$+ 13803759753640704000\lambda^{2} - 8752948036761600000\lambda$$
$$+ 2432902008176640000$$

其中 $-\lambda^{19}$ 的系数是 210,也就是所有特征值的和。λ^0 的系数是 $20!$,也就是所有特征值的积。其他的系数都是特征值积的各种和。

我们给出多项式所有的系数,来强调用它们进行任何浮点运算都可能引入很大的舍入误差。使用 IEEE 的浮点数表示会改变其中的五个值。例如,λ^4 系数的最后三位数字就会从 776 变为 392。对于 16 位有效数字,用浮点表示系数得到的该多项式根的准确值如下:

```
 1.00000000000000
 2.00000000000096
 2.99999999986640
 4.00000000495944
 4.99999991473414
 6.00000084571661
 6.99999455544845
 8.00002443256894
 8.99992001186835
10.00019696490537
10.99962843024064
12.00054374363591
12.99938073455790
14.00054798867380
14.99962658217055
16.00019208303847
16.99992773461773
18.00001875170604
18.99999699774389
20.00000022354640
```

我们发现,使用双精度浮点数来存储这个特征多项式的系数,改变的某些特征值的计算值在第五位有效数字之内。

这个特殊的多项式是由 J. H. Wilkinson 在 1960 年左右提出的。他对于这个多项式设置

的扰动与我们的不同，但是他的观点和我们是相同的。也就是说，这种通过幂形式来表示多项式的方法，对于求解该多项式的根或者对应矩阵的特征值是不能令人满意的。

10.5　对称矩阵和埃尔米特矩阵

如果一个实矩阵等于自身的转置，即 $A = A^T$，则称它是对称的。如果一个复矩阵等于自身的复共轭转置，即 $A = A^H$，则称它是埃尔米特矩阵。实对称矩阵的特征值和特征向量都是实的。并且，特征向量可以选择成彼此正交的。因此，如果 A 是实矩阵并且 $A = A^T$，那么它的特征值分解可以表示成

$$A = X \Lambda X^T$$

其中 $X^T X = I = XX^T$。尽管埃尔米特矩阵的特征值也是实的，但是它的特征向量一定是复的。而且，特征向量构成的矩阵可以选择成西矩阵。因此，如果 A 是复矩阵并且 $A = A^H$，那么它的特征值分解可以表示成

$$A = X \Lambda X^H$$

其中 Λ 是实矩阵，并且 $X^H X = I = XX^H$。

对称矩阵和埃尔米特矩阵的特征值和奇异值有着明显的紧密联系。一个非负特征值 $\lambda \geqslant 0$ 同样也是一个奇异值，$\sigma = \lambda$。并且对应的向量也是彼此相同的，即 $u = v = x$。一个负特征值 $\lambda < 0$，其相反数必然是一个奇异值，$\sigma = |\lambda|$。并且，对应的奇异向量之一与另一个符号相反，$u = -v = x$。

276

10.6　特征值的敏感度和精度

有些矩阵的特征值对扰动很敏感，矩阵元素小的变化可能引起特征值大的改变。使用浮点数计算特征值所产生的舍入误差，相当于给原始矩阵加了扰动。因此，在计算敏感特征值的时候，这些舍入误差会被放大。

为了对敏感度有个粗略的认识，我们假设矩阵 A 的特征向量彼此线性无关，其特征值分解为

$$A = X \Lambda X^{-1}$$

重写这个式子为

$$\Lambda = X^{-1} A X$$

令 δA 为 A 的由舍入误差或者其他任何种类的扰动所引起的 A 的某种变化量，那么有

$$\Lambda + \delta \Lambda = X^{-1}(A + \delta A)X$$

因此

$$\delta \Lambda = X^{-1} \delta A X$$

两边取矩阵范数，

$$\|\delta \Lambda\| \leqslant \|X^{-1}\| \|X\| \|\delta A\| = \kappa(X) \|\delta A\|$$

其中 $\kappa(X)$ 是在第 2 章线性方程组中介绍的矩阵的条件数。注意这里的主要因素，是由特征向量组成的矩阵 X 的条件数，而非 A 本身的条件数。

这个简单的分析表明，根据矩阵的范数，在计算 $\|\delta \Lambda\|$ 的过程中，扰动的范数 $\|\delta A\|$ 会被放大 $\kappa(X)$ 倍。但是，由于 $\delta \Lambda$ 通常不是一个对角阵，所以这种分析不能直观地给出特征值会受到多大的影响。然而它还是给出了一个普遍的结论：

特征值的敏感度可以通过特征向量构成的矩阵的条件数来估计。

可以使用函数 `condest` 来估计特征向量矩阵的条件数。例如，

```
A = gallery(3)
[X,lambda] = eig(A);
condest(X)
```

结果是

277

```
1.2002e+003
```

`gallery(3)`中的扰动引起其特征值的扰动被放大 $1.2 \cdot 10^3$ 倍。这说明 `gallery(3)` 的特征值比较病态。

更细致的分析会涉及左特征向量(left eigenvector)，它是行(row)向量 y^H 满足

$$y^H A = \lambda y^H$$

为了研究单个特征值的敏感度，我们假设矩阵 A 随着扰动参数变化，并令 $\dot{A}$ 表示相对于这个参数的导数。对方程

$$Ax = \lambda x$$

两边同时微分得到

$$\dot{A}x + A\dot{x} = \dot{\lambda}x + \lambda\dot{x}$$

两边同乘以左特征向量：

$$y^H \dot{A} x + y^H A \dot{x} = y^H \dot{\lambda} x + y^H \lambda \dot{x}$$

由于方程两边的第二项相同，所以有

$$\dot{\lambda} = \frac{y^H \dot{A} x}{y^H x}$$

两边取范数，

$$|\dot{\lambda}| \leqslant \frac{\|y\|\|x\|}{y^H x} \|\dot{A}\|$$

定义特征值条件数(eigenvalue condition number)为

$$\kappa(\lambda,A) = \frac{\|y\|\|x\|}{y^H x}$$

那么

$$|\dot{\lambda}| \leqslant \kappa(\lambda,A)\|\dot{A}\|$$

换句话说，$\kappa(\lambda,A)$ 是矩阵 A 的扰动到特征值 λ 最终扰动的放大率。注意 $\kappa(\lambda,A)$ 与左右特征向量 y 和 x 的标准化是无关的，并且

$$\kappa(\lambda,A) \geqslant 1$$

如果你已经计算出了右特征向量构成的矩阵 X，那么一种计算左特征向量的方法是

$$Y^H = X^{-1}$$

因为

278

$$Y^H A = \Lambda Y^H$$

所以 Y^H 的行就是左特征向量。在这个例子中，左特征向量被标准化以便

$$Y^H X = I$$

所以 $\kappa(\lambda,A)$ 的分母为 $y^H x = 1$ 并且

$$\kappa(\lambda,A) = \|y\|\|x\|$$

又因为 $\|x\| \leqslant \|X\|$ 和 $\|y\| \leqslant \|X^{-1}\|$，所以我们得到

$$\kappa(\lambda,A) \leqslant \kappa(X)$$

特征向量矩阵的条件数是特征值条件数的上界。

MATLAB 中的函数 condeig 可以计算特征值条件数。继续 gallery(3) 的例子，

```
A = gallery(3)
lambda = eig(A)
kappa = condeig(A)
```

结果为

```
lambda =
     1.0000
     2.0000
     3.0000

kappa =
   603.6390
   395.2366
   219.2920
```

这表示 $\lambda_1=1$ 比 $\lambda_2=2$ 或者 $\lambda_3=3$ 更敏感一些。gallery(3) 中的扰动会引起其特征值扰动被放大 200 到 600 倍。这与前面通过 condest(X) 得到的较粗略的估计 $1.2 \cdot 10^3$ 相一致。

为了验证这个分析，让我们在 A = gallery(3) 中制造一个小的随机扰动，并且观察特征值发生的现象。

```
format long
delta = 1.e-6;
lambda = eig(A + delta*randn(3,3))

lambda =

   1.00011344999452
   1.99992040276116
   2.99996856435075
```

特征值所产生的扰动为

```
lambda - (1:3)'

ans =
  1.0e-003 *
   0.11344999451923
  -0.07959723883699
  -0.03143564924635
```

这个结果虽然比 condeig 对扰动分析给出的估计小一些，但基本上是在一个量级的。

```
delta*condeig(A)

ans =
  1.0e-003 *
   0.60363896495665
   0.39523663799014
   0.21929204271846
```

如果 A 是实对称矩阵或者复埃尔米特矩阵，那么它的左、右特征向量是相同的。在这种

情况下，

$$y^H x = \|y\|\|x\|$$

所以对于对称矩阵和埃尔米特矩阵有

$$\kappa(\lambda, A) = 1$$

对阵矩阵和埃尔米特矩阵的特征值有很好的条件数。由矩阵扰动所引起的特征值扰动大小都差不多。这个结论对于多重特征值的情况也是成立的。

现在考虑另一种极端情况，如果 λ_k 是一个多重特征值，并且它对应的特征向量不是两两线性无关的，那么前面的分析就不适用。在这种情况下，对于一个 $n \times n$ 矩阵的特征多项式可以写成

$$p(\lambda) = \det(A - \lambda I) = (\lambda - \lambda_k)^m q(\lambda)$$

其中 m 是 λ_k 的重复度，$q(\lambda)$ 是一个 $n-m$ 次多项式并且 λ_k 不是它的根。矩阵的扰动 δ 会把特征多项式从 $p(\lambda) = 0$ 改变为

$$p(\lambda) = O(\delta)$$

换言之

$$(\lambda - \lambda_k)^m = O(\delta)/q(\lambda)$$

这个方程的根是

280

$$\lambda = \lambda_k + O(\delta^{1/m})$$

第 m 个根的特性告诉我们，没有线性无关特征向量全集的多重特征值，对扰动是非常敏感的。

为了说明问题，我们构造一个 16×16 的矩阵。其主对角线上元素都为 2，上副对角线上的元素为 1，左下角的一个元素为 δ，其余元素为 0：

$$A = \begin{bmatrix} 2 & 1 & & & \\ & 2 & 1 & & \\ & & \ddots & \ddots & \\ & & & 2 & 1 \\ \delta & & & & 2 \end{bmatrix}$$

它的特征方程为

$$(\lambda - 2)^{16} = \delta$$

如果 $\delta = 0$，这个矩阵在 $\lambda = 2$ 处有一个重复度为 16 的特征值，但是只有一个特征向量与该特征值对应。如果 δ 在浮点舍入误差的量级上，即 $\delta \approx 10^{-16}$，那么所有的特征值都分布在复平面上以 2 为圆心的一个圆上，该圆半径为

$$(10^{-16})^{1/16} = 0.1$$

一个舍入误差大小的扰动，会把特征值从 2.0000 变为 16 个不同的值，包括 1.9000、2.1000 和 2.0924 + 0.0383i。这说明矩阵元素的一个微小变化会使特征值产生大得多的变化。

MATLAB 中另一个例子也证明了这一点，只是形式上不太明显。

```
A = gallery(5)
```

该矩阵为

```
A =
       -9          11         -21          63        -252
       70         -69         141        -421        1684
     -575         575       -1149        3451      -13801
     3891       -3891        7782      -23345       93365
     1024       -1024        2048       -6144       24572
```

通过命令 `lambda = eig(A)` 计算出来的特征值为

```
lambda =
  -0.0408
  -0.0119 + 0.0386i
  -0.0119 - 0.0386i
   0.0323 + 0.0230i
   0.0323 - 0.0230i
```

这些计算出的特征值到底有多准呢?

`gallery(5)` 的矩阵对应的特征方程满足

$$\lambda^5 = 0$$

281

可以通过说明 A^5 在没有舍入误差的情况下等于零矩阵来证明这一点。这个特征方程用手算很容易求解,所有 5 个特征值全部是 0。但是数值计算得到的结果却让人难以想象准确的特征值都是 0。我们必须承认计算出来的特征值不是非常准确。

关于此问题,MATLAB 的 eig 函数目前所做的与预期的一样好,计算特征值的误差是由敏感性造成的,而非 eig 的错误。下面这个实验可以证明这一点。

```
A = gallery(5)
e = eig(A)
plot(real(e),imag(e),'r*',0,0,'ko')
axis(.1*[-1 1 -1 1])
axis square
```

图 10-4 表示计算出的特征值是复平面上一个正五边形的顶点,其半径为 0.04,中心位于原点。

重复这个实验,让矩阵的每个元素都受到单个舍入误差的扰动。`gallery(5)` 矩阵中元素的变化超过 4 个数量级,所以扰动后的结果为

```
e = eig(A + eps*randn(5,5).*A)
```

将该语句和 plot、axis 命令一起输入在同一行中,并用向上箭头反复运行几次。你会发现那个五边形在转动,并且它的半径在 0.03 和 0.07 之间变化。但是扰动后计算出来的特征值具有与原矩阵特征值完全一样的特性。

这个实验给以下事实提供了证据:计算出来的特征值实际上是矩阵 $A + E$ 的准确特征值,其中 E 的元素和 A 的元素相比,在舍入误差的量级上。这是使用浮点运算所能期望的最好结果了。

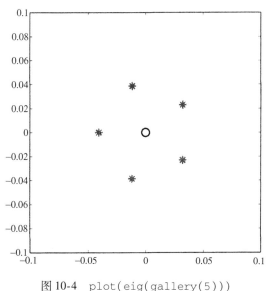

图 10-4　`plot(eig(gallery(5)))`

282

10.7　奇异值的敏感度和精度

奇异值的敏感度分析比特征值要容易得多,奇异值问题一般都有很好的条件数。对扰动的分析涉及如下所示的方程:

$$\sum + \delta\sum = U^H(A + \delta A)V$$

由于 U 和 V 是正交矩阵或者酉矩阵,所以范数保持不变,即 $\|\delta\sum\| = \|\delta A\|$。在任何矩阵中的任

何大小的扰动, 都会产生与奇异值大小差不多的扰动。所以没必要为奇异值定义条件数, 因为它们基本上总是等于1。MATLAB 中的命令 svd 使用全浮点精度对奇异值进行计算。

需要注意这里所说的"同样大小"和"全精度"。扰动和精度是相对于矩阵的范数或者最大的奇异值来度量的:

$$\|A\|_2 = \sigma_1$$

较小的奇异值的精度是相对于最大的奇异值进行度量的。通常, 奇异值的变化超过几个量级, 那么较小的奇异值相对于它们本身就不是全精度了。特别地, 如果矩阵是奇异的, 那么其中一些 σ_i 一定为0。这些 σ_i 的计算值通常都在 $\varepsilon\|A\|$ 量级上, 其中 ε 是 eps, 即浮点精度参数。

可以通过 gallery(5) 的奇异值来说明。语句

```
A = gallery(5)
format long e
svd(A)
```

得到的结果是

```
1.010353607103610e+005
1.679457384066496e+000
1.462838728086172e+000
1.080169069985612e+000
4.988578262459575e-014
```

A 的最大元素是 93 365, 我们会发现, 最大的奇异值还要大些, 大约是 10^5。在 10^0 附近有 3 个奇异值。前面提到过这个矩阵的特征值全为 0, 所以这个矩阵是奇异的, 并且最小的奇异值理论上也应该是 0。而计算的值位于 ε 和 $\varepsilon\|A\|$ 之间。

现在给这个矩阵一些扰动, 使下面的语句无限循环一段时间。

```
while 1
   clc
   svd(A+eps*randn(5,5).*A)
   pause(.25)
end
```

输出的结果为

```
1.010353607103610e+005
1.67945738406****e+000
1.46283872808****e+000
1.08016906998****e+000
*.**************-0**
```

星号表示每次结果发生变化的部分。15 位数字格式显示 σ_1 没有任何变化; σ_2、σ_3 和 σ_4 的变化都小于 $\varepsilon\|A\|$, 大约是 10^{-11}; σ_5 的计算值全是舍入误差, 小于 10^{-11}。

gallery(5) 所构造的矩阵的特征值问题有特殊的性质。对于奇异值问题, 其特性就是任何奇异矩阵的特性。

10.8 约当型和舒尔型

特征值分解试图找到一个对角阵 Λ 和一个非奇异矩阵 X 使得

$$A = X\Lambda X^{-1}$$

特征值分解有两个困难。理论上的困难是，这种分解并非总是存在。数值上的困难是，即使存在，它也不可能为鲁棒的计算提供基础。

对于不存在分解的情况，解决方法是找到尽可能接近对角阵的矩阵来代替，这产生了约当标准型(JCF)。对于鲁棒性的难点，解决方法是用"三角阵"代替"对角阵"并且使用正交变换或者酉变换，这产生了舒尔型。

退化(defective)矩阵是指：该矩阵至少有一个多重特征值，并且这个多重特征值没有线性无关特征向量全集。例如，gallery(5)就是退化的，因为 0 是一个五重数特征值，但是只有一个特征向量。

JCF 的分解是这样的：

$$A = XJX^{-1}$$

如果 A 不退化，那么 JCF 就与普通的特征值分解相同。X 的列由特征向量构成，并且 $J = \Lambda$ 是一个对角阵。但是如果 A 是退化的，那么 X 由特征向量和广义(generalized)特征向量构成。矩阵 J 的对角线上是特征值，上副对角线与 X 中非特征向量对应的位置为 1，J 的其余元素为 0。

MATLAB 符号工具箱中的函数 jordan，使用 Maple 和无限制精度有理算法来计算小矩阵的 JCF，这些小矩阵的元素要么是较小的整数要么是它们的比值。如果特征多项式没有有理根，Maple 就认为所有的特征值都不同，并且生成一个对角 JCF。

JCF 是矩阵的非连续函数。几乎退化矩阵的所有扰动，都能导致一个多重特征值分离成几个不同的值，并且消掉 JCF 上副对角线中的 1。接近退化的矩阵有条件数很差的特征向量集，并且得到的相似变换不能用来进行可靠的数值计算。

284

舒尔型可以提供一个数值上令人满意的 JCF 选择。所有的矩阵都可以通过酉相似变换变成上三角形式：

$$B = T^H A T$$

矩阵 A 的特征值分布在舒尔型 B 的对角线上。因为酉变换有很好的条件数，所以它们不会放大误差。

例如，

```
A = gallery(3)
[T,B] = schur(A)
```

结果为

```
A =
  -149    -50    -154
   537    180     546
   -27     -9     -25
T =
    0.3162    -0.6529     0.6882
   -0.9487    -0.2176     0.2294
    0.0000     0.7255     0.6882
B =
    1.0000    -7.1119  -815.8706
         0     2.0000   -55.0236
         0          0     3.0000
```

B 的对角线元素就是 A 的特征值。如果 A 是对称矩阵，B 就是对角阵。在这种情况下 B 中非对角线上的大元素可以度量 A 的不对称性。

10.9　QR 算法

QR 算法是计算领域中最重要、使用最广泛、最成功的工具之一。它的几个变形被用在了 MATLAB 的数学内核中。它们用来计算实对称矩阵的特征值以及实非对称矩阵、复矩阵和一般矩阵的奇异值。这些函数被依次用来求多项式的根，求解特殊的线性系统，考察稳定性，以及用来完成各种工具箱中的许多其他任务。

很多人为发展各式各样的 QR 算法做出了贡献。首次完整的实现以及重要的收敛性分析是由 J. H. Wilkinson 完成的。Wilkinson 的书 *The Algebraic Eigenvalue Problem* [56] 以及两个基础性的论文发表于 1965 年。

QR 算法（algorithm）基于反复使用第 5 章讨论的 QR 分解（factorization）。字母"Q"表示正交矩阵或者酉矩阵；字母"R"表示右或者上三角矩阵。MATLAB 中的 qr 命令，可以将任何矩阵（包括实的或者复的）、方阵或者长方阵分解成正交矩阵 Q 与只有上三角或右三角元素为非零的矩阵 R 的积。

使用 qr 函数，可以在 MATLAB 中用一行就写出一个 QR 算法的简单变形，被称作单位移算法。令 A 为一个方阵，从下面语句开始：

```
n = size(A,1)
I = eye(n,n)
```

那么，单位移 QR 迭代的一步可以如下实现：

```
s = A(n,n);   [Q,R] = qr(A - s*I);   A = R*Q + s*I
```

如果把这些命令输入在一行里，就可以使用上下箭头重复运行。s 的值就是转移大小，它可以加速收敛。QR 分解把矩阵变为三角阵：

$$A - sI = QR$$

然后倒序乘积 RQ 恢复出特征值，因为

$$RQ + sI = Q^{\mathrm{T}}(A - sI)Q + sI = Q^{\mathrm{T}}AQ$$

所以新矩阵 A 正交相似于原始的矩阵 A。每次迭代都能有效地将一些"质量"从下三角转移到上三角，而且保持特征值不变。随着迭代反复进行，所得的矩阵越来越接近上三角矩阵，该矩阵的特征值也渐渐地出现在对角线上。

例如，

```
 A = gallery(3)
-149       -50      -154
 537       180       546
 -27        -9       -25
```

第一次迭代结果为

```
 28.8263  -259.8671   773.9292
  1.0353    -8.6686    33.1759
 -0.5973     5.5786   -14.1578
```

已经使较大的元素移动到上三角部分了。再经过五次迭代，我们有

```
   2.7137   -10.5427  -814.0932
  -0.0767     1.4719   -76.5847
   0.0006    -0.0039     1.8144
```

已知该矩阵的特征值为 1，2，3，现在可以初步看出这 3 个值在对角线上了。再经过五次迭代，结果是

```
   3.0716    -7.6952   802.1201
   0.0193     0.9284   158.9556
  -0.0000     0.0000     2.0000
```

其中一个特征值已经被准确计算出来，并且对角线以下紧邻它的元素已经为 0。此时应该缩小问题的规模并继续迭代左上角的 2×2 子阵。

QR 算法在实际中不以这种简单形式使用。它一般会先被归约成 Hessenberg 形，也就是副对角线以下的元素都为 0。这种归约后的形式在迭代过程中保持不变，并且分解可以更快地进行。此外，位移策略也更复杂，并且不同算法的位移策略也不同。

最简单的变形涉及实对称矩阵。在这种情况下，归约的结果是三角矩阵。Wilkinson 给出了一种位移策略，并且证明了一个全局收敛定理。即使存在舍入误差，MATLAB 中的该执行程序对所有的例子也是成功的。

QR 算法的 SVD 变形是先归约成双对角线形式，这种形式可保留原来的奇异值。它与对称特征值迭代一样可以保证收敛性质。

实非对称矩阵的情况要更复杂一些。在这种情况下，给定矩阵的元素是实的，但是其特征值可能是复的。实矩阵采用一种可以处理两个实特征值或者复共轭特征值的双移策略。早在 30 年前，人们就知道了基本迭代的反例，并且 Wilkinson 引入了一个"ad ha"位移来处理它们。但是没人能够证明完整的收敛定理。所以理论上讲，MATLAB 的 `eig` 函数可能运行失败并且报告一个不收敛的错误信息。

10.10 `eigsvdgui`

图 10-5 和图 10-6 是 `eigsvdgui` 计算非对称矩阵和对称矩阵特征值的过程图示。图 10-7 是 `eigsvdgui` 计算非对称矩阵奇异值的过程图示。

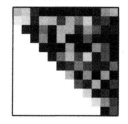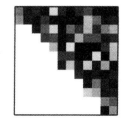

图 10-5　`eigsvdgui`，非对称矩阵

图 10-5 显示了计算一个 $n \times n$ 实非对称矩阵的特征值的第一阶段。该阶段是 $n - 2$ 个正交相似变换的序列。第 k 次变换用 Householder 反射使第 k 列副对角线下方的元素变为 0。第一阶段的结果被称作 Hessenberg 矩阵，第一个副对角线下方元素都为 0。

```
for k = 1:n-2
   u = A(:,k);
   u(1:k) = 0;
```

```
    sigma = norm(u);
    if sigma ~= 0
        if u(k+1) < 0, sigma = -sigma; end
        u(k+1) = u(k+1) + sigma;
        rho = 1/(sigma*u(k+1));
        v = rho*A*u;
        w = rho*(u'*A)';
        gamma = rho/2*u'*v;
        v = v - gamma*u;
        w = w - gamma*u;
        A = A - v*u' - u*w';
        A(k+2:n,k) = 0;
    end
end
```

QR 算法的第二个阶段是使第一副对角线元素变为 0。一个实非对称矩阵一般会有一些复特征值,所以不太可能将它完全变换成上三角舒尔型,而是生成对角线由 1×1 和 2×2 的子阵构成的实舒尔型。对角线上每个 1×1 的矩阵就是原始矩阵的一个实特征值,每个 2×2 的块的特征值是原始矩阵的一对复共轭特征值。

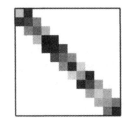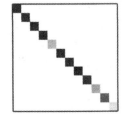

图 10-6　eigsvdgui,对称矩阵

图 10-6 所示的对称矩阵的特征值计算也包括两个阶段。第一阶段的结果是一个对称的 Hessenberg 阵,所以它是三对角线矩阵。由于实对称矩阵的所有特征值都是实的,第二个阶段的 QR 迭代可以将副对角线全零化,得到一个只含有特征值的实对角阵。

图 10-7 是 eigsvdgui 计算非对称矩阵奇异值的结果。由于乘以任何正交矩阵特征值都保持不变,所以没必要使用相似变换。第一个阶段先用 Householder 反射使每列对角线下方元素变为 0,然后再用不同的 Householder 反射把对应行的第一副对角线右侧变为 0。这个过程产生一个和原始矩阵有相同奇异值的上双对角矩阵。然后 QR 迭代将副对角线也变为 0,从而形成一个只含奇异值的对角阵。

图 10-7　eigsvdgui, SVD

10.11 主分量

主分量分析(Principal Component Analysis, PCA)通过一系列"简单"矩阵的计算来近似一个一般矩阵。所谓"简单",这里是指秩为 1 的矩阵。所有的行都是差一个倍数,所有的列也是。令 A 是一个任意实 $m \times n$ 矩阵,简化的 SVD 为

$$A = U \sum V^{\mathrm{T}}$$

也可以重写成

$$A = E_1 + E_2 + \cdots + E_p$$

其中 $p = \min(m, n)$,分量矩阵 E_k 是秩一外积:

$$E_k = \sigma_k u_k v_k^{\mathrm{T}}$$

E_k 的每一列是矩阵 U 第 k 列 u_k 的倍数,每一行是矩阵 V 第 k 列的转置 v_k^{T} 的倍数。这些分量矩阵彼此之间都是正交的:

$$E_j E_k^{\mathrm{T}} = 0, \ j \neq k$$

每个分量矩阵的范数是对应的奇异值

$$\|E_k\| = \sigma_k$$

因此每个分量矩阵 E_k 在重建矩阵 A 时所起的作用由奇异值 σ_k 决定。

如果只取前 $r < p$ 项求和,

$$A_r = E_1 + E_2 + \cdots + E_r$$

结果是原始矩阵 A 称为 r 的近似矩阵。事实上,A_r 是所有秩为 r 的矩阵中与 A 最接近的,可以证明这种近似的误差是

$$\|A - A_r\| = \sigma_{r+1}$$

因为奇异值是降序的,所以近似的精度随着秩的增加而增加。

PCA 的应用范围非常广泛,包括统计学、地球科学和考古学。它的描述有很多种,可能最常见的是用交叉乘积矩阵 $A^{\mathrm{T}}A$ 的特征值和特征向量来描述。因为

$$A^{\mathrm{T}}AV = V \sum{}^2$$

矩阵 V 的列就是 $A^{\mathrm{T}}A$ 的特征向量。矩阵 U 的列向量通过奇异值换算后,从下式获得:

$$U \sum = AV$$

矩阵 A 通常通过减去列的平均值然后除以它们的标准差来标准化(standardized)。这样交叉乘积矩阵就是相关矩阵了。

因子分析对矩阵 A 的元素作一些附加统计假设,提供了密切相关的技术并且在计算特征值和特征向量之前对 $A^{\mathrm{T}}A$ 对角线上的元素作修改。

举个 PCA 的简单例子,对于一个没有经过修改的矩阵 A,假设我们度量六个物体的高度和重量并且得到下面的数据:

```
A =
    47      15
    93      35
    53      15
    45      10
    67      27
    42      10
```

图 10-8 中深色柱状图表示这些数据。

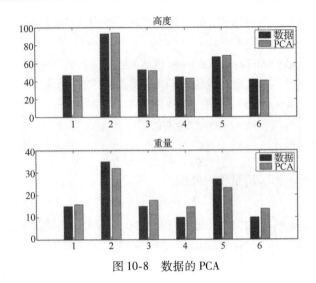

图 10-8　数据的 PCA

　　我们期望发现高度和重量的关联，认为存在一个潜在的分量——称它为"尺寸"——能够
同时预测高度和重量。语句

```
[U,S,V] = svd(A,0)
sigma = diag(S)
```

结果为

```
U =
    0.3153     0.1056
    0.6349    -0.3656
    0.3516     0.3259
    0.2929     0.5722
    0.4611    -0.4562
    0.2748     0.4620

V =
    0.9468     0.3219
    0.3219    -0.9468

sigma =
  156.4358
    8.7658
```

注意 σ_1 要比 σ_2 大很多，A 的秩一近似为

```
E1 = sigma(1)*U(:,1)*V(:,1)'

E1 =
    46.7021    15.8762
    94.0315    31.9657
    52.0806    17.7046
    43.3857    14.7488
    68.2871    23.2139
    40.6964    13.8346
```

换句话说，潜在的单一主分量是

```
size = sigma(1)*U(:,1)

size =
    49.3269
    99.3163
    55.0076
    45.8240
    72.1250
    42.9837
```

由下式，这两个被测量就可以被很好地近似：

```
height  ≈  size*V(1,1)
weight  ≈  size*V(2,1)
```

图 10-8 中的浅色柱状图表示这些近似。

一个更大的例子来自数字图像处理，以下这些命令

```
load detail
subplot(2,2,1)
image(X)
colormap(gray(64))
axis image, axis off
r = rank(X)
title(['rank = ' int2str(r)])
```

生成图 10-9 的第一个子图。用 load 命令得到一个 359×371 的矩阵 X，并且数值上是满秩的。它的元素在 1 到 64 之间，表示灰度图的灰度值。最后的图是 Albrecht Dürer 蚀刻画 *Melancolia II* 的详图，表示一个 4×4 的幻方。下面语句

```
[U,S,V] = svd(X,0);
sigma = diag(S);
semilogy(sigma,'.')
```

rank=359

rank=1

rank=20

rank=100

图 10-9　Dürer 幻方的主分量分析

生成图 10-10 所示的矩阵 X 奇异值的对数图像，从图中我们可以发现奇异值下降得很快。只有一个值大于 10^4 和六个值大于 10^3。

图 10-9 中另外三幅子图是 X 的主分量近似得到的图像，分别为 $r=1$，$r=20$ 和 $r=100$ 的情况。秩一近似的结果是外积 $E_1 = \sigma_1 u_1 v_1^{\mathrm{T}}$ 产生的水平和竖直线，这种棋盘状的结构是图像低秩主分量近似的典型结果。在 $r=20$ 的时候每个数字都可以识别。$r=100$ 的近似的视觉效果已经和满秩的图像差不多了。

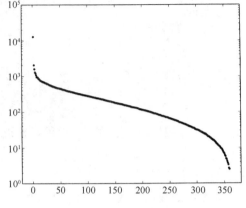

图 10-10　奇异值(对数尺度)

虽然图像的低阶近似比满秩的图像确实要节省很多计算机的存储和传输时间，但是人们已经掌握了更有效的数据压缩技术。PCA 在图像处理中的主要应用是特征识别。

10.12　圆生成器

下面的算法用于在带有绘图显示器的计算机上画圆，这里不涉及 MATLAB 和浮点运算。这个程序是用机器语言写的，并且只涉及整数计算。圆生成程序是这样的：

```
   x = 32768
   y = 0
L: load y
   shift right 5 bits
   add x
   store in x
   change sign
   shift right 5 bits
   add y
   store in y
   plot x y
   go to L
```

292
～
293

为什么这段程序可以画圆？事实上，它画的真的是一个圆吗？其中没有三角函数，没有平方根，也没有乘除法。它完全使用移位和加法来实现。

这个算法的关键之处在于，新 x 被用在新 y 的计算中。这对于计算机来说是很方便的，因为它意味着你只需要两个存储空间，一个存 x，另一个存 y。而且，正如我们将看到的，这也是为什么此算法是有效的。

以下是这个算法的 MATLAB 实现代码：

```
h = 1/32;
x = 1;
y = 0;
while 1
    x = x + h*y;
    y = y - h*x;
    plot(x,y,'.')
    drawnow
end
```

M 文件 `circlegen` 让我们可以尝试不同的步长值 h，它在背景中绘出了一个真实的圆。图10-11 显示了经认真选择的默认值 h = 0. 209 06 的结果。`circlegen(h)`用更小的 h 值能生成更好的结果，你可以自己对 `circlegen(h)` 试试不同的 h 值。

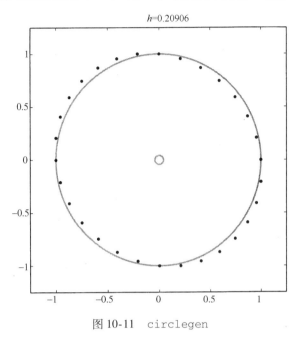

图 10-11　`circlegen`

令 (x_n, y_n) 表示第 n 个点的位置，那么迭代的过程就是

$$x_{n+1} = x_n + hy_n$$
$$y_{n+1} = y_n - hx_{n+1}$$

关键是 x_{n+1} 出现在第二个方程的右端，把第一个方程代入第二个可以得到

$$x_{n+1} = x_n + hy_n$$
$$y_{n+1} = -hx_n + (1 - h^2)y_n$$

把它写成矩阵的形式，现在令 x_n 表示第 n 个点对应的二维向量，令 A 表示圆生成器（circle generator）矩阵

$$A = \begin{bmatrix} 1 & h \\ -h & 1 - h^2 \end{bmatrix}$$

用这样的形式，迭代可以简单表示为

$$x_{n+1} = Ax_n$$

于是有

$$x_n = A^n x_0$$

所以，问题就变成：对于 h 的不同值，圆生成器矩阵的幂是什么样子？

对于大多数矩阵 A，A^n 的性质由它的特征值（eigenvalue）决定。MATLAB 语句

```
[X,Lambda] = eig(A)
```

可以得到一个对角（diagonal）特征值矩阵 Λ 及其对应的特征向量矩阵 X，使得

$$AX = X\Lambda$$

294

如果 X^{-1} 存在, 那么

$$A = X\Lambda X^{-1}$$

并且有

$$A^n = X\Lambda^n X^{-1}$$

所以, 如果特征向量矩阵非奇异并且特征值 λ_k (也就是矩阵 Λ 的对角线元素) 满足

$$|\lambda_k| \leq 1$$

那么幂 A^n 是有界的。

举一个简单的例子, 输入

```
h = 2*rand, A = [1 h; -h 1-h^2], lambda = eig(A), abs(lambda)
```

重复使用上下箭头和回车重复最终可以验证如下结论:

对于任何满足 $0 < h < 2$ 的 h, 圆生成器矩阵 A 的特征值都是绝对值为 1 的复数。

符号工具箱提供了一些帮助来实际证明这个事实, 代码

```
syms h
A = [1 h; -h 1-h^2]
lambda = eig(A)
```

创建一个符号版的迭代矩阵, 并且找到它的特征值。

```
A =
[     1,      h]
[    -h,  1-h^2]

lambda =
[ 1-1/2*h^2+1/2*(-4*h^2+h^4)^(1/2)]
[ 1-1/2*h^2-1/2*(-4*h^2+h^4)^(1/2)]
```

语句

```
abs(lambda)
```

不起任何作用, 部分原因是我们还没有给符号变量 h 做任何假设。

如果 $|h| < 2$, 就会涉及负值的平方根, 特征值将是复的。矩阵的行列式是其特征值的积。用下面代码进一步说明:

```
d = det(A)
```

或者

```
d = simple(prod(lambda))
```

结果都是

```
d =
1
```

所以, $|h| < 2$ 时, 特征值 λ 就是复的, 并且它们的乘积是 1, 所以它们一定满足 $|\lambda| = 1$。

因为

$$\lambda = 1 - h^2/2 \pm h\sqrt{-1 + h^2/4}$$

这个结果不是很清晰, 如果我们定义 θ 为

$$\cos\theta = 1 - h^2/2$$

或者

$$\sin\theta = h\sqrt{1 - h^2/4}$$

那么

$$\lambda = \cos\theta \pm i\sin\theta$$

符号工具箱通过下面语句证明了这一点:

```
theta = acos(1-h^2/2);
 Lambda = [cos(theta)-i*sin(theta); cos(theta)+i*sin(theta)]
diff = simple(lambda-Lambda)
```

结果是

```
Lambda =
[ 1-1/2*h^2-1/2*i*(4*h^2-h^4)^(1/2)]
[ 1-1/2*h^2+1/2*i*(4*h^2-h^4)^(1/2)]

diff =
[ 0]
[ 0]
```

总之, 这证明了 $|h| < 2$ 时圆生成器矩阵的特征值为

$$\lambda = e^{\pm i\theta}$$

这些特征值是不同的, 因此矩阵 X 一定是非奇异的并且

$$A^n = X\begin{bmatrix} e^{in\theta} & 0 \\ 0 & e^{-in\theta} \end{bmatrix} X^{-1}$$

如果步长 h 恰好与 $\theta = 2\pi/p$ 相对应, 其中 p 是一个整数, 那么这个算法在重复自身之前只生成 p 个离散点。

算法生成的圆和实际的圆到底有多接近呢? 事实上, 圆生成器生成的是椭圆。随着步长 h 逐渐减小, 椭圆越来越接近圆。椭圆的纵横比(aspect ratio)是它的长轴和短轴的比值, 可以证明生成器生成椭圆的纵横比等于特征向量矩阵 X 的条件数(condition number)。矩阵的条件数可以通过 MATLAB 中的 cond(X) 来计算, 这在第 2 章线性方程组中进行过更详细的讨论。

2×2 的常微分方程系统的解

$$\dot{x} = Qx$$

其中

$$Q = \begin{bmatrix} 0 & 1 \\ -1 & 0 \end{bmatrix}$$

的解为一个圆

$$x(t) = \begin{bmatrix} \cos t & \sin t \\ -\sin t & \cos t \end{bmatrix} x(0)$$

所以迭代矩阵

$$\begin{bmatrix} \cos h & \sin h \\ -\sin h & \cos h \end{bmatrix}$$

296

可以生成完美的圆。cosh 和 sinh 的泰勒级数表示我们的圆生成器的迭代矩阵

$$A = \begin{bmatrix} 1 & h \\ -h & 1-h^2 \end{bmatrix}$$

随着 h 的减小会逼近完美的圆。

[297]

10.13　更多阅读资料

有关矩阵计算的参考文献[2, 18, 25, 55-57]讨论了特征值问题。另外，Wilkinson 的经典著作[65]仍然有用且值得阅读。文献[36]介绍了 ARPACK 软件包，它是针对稀疏矩阵的 eigs 函数的基础。

习题

10.1　对下面的矩阵和性质进行匹配，为每个矩阵选择最恰当的性质。每种性质可以对应一或多个矩阵。

magic(4)	对称
hess(magic(4))	退化
schur(magic(5))	正交
pascal(6)	奇异
hess(pascal(6))	三对角线阵
schur(pascal(6))	对角阵
orth(gallery(3))	Hessenberg型
gallery(5)	舒尔型
gallery('frank',12)	约当型
[1 1 0; 0 2 1; 0 0 3]	
[2 1 0; 0 2 1; 0 0 2]	

10.2　(a) 矩阵 magic(n)的最大特征值是多少？为什么？

　　　(b) 矩阵 magic(n)的最大奇异值是多少？为什么？

10.3　作为 n 的函数，求 $n \times n$ 的傅里叶矩阵 fft(eye(n))的特征值。

10.4　运行下面的代码：

```
n = 101;
d = ones(n-1,1);
A = diag(d,1) + diag(d,-1);
e = eig(A)
plot(-(n-1)/2:(n-1)/2,e,'.')
```

你能认出结果是什么曲线吗？可以猜出这个矩阵的特征值公式吗？

10.5　在复平面上画出矩阵 A 的特征值轨迹，其中 A 的元素为

$$a_{i,j} = \frac{1}{i-j+t}$$

随着 t 在 $0 < t < 1$ 之间变化，你的图像看起来应该像图 10-12 那样。

10.6　(a) 理论上讲，condeig(gallery(5))得到的向量其元素应该是无限大，为什么？

[298]

　　　(b) 实际计算的结果只有 10^{10} 左右，为什么？

10.7　该练习使用符号工具箱研究一个经典的特征值测试矩阵——Rosser 矩阵。

　　　(a) 可以通过下面代码来准确计算一个 Rosser 矩阵的特征值，并且把它们按照升序排列：

```
R = sym(rosser)
e = eig(R)
[ignore,k] = sort(double(e))
e = e(k)
```

为什么不能仅使用 `e = sort(eig(R))` 呢?

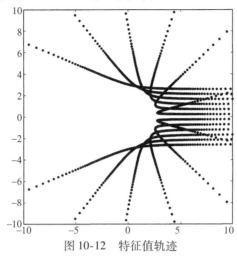

图 10-12　特征值轨迹

（b）可以通过下面的代码来计算并显示 R 的特征多项式:

```
p = poly(R)
f = factor(p)
pretty(f)
```

f 中的哪项对应 e 中的哪个特征值?

（c）下面代码完成了什么功能?

```
e = eig(sym(rosser))
r = eig(rosser)
double(e) - r
double(e - r)
```

（d）为什么（c）的结果的阶是 10^{-12} 而非 `eps`?

（e）把 R(1, 1) 由 611 改为 612,并计算修改后矩阵的特征值。为什么结果的形式不同了? [299]

10.8　下面两个矩阵

```
P = gallery('pascal',12)
F = gallery('frank',12)
```

具有这样的性质: 如果 λ 是特征值的话,那么 $1/\lambda$ 也是。计算出的特征值是否还有这个性质? 用 `condeig` 来解释这两个矩阵的不同性质。

10.9　比较下面计算矩阵奇异值的三种方法。

```
svd(A)
sqrt(eig(A'*A))
Z = zeros(size(A)); s = eig([Z A; A' Z]); s = s(s>0)
```

10.10　用 `eigsvdgui` 对随机矩阵 `randn(n)` 进行实验。选择与计算机速度相称的 n 值并且分别考察 `eig`、`symm` 和 `svd`。`eigsvdgui` 的标题显示了迭代次数。一般说来,这三个不同变体的迭代次数与矩阵的阶数有何关系？

10.11 选择 n 值生成一个矩阵

```
A = diag(ones(n-1,1),-1) + diag(1,n-1);
```

运行下面的语句，并解释下面结果中你观察到的现象：

```
eigsvdgui(A,'eig')
eigsvdgui(A,'symm')
eigsvdgui(A,'svd')
```

10.12 NCM 文件 imagesvd.m 可以帮助你考察 PCA 在数字图像处理中的应用。如果有的话，可以使用你自己的照片。如果能使用 MATLAB 的图像处理工具箱，你可以使用它的高级功能。但是即使没有这个工具箱，基本的图像处理操作也可以进行。对 JPEG 格式的彩色 $m \times n$ 图像，语句

```
X = imread('myphoto.jpg');
```

生成一个三维的 $m \times n \times 3$ 数组 X，用 3 个 $m \times n$ 维子数组分别表示红、绿和蓝色分量。可以分别计算三种色彩的 $m \times n$ 矩阵的 SVD。另外，还可以通过下面的语句改变 X 的维数来减少工作量。

```
X = reshape(X,m,3*n)
```

然后计算一个 $m \times 3n$ 矩阵的 SVD。

（a）imagesvd 中基本计算可用下面的代码完成：

```
[V,S,U] = svd(X',0)
```

与

```
[U,S,V] = svd(X,0)
```

相比，结果如何呢？

（b）近似秩数的选择对图像的视觉质量影响怎样？这个问题没有一个准确的答案，你的结果和你选择的图像以及你的判断会有很大关系。

10.13 该练习是考察由德国波鸿 Ruhr 大学生物运动实验室的 Nikolaus Troje 开发的人类的行进模型。他们在网页上提供了互动的演示例子[7]。关于这项研究的两篇论文也可以在网上找到[59-60]。

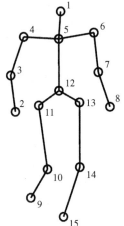

Troje 的数据是在踏板上行走人身上佩戴的传感器采集下来的。他的模型是一个带有向量值系数的五项傅里叶级数，该模型中向量的系数是通过实验数据的主分量分析得到的。其中的分量被称作体态（posture）或者特征体态（egienposture），对应于静态姿势、前进运动、侧向运动和两种跳跃/反跳运动。跳跃和反跳运动的区别在于身体的上半部分和下半部分之间相位的关系不同。这个模型纯粹是描述性的，它没有直接用到任何运动物理定律。

人体位置 $v(t)$ 由 45 个时间函数描述，这 45 个函数对应三维空间中 15 个点的位置。图 10-13 是一个静态的截图。模型如下：

图 10-13 行走者休息

300

$$v(t) = v_1 + v_2 \sin\omega t + v_3 \cos\omega t + v_4 \sin 2\omega t + v_5 \cos 2\omega t$$

如果把体态 v_1, v_2, $\cdots$, v_5 看作一个 45×5 矩阵 V 的列, 那么 $v(t)$ 的计算涉及矩阵向量乘。然后得到的向量可以被组织成 15×3 的矩阵以给出空间的坐标。例如, 在 $t = 0$ 时, 时变的系数构成向量 $w = [1\ 0\ 1\ 0\ 1]'$。所以 reshape($V*w$, 15, 3) 生成初始位置的坐标。 [301]

个体实验对象的五种体态可以通过主分量和傅里叶分析的组合来获得。特征频率 ω 是一个独立的速度参数。如果用单独的特征在实验对象上求体态的平均值, 那么结果就是一个具备那种特征的"典型"行进者的模型。这些特征可以在网页上的演示例子中获得, 其中包括男性/女性、体重/体轻、紧张/放松以及高兴/沮丧。

M 文件 walker.m 基于一个典型女性行进者的体态 f_1, f_2, $\cdots$, f_5 和一个典型男性行进者的体态 m_1, m_2, $\cdots$, m_5。系数 s_1 用于调节行进速度。系数 s_2, $\cdots$, s_5 用于调节每种分量对总体运动产生影响的大小。系数 s_6 用于调节女性行进者和男性行进者的线性组合。如果某个系数被设置为大于 1.0, 则表示过分强调某种特征。下面是一个包括 6 个调节系数的完整模型:

$$f(t) = f_1 + s_2 f_2 \sin\omega t + s_3 f_3 \cos\omega t + s_4 f_4 \sin 2\omega t + s_5 f_5 \cos 2\omega t$$

$$m(t) = m_1 + s_2 m_2 \sin\omega t + s_3 m_3 \cos\omega t + s_4 m_4 \sin 2\omega t + s_5 m_5 \cos 2\omega t$$

$$v(t) = (f(t) + m(t))/2 + s_6(f(t) - m(t))/2$$

(a) 描述典型女性行进者和男性行进者步态的直观区别。

(b) 文件 walker.mat 包含 4 个数据集。F 和 M 是通过分析所有的实验对象得到的典型女性和男性的体态。A 和 B 是两个独立个体的体态, 那么 A 和 B 是男性还是女性呢?

(c) 修改 walker.m, 增加一个挥手动作, 作为一个附加的人工体态。

(d) 下面这段程序完成了什么功能?

```
load walkers
F = reshape(F,15,3,5);
M = reshape(M,15,3,5);
for k = 1:5
   for j = 1:3
      subplot(5,3,j+3*(k-1))
      plot([F(:,j,k) M(:,j,k)])
      ax = axis;
      axis([1 15 ax(3:4)])
   end
end
```

(e) 修改 walker.m, 以便使用一个将幅度和相位作为参数的模型。女性行进者的模型为

$$f(t) = f_1 + s_2 a_1 \sin(\omega t + s_3 \phi_1) + s_4 a_2 \sin(2\omega t + s_5 \phi_2)$$

[302]

将类似的公式用于男性行进者, 通过 s_6 保持两个行进者的线性组合不变。幅度和相位由下面的公式给出:

$$a_1 = \sqrt{f_2^2 + f_3^2}$$

$$a_2 = \sqrt{f_4^2 + f_5^2}$$

$$\phi_1 = \tan^{-1}(f_3/f_2)$$
$$\phi_2 = \tan^{-1}(f_5/f_4)$$

10.14   在英语和很多其他语言中，元音一般后接辅音并且辅音一般也后接元音。这个事实是通过对一个文本实例的有向图频率矩阵进行主分量分析得到的。英语中有 26 个字母，所以有向图频率矩阵是一个记录字母对出现频率的 26×26 的矩阵 A。文本中的空格和其他标点已被去除，并且整个实例被认为是循环的，因此第一个字母跟在最后一个字母后面。矩阵的项 a_{ij} 表示文本中第 j 个字母紧跟在第 i 个字母后面的次数。A 的行和列总和是相同的，它们表示每个独立字母在本实例中出现的次数。所以第五行和第五列总和一般是最大的，因为第五个字母"E"使用的频率最高。

A 的主分量分析产生第一个分量，
$$A \approx \sigma_1 u_1 v_1^{\mathrm{T}}$$
它反映出了每个字母的使用频率。第一个右和左奇异向量 u_1 和 v_1 的所有元素符号相同，并且近似与对应的频率成正比。我们主要是对第二个主分量感兴趣：
$$A \approx \sigma_1 u_1 v_1^{\mathrm{T}} + \sigma_2 u_2 v_2^{\mathrm{T}}$$
第二项在元音－辅音和辅音－元音的位置上是正值，在元音－元音和辅音－辅音的位置上是负值。NCM 程序包中含有一个函数 digraph.m 进行这个分析。图 10-14 表示用下面语句对林肯的盖茨堡演讲的分析结果：

```
digraph('gettysburg.txt')
```

字母表中的第 i 个字母在图中的对应坐标为 $(u_{i,2}, v_{i,2})$。每个字母到零点的距离大体上与其出现的频率成正比。符号的模式使元音字母和辅音字母被分别画在相反的象限。甚至还有一些更详细的结果。字母"N"一般都是前面一个元音字母后面跟一个辅音字母，比如"D"或者"G"，所以它更多的是独自在一个象限中出现。另外，"H"前面经常是辅音字母"T"后面跟一个元音字母"E"，所以它也独自在一个象限。

（a）解释 digraph 是如何使用 sparse 来计数字母对并且创建矩阵的，参考 help sparse 会有所帮助。

303

（b）用 digraph 测试其他文本例子。大概要多少个字母才能观察出这种元音字母－辅音字母的模式？

（c）你能够找到至少含有几百个字母但不满足这种规律的例子吗？

（d）用 digrpah 测试 M 文件或者其他源代码。计算机的语言是否有类似的元音字母－辅音字母规律呢？

（e）用 digraph 测试其他语言的文本例子。夏威夷语和法语特别有趣。你需要修改 digraph 以适应不是 26 个字母的情况。其他的语言也有英语中元音字母－辅音字母的规律吗？

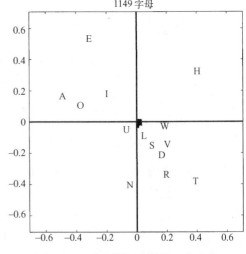

图 10-14   有向图矩阵的第二主分量

10.15   对于以下的步长值 h，解释 circlegen 的现象。如果这些值有特殊性的话，是什么? 轨迹是否是由离散的点集构成? 轨迹是否总有界? 是线性增长还是指数增长?
如果必要的话, 可以增大 `circlegen` 内轴的范围, 以便可以显示完整的轨迹。$\phi = (1+\sqrt{5})/2$ 是黄金分割比:

$$h = \sqrt{2 - 2\cos(2\pi/30)}\ (默认值)$$
$$h = 1/\phi$$
$$h = \phi$$
$$h = 1.4140$$
$$h = \sqrt{2}$$
$$h = 1.4144$$
$$h < 2$$
$$h = 2$$
$$h > 2$$

304

10.16　(a) 修改 `circlegen`, 使得新点的坐标都由旧的点来确定, 也就是

$$x_{n+1} = x_n + h y_n$$
$$y_{n+1} = y_n - h x_n$$

(这是求解圆常微分方程的显式欧拉方法(explicit Euler's method)。)这些"圆"发生了什么变化? 迭代矩阵是什么? 它的特征值是什么?

(b) 修改 `circlegen`, 使得新点由求解一个 2×2 的联立方程组确定:

$$x_{n+1} - h y_{n+1} = x_n$$
$$y_{n+1} + h x_{n+1} = y_n$$

(这是求解圆常微分方程的隐式欧拉方法(implicit Euler's method)。)这些"圆"发生了什么变化? 迭代矩阵是什么? 它的特征值是什么?

10.17　修改 `circlegen`, 使得它在迭代过程中记录最大和最小半径, 并且返回这两个半径的比值, 作为这个函数的返回值。对于不同的 `h` 值, 比较这个比值和特征向量的条件数 `cond(X)`。

305
~
306

Numerical Computing with MATLAB

偏微分方程

工程计算中有各种各样的偏微分方程，本书不能全部都涉及。本章仅限讨论一维或二维空间的二阶偏微分方程的三个模型问题。

11.1 模型问题

本章讨论的所有问题都含有拉普拉斯算子，在一维空间中为

$$\Delta = \frac{\partial^2}{\partial x^2}$$

在二维空间中为

$$\Delta = \frac{\partial^2}{\partial x^2} + \frac{\partial^2}{\partial y^2}$$

令 $\dot{x}$ 表示一维空间的单变量 x 和二维空间的变量对 (x, y)。

第一个模型问题是泊松方程：

$$\Delta u = f(\dot{x})$$

这是一个椭圆型方程，它不含时间变量，因此描述的是模型变量的稳态、静态特性，没有初始条件。

第二个模型问题是热方程：

$$\frac{\partial u}{\partial t} = \Delta u - f(\dot{x})$$

这是一个抛物型方程，用于模拟扩散和衰变问题。初始条件为

$$u(\dot{x}, 0) = u_0(\dot{x})$$

第三个模型问题是波动方程。这是一个双曲型方程，描述的是扰动如何通过物质传播的问题。选择适当的单位使得波的传播速度等于 1，则波的幅度满足

$$\frac{\partial^2 u}{\partial t^2} = \Delta u$$

典型的初始条件是指定波的初始幅度，并设初始速度为 0：

$$u(\dot{x}, 0) = u_0(\dot{x}), \frac{\partial u}{\partial t}(\dot{x}, 0) = 0$$

在一维空间中，所有问题都发生在 x 轴的一个有限区间内。在多维空间中，几何形状起着至关重要的作用。二维空间的问题均发生在 (x, y) 平面内的有界区域 Ω 中。对于所有的情况，$f(\dot{x})$ 和 $u_0(\dot{x})$ 均是 $\dot{x}$ 的给定函数。所有问题的边界条件，均是在 Ω 的边界上指定 u 或者 u 的某些偏导数的值。除非特别说明，本章中的边界值均取为 0。

11.2 有限差分法

基本的有限差分方法使用间距为 h 的均匀网格求解问题的近似解。一维情况下，若区间为 $a \leqslant x \leqslant b$，则间距 $h = (b - a)/(m + 1)$，而网格点为

$$x_i = a + ih, i = 0, \cdots, m + 1$$

用三点中心二阶差分来近似 x 的二阶导数：

$$\Delta_h u(x) = \frac{u(x+h) - 2u(x) + u(x-h)}{h^2}$$

二维情况下，网格为区域 Ω 中的点集，即

$$(x_i, y_j) = (ih, jh)$$

用中心二阶差分近似偏导数得到五点格式的离散拉普拉斯算子：

$$\Delta_h u(x, y) = \frac{u(x+h, y) - 2u(x, y) + u(x-h, y)}{h^2}$$

$$+ \frac{u(x, y+h) - 2u(x, y) + u(x, y-h)}{h^2}$$

另一种表示方法是用 $P = (x, y)$ 表示网格点，并用 $N = (x, y+h)$、$E = (x+h, y)$、$S = (x, y-h)$ 和 $W = (x-h, y)$ 分别表示它的四个邻近的网格点，离散拉普拉斯算子为

$$\Delta_h u(p) = \frac{u(N) + u(W) + u(E) + u(S) - 4u(P)}{h^2}$$

308

用有限差分法求解泊松方程包括对网格上每个点 $\check{x}$ 处寻找 u 值，使得

$$\Delta_h u(\check{x}) = f(\check{x})$$

如果源项 $f(\check{x})$ 为 0，则泊松方程称为拉普拉斯方程：

$$\Delta_h u(x) = 0$$

一维拉普拉斯方程只有平凡解。网格点 x 处的 u 值是它左右两边网格点处的 u 值的平均值，因此 $u(x)$ 必为 x 的线性函数。注意边界条件有 $u(x)$ 为连接两个边界值的线性函数。若边界值均为 0，则 $u(x)$ 恒等于 0。超过一维的拉普拉斯方程的解称为调和函数，不再仅仅是 $\check{x}$ 的线性函数。

用有限差分法求解热方程和波动方程时，同样需在 t 方向进行一阶和二阶差分。令 δ 表示时间步长，则对热方程，使用与常微分方程的欧拉方法相应的差分格式：

$$\frac{u(\check{x}, t+\delta) - u(\check{x}, t)}{\delta} = \Delta_h u(\check{x})$$

从初始条件 $u(\check{x}, 0) = u_0(\check{x})$ 出发，使用公式

$$u(\check{x}, t+\delta) = u(\check{x}, t) + \delta \Delta_h u(\check{x}, t)$$

可以对区域内所有网格点 $\check{x}$，由 t 时刻的函数值得到 $t+\delta$ 时刻的函数值。边界条件提供了边界上或者区域外的函数值。这种方法是显式的，因为新的 u 值可以直接通过前一步的 u 值计算得到。更复杂的方法是隐式的，因为这种方法在计算每一步时都涉及整个方程系统的解。

对于波动方程，对 t 应用中心二阶差分：

$$\frac{u(\check{x}, t+\delta) - 2u(\check{x}, t) + u(\check{x}, t-\delta)}{\delta^2} = \Delta_h u(\check{x}, t)$$

这需要解在 $t-\delta$ 和 t 时刻"两层"的值。对于本章讨论的简单模型问题，初始条件

$$\frac{\partial u}{\partial t}(\check{x}, 0) = 0$$

允许由 $u(\check{x}, 0) = u_0(\check{x})$ 和 $u(\check{x}, \delta) = u_0(\check{x})$ 两式开始，并且通过

$$u(\check{x}, t+\delta) = 2u(\check{x}, t) - u(\check{x}, t-\delta) + \delta^2 \Delta_h u(\check{x}, t)$$

计算区域内所有网格点 $\check{x}$ 的下一时刻的值。边界条件提供了边界上或者区域外的函数值。与求解热方程的格式类似，这种求解波动方程的方法也是显式的。

309

11.3　矩阵表示

如果用向量来表示一维的网格函数，则一维差分算符 Δ_h 可以生成一个三对角线矩阵：

$$\frac{1}{h^2}\begin{bmatrix} -2 & 1 & & & & \\ 1 & -2 & 1 & & & \\ & 1 & -2 & 1 & & \\ & & \ddots & \ddots & \ddots & \\ & & & 1 & -2 & 1 \\ & & & & 1 & -2 \end{bmatrix}$$

这个矩阵是对称的，同时也是负定的（negative definite）。最重要的是，即使有成千上万个内部网格点，矩阵的每一行和每一列也最多只有三个非零元。这个矩阵是稀疏矩阵的最好例子。当进行稀疏矩阵计算时，重要的是利用只存储非零元的位置和数值的数据结构。

用向量表示 u，并用矩阵 A 表示 $h^2\Delta_h$，泊松问题可表示为

$$Au = b$$

其中 b 是向量（大小与 u 相同），它包含 $h^2f(x)$ 在内部网格点处的值。非零的边界值也包含在 b 的第一和最后一个分量中。

在 MATLAB 中，离散泊松问题的解是通过反斜线符号计算得到的，它利用了 A 的稀疏性：

```
u = A\b
```

二维空间的网格划分要复杂得多。我们对 Ω 内的网格点从上到下、从左到右进行编号，例如，一个 L 形区域的编号为

```
L =
    0    0    0    0    0    0    0    0    0    0    0
    0    1    5    9   13   17   21   30   39   48    0
    0    2    6   10   14   18   22   31   40   49    0
    0    3    7   11   15   19   23   32   41   50    0
    0    4    8   12   16   20   24   33   42   51    0
    0    0    0    0    0    0   25   34   43   52    0
    0    0    0    0    0    0   26   35   44   53    0
    0    0    0    0    0    0   27   36   45   54    0
    0    0    0    0    0    0   28   37   46   55    0
    0    0    0    0    0    0   29   38   47   56    0
    0    0    0    0    0    0    0    0    0    0    0
```

零元素代表边界上或者区域外的点。通过这样编号，定义在区域内的任意一个函数的值都可以写成一个长的列向量。在上例中，这个向量的长度为56。

如果用向量表示二维网格函数，则有限差分拉普拉斯算子就是一个矩阵。例如，在第43号点上，

$$h^2\Delta_h u(43) = u(34) + u(42) + u(44) + u(52) - 4u(43)$$

若 A 是相应的矩阵，则它的第43行有5个非零元：

$$a_{43,34} = a_{43,42} = a_{43,44} = a_{43,52} = 1, \quad a_{43,43} = -4$$

靠近边界的网格点只有两个或三个内部的邻近网格点，因此 A 中相应的行只有三个或四个非

零元。

　　完整的矩阵 A 对角线上的元素为 -4，并且 A 的多数行上，非对角线的位置上有 4 个元素为 1，而在其他行上非对角线位置有 2 至 3 个元素为 1，A 的其余位置上的元素全为 0。上述例子的 A 为 56×56 矩阵。若只有 16 个内部网格点，则矩阵 A 如下：

```
A =
  -4  1  1  0  0  0  0  0  0  0  0  0  0  0  0  0
   1 -4  0  1  0  0  0  0  0  0  0  0  0  0  0  0
   1  0 -4  1  1  0  0  0  0  0  0  0  0  0  0  0
   0  1  1 -4  0  1  0  0  0  0  0  0  0  0  0  0
   0  0  1  0 -4  1  1  0  0  0  0  0  0  0  0  0
   0  0  0  1  1 -4  0  1  0  0  0  0  0  0  0  0
   0  0  0  0  1  0 -4  1  0  0  0  1  0  0  0  0
   0  0  0  0  0  1  1 -4  1  0  0  0  1  0  0  0
   0  0  0  0  0  0  0  1 -4  1  0  0  0  1  0  0
   0  0  0  0  0  0  0  0  1 -4  1  0  0  0  1  0
   0  0  0  0  0  0  0  0  0  1 -4  0  0  0  0  1
   0  0  0  0  0  1  0  0  0  0 -4  1  0  0  0
   0  0  0  0  0  0  0  1  0  0  0  1 -4  1  0  0
   0  0  0  0  0  0  0  0  1  0  0  0  1 -4  1  0
   0  0  0  0  0  0  0  0  0  1  0  0  0  1 -4  1
   0  0  0  0  0  0  0  0  0  0  1  0  0  0  1 -4
```

这是一个对称、负定的稀疏矩阵，每一行和每一列上最多只有 5 个非零元。

　　MATLAB 有两个函数与离散的拉普拉斯算子有关，它们是 `del2` 和 `delsq`。用二维数组 `u` 表示函数 $u(x,y)$，函数 `del2(u)` 在内部节点上计算 $\Delta_h u$，并乘以 $h^2/4$。在邻近边界的节点上，`del2(u)` 使用的是单侧公式。例如，对于函数 $u(x,y) = x^2 + y^2$ 有 $\Delta u = 4$。下面几条命令产生与 `x` 和 `y` 大小相同并且所有元素都等于 4 的数组 `d`：

```
h = 1/20;
[x,y] = meshgrid(-1:h:1);
u = x.^2 + y.^2;
d = (4/h^2) * del2(u);
```

　　设 G 是一个指定网格编号的二维数组，那么 $A = -\text{delsq}(G)$ 就是算子 $h^2\Delta_h$ 在该网格上的矩阵表示。命令 `numgrid` 可以产生几种特殊区域的网格编号。例如，

```
m = 5
L = numgrid('L',2*m+1)
```

311

生成上述含 56 个内部节点的 L 形网格。而

```
m = 3
A = -delsq(numgrid('L',2*m+1))
```

则生成上述 16×16 阶矩阵 A。

　　函数 `inregion` 也可以生成网格编号，例如，设 L 形区域的顶点坐标为

```
xv = [0  0  1  1 -1 -1  0];
yv = [0 -1 -1  1  1  0  0];
```

下面的命令

```
[x,y] = meshgrid(-1:h:1);
```

生成宽度为 h 的网格。而命令

```
[in,on] = inregion(x,y,xv,yv);
```

生成元素为 0 和 1 的数组来标记区域(包含边界)内的节点,以及严格落在边界上的节点。下面几条命令

```
p = find(in-on);
n = length(p);
L = zeros(size(x));
L(p) = 1:n;
```

对 n 个内部节点从上到下、从左到右进行编号,而命令

```
A = -delsq(L);
```

生成离散拉普拉斯算子在该网格上的 $n \times n$ 稀疏矩阵表示。

用一个含 n 个分量的向量表示 u,泊松问题可表示为

$$Au = b$$

其中 b 是向量(大小与 u 相同),它包含 $h^2 f(x, y)$ 在内部网格点处的值。非零的边界值也包含在 b 的分量中,而这些分量与边界上的网格点相对应。

与一维情况相同,离散泊松问题的解也是通过反斜线符号计算得到的:

```
u = A\b
```

11.4 数值稳定性

时变的热方程和波动方程生成向量序列 $u^{(k)}$,其中 k 表示第 k 个时间步。对于热方程而言,递推关系为

$$u^{(k+1)} = u^{(k)} + \sigma A u^{(k)}$$

其中,

$$\sigma = \frac{\delta}{h^2}$$

312

上式可以重写成

$$u^{(k+1)} = M u^{(k)}$$

其中,

$$M = I + \sigma A$$

一维情况下,迭代矩阵 M 的对角线元素为 $1 - 2\sigma$,并且每一行非对角线位置上有 1 或 2 个元素为 σ。二维情况下,M 的对角线元素为 $1 - 4\sigma$,并且每一行非对角线位置上有 2 至 4 个元素为 σ。M 中大多数行的元素之和等于 1,一部分小于 1。$u^{(k+1)}$ 的每一个元素都是 $u^{(k)}$ 的元素的线性组合,组合系数之和小于等于 1。关键的是,如果 M 的元素均非负,则递推关系是稳定的,实际上是衰减的,$u^{(k)}$ 中元素的误差或噪声在 $u^{(k+1)}$ 中不会被放大。但如果 M 的对角元为负数,则递推关系是不稳定的。误差和噪声在迭代的每一步都被放大,包括初始条件的舍入误差和噪声。通过限制 $1 - 2\sigma$ 或 $1 - 4\sigma$ 为正数就得到了热方程显式求解的稳定性条件(stability condition)。一维情况下,稳定性条件为

$$\sigma \leqslant \frac{1}{2}$$

而在二维情况下为

$$\sigma \leqslant \frac{1}{4}$$

如果上述条件得到满足,那么迭代矩阵的对角元为正数,并且方法是稳定的。

对波动方程的分析要复杂得多,因为它与 $u^{(k+1)}$、$u^{(k)}$ 和 $u^{(k-1)}$ 三层变量都有关。波动方程的递推关系为

$$u^{(k+1)} = 2u^{(k)} - u^{(k-1)} + \sigma A u^{(k)}$$

其中

$$\sigma = \frac{\delta^2}{h^2}$$

迭代矩阵对角线上的元素为 $2 - 2\sigma$ 或 $2 - 4\sigma$。一维情况下,稳定性条件为

$$\sigma \leqslant 1$$

而二维情况的稳定性条件为

$$\sigma \leqslant \frac{1}{2}$$

这些稳定性条件称为 CFL 条件(CFL condition),是根据 Courant、Friedrichs 和 Lewy 的名字命名的,因为他们在 1928 年写了一篇论文,利用有限差分方法证明了数学物理学中的偏微分方程解的存在性。稳定性条件是对时间步长 δ 的限制,通过取较大的时间步长来加快运算速度是不可取的。热方程的稳定性条件更加苛刻,因为它的时间步长必须比网格间距的平方还小。更加复杂的方法通常在求解每一步时都涉及某种隐式方程,因此对稳定性的限制条件要少得多,有的甚至没有限制。

313

M 文件 pdegui 说明了本章所讨论的一些概念,它提供了一些区域以及典型的偏微分方程的选择。对于泊松方程来说,pdegui 利用反斜线符号在指定区域内求解:

$$\Delta_h u = 1$$

对于热方程和波动方程,稳定性参数 σ 是可变的,热方程的临界值为 0.25,波动方程的为 0.50。一旦稍微超过临界值一点,不稳定性会迅速变得明显。

MATLAB 的偏微分方程工具箱提供了更强大的功能。

11.5　L 形区域

分离出波动方程中的周期性时间特性,得到如下形式的解:

$$u(\check{x}, t) = \cos(\sqrt{\lambda} t) v(\check{x})$$

函数 $v(\check{x})$ 依赖 λ,它们满足

$$\Delta v + \lambda v = 0$$

并且在边界上为 0。与非零解对应的 λ 就是特征值(eigenvalue),相应的函数 $v(\check{x})$ 称为特征函数(eigenfunction)或模态(mode),它们由特定情况的物理性质及几何形状决定。特征值的平方根为共振频率。在共振频率上加上周期性的外部驱动力,就会在介质内产生无界的强响应。

波动方程的解可表示为这些特征函数的线性组合,线性组合的系数由初始条件决定。

一维情况的特征值和特征函数很容易确定。最简单的例子是一根两端固定的琴弦,如果

长度为 π, 则特征函数为

$$u_k(x) = \sin(kx)$$

特征值由边界条件 $v_k(\pi) = 0$ 决定。因此, k 必为整数, 并且

$$\lambda_k = k^2$$

将初始条件 $u_0(x)$ 用傅里叶正弦级数展开:

$$u_0(x) = \sum_k a_k \sin(kx)$$

则波动方程的解为

$$u(x,t) = \sum_k a_k \cos(kt) \sin(kx)$$
$$= \sum_k a_k \cos(\sqrt{\lambda_k}\, t) v_k(x)$$

314

在二维情况下, 人们感兴趣的是, 由三个单位长度正方形组成的 L 形区域, 原因有以下两方面。首先, 它是使波动方程没有解析解的最简单的几何图形之一, 因此必须采用数值解法。其次, 270 度的非圆凹角会在解中产生一个奇异点。从数学上讲, 第一个特征函数的梯度在凹角附近是无界的, 从物理上讲, 拉伸成这种形状的薄膜会在凹角处产生裂缝。这个奇异点限制了使用均匀网格的有限差分法的准确度。MathWorks 公司采用了这个 L 形区域的第一个特征函数的表面图案作为公司的标志。计算这个特征函数要用到本书介绍的几种数值方法。

与波在 L 形区域传播有关的简单模型问题包括 L 形区域、L 形手鼓以及压住四分之一并在风中吹拂着的毛巾。一个更实际的例子是脊形的微波波导。图 11-1 所示的设备是波导－同轴线适配器, 其有效区域是可在适配器的尾端看到的截面为 H 形的沟道。背脊增加了波导的带宽, 代价是提高了衰减率, 降低了功率承受能力。在示意的电场等位线图中, H 是关于虚线对称的, 这表明只有四分之一的区域需要考虑, 这样的图形即为 L 形区域。其边界条件与 L 形区域的问题是不同的, 但是微分方程和解法是相同的。

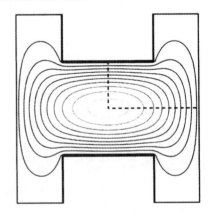

图 11-1　双背脊的波导－同轴线适配器及其 H 形区域。
图片由 Advanced Technical Materials 公司特别提供[1]

L 形区域的特征值和特征函数可以通过有限差分法求出。MATLAB 语句

```
m = 200
h = 1/m
A = delsq(numgrid('L',2*m+1))/h^2
```

将组成 L 形区域的三个正方形中的每一个都划分成 200×200 的网格,并在该网格上对拉普拉斯算子建立 5 点有限差分近似。得到的稀疏矩阵 A 为 119 201 阶,有 594 409 个非零元素。语句

```
lambda = eigs(A,6,0)
```

利用 MATLAB 实现的 ARPACK 软件包中的 Arnoldi 方法来计算前 6 个特征值。在主频 1.4 GHz 的奔腾笔记本电脑上 2 分钟之内即可得到

```
lambda =
     9.64147
    15.19694
    19.73880
    29.52033
    31.91583
    41.47510
```

准确值为

```
 9.63972
15.19725
19.73921
29.52148
31.91264
41.47451
```

可以看到,即使用这么细的网格和这么大的矩阵计算,得到的特征值也只能精确到 3 至 4 位有效数字。如果要得到更高的精确度,就要划分更细的网格,得到的矩阵更大,需要的内存也更多,以至于总的运行时间会长得惊人。

对于 L 形区域及类似问题,利用基本微分方程的解析解方法比有限差分方法更加有效、准确。这种方法使用极坐标系和分数阶贝塞尔函数。使用参数 α 和 λ,函数

$$v(r,\theta) = J_\alpha(\sqrt{\lambda}r)\sin(\alpha\theta)$$

是极坐标表示的特征方程

$$\frac{\partial^2 v}{\partial r^2} + \frac{1}{r}\frac{\partial v}{\partial r} + \frac{1}{r^2}\frac{\partial^2 v}{\partial \theta^2} + \lambda v = 0$$

的精确解。对于任意的 λ 值,函数 $v(r,\theta)$ 在角度为 π/α 的圆扇形的两条直边上满足边界条件

$$v(r,0) = 0 \ , \ v(r,\pi/\alpha) = 0$$

如果选择 $\sqrt{\lambda}$ 为贝塞尔函数的零点,即 $J_\alpha(\sqrt{\lambda}) = 0$,则在 $r=1$ 的圆上,$v(r,\theta)$ 也为零。图 11-2 显示了角度为 $3\pi/2$ 的圆扇形的一些特征函数。这些特征函数是有意选取的,以举例说明关于 $3\pi/2$ 和 $\pi/2$ 的对称性。

用扇形解的线性组合来近似 L 形区域及其他有拐角的区域的特征函数:

$$v(r,\theta) = \sum_j c_j J_{\alpha j}(\sqrt{\lambda}r)\sin(\alpha_j\theta)$$

L 形区域的 270 度凹角的角度为 $3\pi/2$ 或 $\pi/(2/3)$,因此 α 的值是 2/3 的整数倍:

$$\alpha_j = \frac{2j}{3}$$

315
316

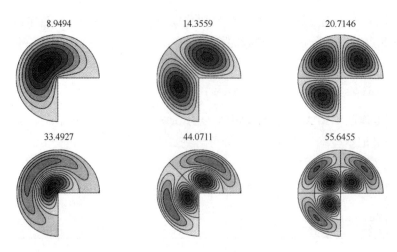

图 11-2   四分之三圆盘的特征函数

函数 $v(r,\theta)$ 是特征函数微分方程的精确解，不需要进行有限差分网格划分。这些函数在凹角的交汇处同时满足边界条件。剩下要做的就是选择参数 λ 和系数 c_j，使得其余边上的边界条件也得到满足。

利用 SVD 的最小二乘法可用来确定 λ 和 c_j。在其他边上选择 m 个点 (r_i,θ_i)，并令 n 为基本解的个数，生成 $m \times n$ 阶矩阵 A，A 中的元素依赖 λ：

$$A_{i,j}(\lambda) = J_{\alpha j}(\sqrt{\lambda}\, r_i)\sin(\alpha_j\theta_i), i = 1,\cdots,m, j = 1,\cdots,n$$

那么，对于任意向量 c，Ac 为由边界值 $v(r_i,\theta_i)$ 组成的向量。我们希望使 $\| Ac \|$ 较小，同时不引起 $\| c \|$ 变小。SVD 提供了求解方法。

令 $\sigma_n(A(\lambda))$ 表示矩阵 $A(\lambda)$ 的最小奇异值，并令 λ_k 表示产生该最小奇异值的 λ：

$$\lambda_k = 第\ k\ 个最小者(\sigma_n(A(\lambda)))$$

317 则每个 λ_k 都接近于该区域的特征值，相应的右奇异向量给出了线性组合的系数：c = V(:,n)。

对称性的条件是很有用的。可以证明，特征函数的对称性可分为三类：

- 关于 $\theta = 3\pi/4$ 处的中心线对称，因此 $v(r,\theta) = v(r,3\pi/2 - \theta)$；
- 关于 $\theta = 3\pi/4$ 处的中心线反对称，因此 $v(r,\theta) = -v(r,3\pi/2 - \theta)$；
- 正方形的特征函数，因此 $v(r,\pi/2) = 0$ 并且 $v(r,\pi) = 0$。

这些对称性限定了展开式中 α_j 的值：

- $\alpha_j = \dfrac{2j}{3}$，j 为奇数并且不是 3 的倍数；

- $\alpha_j = \dfrac{2j}{3}$，j 为偶数并且不是 3 的倍数；

- $\alpha_j = \dfrac{2j}{3}$，j 为 3 的倍数。

NCM 目录中的 M 文件 membranetx 利用这些对称性，以及搜索 $\sigma_n(A(\lambda))$ 的局部极小值，来计算 L 形区域的特征值和特征函数。MATLAB demos 目录下的 M 文件 membrane 用的是老版本的算法，它基于 QR 分解而不是 SVD。图 11-3 显示了 L 形区域的 6 个特征函数，每种对称类分别有 2 个。读者可以将它们与图 11-2 中扇形的特征函数作比较，取扇形的半径为 $2/\sqrt{\pi}$，则对应的两个区域面积相同，并且特征值相近。

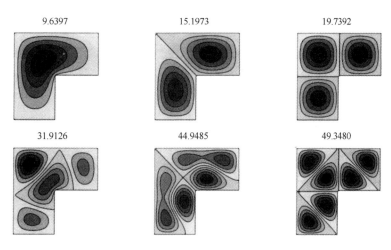

图 11-3　L 形区域的特征函数

demos 目录中的 M 文件 logo 利用 surf 画出了第一个特征函数的图形，并且添加了光影效果来创建 MathWorks 的标志。满足边界条件之后，该标志只用了扇形展开式的前两项。这种艺术特点使得该标志的边缘呈现出更为有趣的弯曲形状。

318

习题

11.1　令 n 为整数，并用以下命令生成 $n \times n$ 矩阵 A、D 和 I：

```
e = ones(n,1);
I = spdiags(e,0,n,n);
D = spdiags([-e e],[0 1],n,n);
A = spdiags([e -2*e e],[-1 0 1]',n,n);
```

（a）对于适当的 h 值，矩阵 $(1/h^2)A$ 在区间 $0 \le x \le 1$ 上逼近 Δ_h。h 的值等于 $1/(n-1)$、$1/n$ 还是 $1/(n+1)$？

（b）$(1/h)D$ 近似于什么？

（c）求 $D^{\mathrm{T}}D$ 和 DD^{T}。

（d）求 A^2。

（e）求 kron(A,I) + kron(I,A)。

（f）描述 plot(inv(full(-A))) 的输出结果。

11.2　（a）在区间 $-1 \le x \le 1$ 上，对一维泊松问题

$$\frac{\mathrm{d}^2 u}{\mathrm{d}x^2} = \exp(-x^2)$$

用有限差分方法计算 $u(x)$ 的数值解。边界条件为 $u(-1)=0$ 和 $u(1)=0$。画出你的解。

（b）利用符号工具箱的 dsolve 或者手工计算上述问题的解析解，并与数值解作比较。

11.3　对由 4 个 L 形区域形成的 H 形区域波导的第一个特征函数，重新画出如图 11-1 所示的等位线图。

11.4　令 $h=(x)$ 为由 M 文件 humps(x) 定义的函数，在区间 $0 \le x \le 1$ 上求解与 $h(x)$ 有关的四个不同问题。

（a）以 humps 作为源项的一维泊松问题：

$$\frac{\mathrm{d}^2 u}{\mathrm{d}x^2} = -h(x)$$

其边界条件为

$$u(0) = 0, u(1) = 0$$

画出与图 11-4 类似的 $h(x)$ 和 $u(x)$ 的图。将 diff(u,2) 与 humps(x) 作比较。

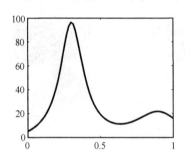 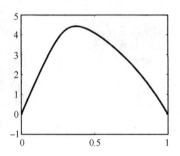

图 11-4 $h(x)$ 和 $u(x)$

（b）以 humps 作为源项的一维热方程：

$$\frac{\partial u}{\partial t} = \frac{\partial^2 u}{\partial x^2} + h(x)$$

初值为

$$u(0,x) = 0$$

边界条件为

$$u(0,t) = 0, u(1,t) = 0$$

创建解随时间变化的动画效果图。求 $t \to \infty$ 时 $u(x,t)$ 的极限。

（c）以 humps 作为初值的一维热方程：

$$\frac{\partial u}{\partial t} = \frac{\partial^2 u}{\partial x^2}$$

初值为

$$u(x,0) = h(x)$$

边界条件为

$$u(0,t) = h(0), u(1,t) = h(1)$$

创建解随时间变化的动画效果图。求 $t \to \infty$ 时 $u(x,t)$ 的极限。

（d）以 humps 作为初值的一维波动方程：

$$\frac{\partial^2 u}{\partial t^2} = \frac{\partial^2 u}{\partial x^2}$$

初值为

$$u(x,0) = h(x)$$

$$\frac{\partial u}{\partial t}(x,0) = 0$$

边界条件为

$$u(0,t) = h(0), u(1,t) = h(1)$$

创建解随时间变化的动画效果图。请问对于什么样的 t 值，$u(x,t)$ 变回初值 $h(x)$？

11.5 令 $p(x,t)$ 为由 M 文件 `peaks(x,y)` 定义的函数，在正方形区域 $-3 \leqslant x \leqslant 3$、$-3 \leqslant y \leqslant 3$ 内求解与 $p(x,y)$ 有关的下述四个不同问题。

(a) 以 `peaks` 作为源项的二维泊松问题：

$$\frac{\partial^2 u}{\partial x^2} + \frac{\partial^2 u}{\partial y^2} = p(x,y)$$

边界条件为

$$u(x,y) = 0 \text{，若} |x| = 3 \text{ 或 } |y| = 3$$

画出与图 11-5 类似的 $p(x,y)$ 和 $u(x,y)$ 的等位线图。

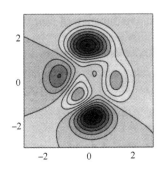 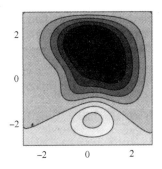

图 11-5　$p(x,y)$ 和 $u(x,y)$

(b) 以 `peaks` 作为源项的二维热方程：

$$\frac{\partial u}{\partial t} = \frac{\partial^2 u}{\partial x^2} + \frac{\partial^2 u}{\partial y^2} - p(x,y)$$

初值为

$$u(x,y,0) = 0$$

边界条件为

$$u(x,y,t) = 0 \text{，若} |x| = 3 \text{ 或 } |y| = 3$$

创建解随时间变化的动画效果图。求 $t \to \infty$ 时 $u(x,t)$ 的极限。

(c) 以 `peaks` 作为初值的二维热方程：

$$\frac{\partial u}{\partial t} = \frac{\partial^2 u}{\partial x^2}$$

初值为

$$u(x,y,0) = p(x,y)$$

边界条件为

$$u(x,y,t) = p(x,y) \text{，若} |x| = 3 \text{ 或 } |y| = 3$$

创建解随时间变化的动画效果图。求 $t \to \infty$ 时 $u(x,t)$ 的极限。

(d) 以 `peaks` 作为初值的二维波动方程：

$$\frac{\partial u}{\partial t^2} = \frac{\partial^2 u}{\partial x^2}$$

初值为

$$u(x,y,0) = p(x,y)$$

$$\frac{\partial u}{\partial t}(x,y,0) = 0$$

321

边界条件为

$$u(x,y,t)=p(x,y)\ ,若\ |x|=3\ 或\ |y|=3$$

创建解随时间变化的动画效果图。请问 $t\to\infty$ 时 $u(x,t)$ 的极限存在吗？

11.6　线方法(method of line)是解不定常偏微分方程的一种简便方法。该方法将所有空间导数用有限差分代替，而保留时间导数不变。然后，对得到的常微分方程系统用一个有效的常微分方程求解器进行求解。实际上，这相当于隐式地沿时间轴推进的有限差分算法，其时间步长由 ODE 求解器自动选取。对于上面讨论的典型的热方程和波动方程，ODE 系统可简单表示为

$$\dot{\boldsymbol{u}}=(1/h^2)A\boldsymbol{u}$$

和

$$\ddot{\boldsymbol{u}}=(1/h^2)A\boldsymbol{u}$$

矩阵 $(1/h^2)A$ 代表 Δ_h，$\boldsymbol{u}$ 为以 t 为自变量的向量值函数，其值由网格点上所有的 $u(x_i,t)$ 或 $u(x_i,y_i,t)$ 组成。

(a) MATLAB 函数 `pdepe` 实现的是一般性的线方法。研究其用于一维和二维典型热方程的情况。

(b) 研究 MATLAB 中偏微分方程工具箱在二维典型热方程和波动方程中的用法。

(c) 自己实现线方法来求解本章的典型方程。

11.7　回答以下关于 `pdegui` 的问题：

(a) 不同区域的网格点个数是如何依赖于网格大小 h 的？

(b) 热方程和波动方程的时间步长是如何依赖于网格大小 h 的？

(c) 为什么泊松问题和 index =1 的特征值问题的解的等位线图是类似的？

(d) 将由 `pdegui` 画出的 L 形区域的特征函数的等位线图与由以下命令得到的等位线图作比较。

```
contourf(membranetx(index))
```

(e) 为什么区域 Drum1 和 Drum2 这么令人感兴趣？搜索"isospectral"和"Can you hear the shape of a drum?"的网页，有许多这方面的文章和论文，其中包括 Gordon、Webb 和 Wolpert [27]以及 Driscoll [19]。

11.8　将习题 3.4 得到的手的轮廓作为另一个区域添加到 `pdegui` 中。图 11-6 显示了我的手的一个特征函数。

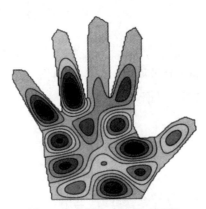

图 11-6　手形区域的特征函数

11.9　区域 Ω 的静电电容为

$$\iint_{\Omega} u(x,y)\,\mathrm{d}x\mathrm{d}y$$

其中 $u(x,y)$ 是泊松问题

$$\Delta u = -1 \text{，在 } \Omega \text{ 中}$$

的解，并且在 Ω 的边界上满足 $u(x,y)=0$。

（a）求单位正方形的电容。

（b）求 L 形区域的电容。

（c）求你的手形区域的电容。

11.10　下述命令

```
load penny
P = flipud(P)
contour(P,1:12:255)
colormap(copper)
axis square
```

访问 MATLAB demos 目录下的一个文件，并且生成图 11-7。数据是 1984 年美国国家标准管理局（National Bureau of Standards）对铸造 1 美分硬币的模具的深度做精确测量时得到的。

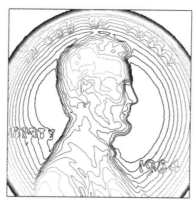

图 11-7　用于铸造 1 美分硬币的模具的深度

NCM 函数 pennymelt 用这些数据作为热方程的初始条件 $u(x,y,0)$，并且生成方程解 $u(x,y,t)$ 的动画演变图。用户可以选择加光照效果的表面图或者等位线图，也可以用 uicontrol 或者 pennymelt(delta) 选择时间步长 δ。可以选择一个称为 ADI（Alternating Direction Implicit，交替方向隐式）的方法来求解这个问题，该方法沿时间轴推进。每个时间步长包括两个 1/2 步长，其中一个在 x 方向是隐式的，另一个在 y 方向是隐式的。

$$-\sigma u^{(k+1/2)}(N) + (1+2\sigma)u^{(k+1/2)}(P) - \sigma u^{(k+1/2)}(S)$$
$$= \sigma u^{(k)}(E) + (1-2\sigma)u^{(k)}(P) + \sigma u^{(k)}(W)$$
$$-\sigma u^{(k+1)}(E) + (1+2\sigma)u^{(k+1)}(P) - \sigma u^{(k+1)}(W)$$
$$= \sigma u^{(k+1/2)}(N) + (1-2\sigma)u^{(k+1/2)}(P) + \sigma u^{(k+1/2)}(S)$$

在 $m \times n$ 的网格上解这些隐式方程，需要在第一个 1/2 步长求解 m 个 n 阶三对角矩阵，然后在第二个 1/2 步长求解 n 个 m 阶三对角矩阵。

回答以下关于 pennymelt 的问题：

（a）求 $t\to\infty$ 时 $u(x,y,t)$ 的极限行为。

（b）对什么样的 δ 值，显式地沿时间轴推进的算法是稳定的？

（c）证明 ADI 方法对于任意的 δ 值都是稳定的。

11.11 令 $p(x,y)$ 为上题中的数据所定义的在 128×128 正方形上的函数。

（a）用 pennymelt.m 中的代码画出 $p(x,y)$ 的等位线图，并作出有光照效果的表面图。

（b）求解下述离散泊松问题：

$$\Delta_h u = p$$

且在正方形外有 $u(x,y)=0$。绘制出解 $u(x,y)$ 的图。

（c）利用 del2 计算

$$f = \Delta_h u$$

并将 $f(x,y)$ 与 $p(x,y)$ 作比较。

324 11.12 修改 pennymelt.m 来求解波动方程，而不是热方程。

11.13 修改 wave.m 以使用 9 个特征函数，而不是 4 个。

11.14 单位正方形的特征值和特征函数是

$$\lambda_{m,n} = (m^2 + n^2)\pi^2$$
$$u_{m,n} = \sin mx\ \sin ny$$

如果用一个下标标记 $\lambda_{m,n}$，并按照升序排列，则有

$$\lambda_k = (2,5,5,8,10,10,13,13,17,17,18,20,20,\cdots)\pi^2$$

可以看到，λ_1、λ_2 和 λ_{11} 是单重特征值，但是大多数特征值是双重的。

（a）求单位正方形的最小三重特征值及其下标，即求可以用三种不同方式写成两个正方形之和的最小整数。

（b）求单位正方形的最小四重特征值。

11.15 将单位正方形的特征函数反射两次，可以得到 L 形区域的部分特征函数，其下标与单位正方形中的下标是不同的，因为并不是所有 L 形区域的特征函数都可以由正方形的特征函数推导得到。例如，L 形区域的 λ_3 是 $2\pi^2$，因为它等于正方形的 λ_1；而 L 形区域的 $\lambda_8 = \lambda_9$ 是双重特征值，等于 $5\pi^2$，对应于正方形的 $\lambda_2 = \lambda_3$。

（a）一般来说，L 形区域中哪部分特征值也是正方形的特征值？

（b）求 L 形区域的最小三重特征值及其下标。

（c）求 L 形区域的最小四重特征值。

（d）membranetx 和 pdegui 都不用 $\sin mx\ \sin ny$ 表示正方形的特征函数，这是可行的，因为这些特征函数不是唯一的，可以有其他表示方法。membranetx 和 pdegui 是如何计算特征函数的？它们是如何得到多重特征值的一组线性无关的特征函数的？

11.16 输入下述命令

```
ncmlogo
cameratoolbar
```

或者输入命令 ncmlogo，然后在图像窗口的视图栏（View）选择照相机工具栏（Camera Toolbar）。试验新工具栏上各个图标的功能，它们是做什么用的？

325 11.17 复制并修改 ncmlogo，为你自己的书或公司创建标志。

参 考 文 献

[1] ADVANCED TECHNICAL MATERIALS, INC.
http://www.atmmicrowave.com

[2] E. ANDERSON, Z. BAI, C. BISCHOF, S. BLACKFORD, J. DEMMEL, J. DONGARRA, J. DU
CROZ, A. GREENBAUM, S. HAMMARLING, A. MCKENNEY, AND D. SORENSEN, *LAPACK
Users' Guide*, Third Edition, SIAM, Philadelphia, 1999.
http://www.netlib.org/lapack

[3] A. ARASU, J. NOVAK, A. TOMKINS, AND J. TOMLIN, *PageRank Computation and the
Structure of the Web*.
http://www2002.org/CDROM/poster/173.pdf

[4] U. M. ASCHER AND L. R. PETZOLD, *Computer Methods for Ordinary Differential
Equations and Differential-Algebraic Equations*, SIAM, Philadelphia, 1998.

[5] R. BALDWIN, W. CANTEY, H. MAISEL, AND J. MCDERMOTT, *The optimum strategy in
blackjack*, Journal of the American Statistical Association, 51 (1956), pp. 429–439.

[6] M. BARNSLEY, *Fractals Everywhere*, Academic Press, Boston, 1993.

[7] BIO MOTION LAB, RUHR UNIVERSITY.
http://www.bml.psy.ruhr-uni-bochum.de/Demos/BMLwalker.html

[8] A. BJÖRCK, *Numerical Methods for Least Squares Problems*, SIAM, Philadelphia,
1996.

[9] P. BOGACKI AND L. F. SHAMPINE, *A 3(2) pair of Runge–Kutta formulas*, Applied
Mathematics Letters, 2 (1989), pp. 1–9.

[10] F. BORNEMANN, D. LAURIE, S. WAGON, AND J. WALDVOGEL, *The SIAM 100-Digit
Challenge: A Study in High-Accuracy Numerical Computing*, SIAM, Philadelphia,
2004.

[11] K. E. BRENAN, S. L. CAMPBELL, AND L. R. PETZOLD, *Numerical Solution of Initial-
Value Problems in Differential-Algebraic Equations*, SIAM, Philadelphia, 1996.

[12] R. P. BRENT, *Algorithms for Minimization without Derivatives*, Prentice–Hall,
Englewood Cliffs, NJ, 1973.

[13] J. W. COOLEY AND J. W. TUKEY, *An algorithm for the machine calculation of complex
Fourier series*, Mathematics of Computation, 19 (1965), pp. 297–301.

[14] R. M. CORLESS, G. H. GONNET, D. E. G. HARE, D. J. JEFFREY, AND D. E. KNUTH, *On the
Lambert W function*, Advances in Computational Mathematics, 5 (1996), pp. 329–359.
http://www.apmaths.uwo.ca/~rcorless/frames/PAPERS/LambertW

[15] G. DAHLQUIST AND A. BJÖRCK, *Numerical Methods*, Prentice–Hall, Englewood Cliffs,
NJ, 1974.

[16] C. DE BOOR, *A Practical Guide to Splines*, Springer-Verlag, New York, 1978.

[17] T. J. DEKKER, *Finding a zero by means of successive linear interpolation*, in Constructive Aspects of the Fundamental Theorem of Algebra, B. Dejon and P. Henrici (editors), Wiley-Interscience, New York, 1969, pp. 37–48.

[18] J. W. DEMMEL, *Applied Numerical Linear Algebra*, SIAM, Philadelphia, 1997.

[19] T. A. DRISCOLL, *Eigenmodes of isospectral drums*, SIAM Review, 39 (1997), pp. 1–17.
`http://www.math.udel.edu/~driscoll/pubs/drums.pdf`

[20] G. FORSYTHE, M. MALCOLM, AND C. MOLER, *Computer Methods for Mathematical Computations*, Prentice–Hall, Englewood Cliffs, NJ, 1977.

[21] M. FRIGO AND S. G. JOHNSON, *FFTW: An adaptive software architecture for the FFT*, in Proceedings of the 1998 IEEE International Conference on Acoustics Speech and Signal Processing, 3 (1998), pp. 1381–1384.
`http://www.fftw.org`

[22] M. FRIGO AND S. G. JOHNSON, *Links to FFT-related resources.*
`http://www.fftw.org/links.html`

[23] W. GANDER AND W. GAUTSCHI, *Adaptive Quadrature—Revisited*, BIT Numerical Mathematics, 40 (2000), pp. 84–101.
`http://www.inf.ethz.ch/personal/gander`

[24] J. R. GILBERT, C. MOLER, AND R. SCHREIBER, *Sparse matrices in MATLAB: Design and implementation*, SIAM Journal on Matrix Analysis and Applications, 13 (1992), pp. 333–356.

[25] G. H. GOLUB AND C. F. VAN LOAN, *Matrix Computations*, Third Edition, The Johns Hopkins University Press, Baltimore, 1996.

[26] GOOGLE, *Google Technology.*
`http://www.google.com/technology/index.html`

[27] C. GORDON, D. WEBB, AND S. WOLPERT, *Isospectral plane domains and surfaces via Riemannian orbifolds*, Inventiones Mathematicae, 110 (1992), pp. 1–22.

[28] D. C. HANSELMAN AND B. LITTLEFIELD, *Mastering MATLAB 6, A Comprehensive Tutorial and Reference*, Prentice–Hall, Upper Saddle River, NJ, 2000.

[29] M. T. HEATH, *Scientific Computing: An Introductory Survey*, McGraw–Hill, New York, 1997.

[30] D. J. HIGHAM AND N. J. HIGHAM, *MATLAB Guide*, SIAM, Philadelphia, 2000.

[31] N. J. HIGHAM, AND F. TISSEUR, *A block algorithm for matrix 1-norm estimation, with an application to 1-norm pseudospectra*, SIAM Journal on Matrix Analysis and Applications, 21 (2000), pp. 1185–1201.

[32] N. J. HIGHAM, *Accuracy and Stability of Numerical Algorithms*, SIAM, Philadelphia, 2002.

[33] D. KAHANER, C. MOLER, AND S. NASH, *Numerical Methods and Software*, Prentice–Hall, Englewood Cliffs, NJ, 1989.

[34] D. E. KNUTH, *The Art of Computer Programming: Volume 2, Seminumerical Algorithms*, Addison–Wesley, Reading, MA, 1969.

[35] J. LAGARIAS, *The 3x + 1 problem and its generalizations*, American Mathematical Monthly, 92 (1985), pp. 3–23.
http://www.cecm.sfu.ca/organics/papers/lagarias

[36] R. B. LEHOUCQ, D. C. SORENSEN, AND C. YANG, *ARPACK Users' Guide: Solution of Large-Scale Eigenvalue Problems with Implicitly Restarted Arnoldi Methods*, SIAM, Philadelphia, 1998.
http://www.caam.rice.edu/software/ARPACK

[37] LIGHTHOUSE FOUNDATION.
http://www.lighthouse-foundation.org/lighthouse-foundation.org/eng/explorer/artikel00294eng.html

[38] G. MARSAGLIA, *Random numbers fall mainly in the planes*, Proceedings of the National Academy of Sciences, 61 (1968), pp. 25–28.

[39] G. MARSAGLIA AND W. W. TSANG, *The ziggurat method for generating random variables*, Journal of Statistical Software, 5 (2000), pp. 1–7.
http://www.jstatsoft.org/v05/i08

[40] G. MARSAGLIA AND W. W. TSANG, *A fast, easily implemented method for sampling from decreasing or symmetric unimodal density functions*, SIAM Journal on Scientific and Statistical Computing 5 (1984), pp. 349–359.

[41] G. MARSAGLIA AND A. ZAMAN, *A new class of random number generators*, Annals of Applied Probability, 3 (1991), pp. 462–480.

[42] THE MATHWORKS, INC., *Getting Started with MATLAB*.
http://www.mathworks.com/access/helpdesk/help/techdoc/learn_matlab/learn_matlab.shtml

[43] THE MATHWORKS, INC., List of MATLAB-based books.
http://www.mathworks.com/support/books/index.jsp

[44] C. MOLER, *Numerical Computing with MATLAB*,
Electronic edition: The MathWorks, Inc., Natick, MA, 2004.
http://www.mathworks.com/moler

[45] NATIONAL INSTITUTE OF STANDARDS AND TECHNOLOGY, *Statistical Reference Datasets*.
http://www.itl.nist.gov/div898/strd
http://www.itl.nist.gov/div898/strd/lls/lls.shtml
http://www.itl.nist.gov/div898/strd/lls/data/Longley.shtml

[46] M. OVERTON, *Numerical Computing with IEEE Floating Point Arithmetic*, SIAM, Philadelphia, 2001.

[47] L. PAGE, S. BRIN, R. MOTWANI, AND T. WINOGRAD, *The PageRank Citation Ranking: Bringing Order to the Web*.
http://dbpubs.stanford.edu:8090/pub/1999-66

[48] S. K. PARK AND K. W. MILLER, *Random number generators: Good ones are hard to find*, Communications of the ACM, 31 (1988), pp. 1192–1201.

[49] I. PETERSON, *Prime Spirals*, Science News Online, 161 (2002).
http://www.sciencenews.org/20020504/mathtrek.asp

[50] L. F. SHAMPINE, *Numerical Solution of Ordinary Differential Equations*, Chapman and Hall, New York, 1994.

[51] L. F. SHAMPINE AND M. W. REICHELT, *The MATLAB ODE suite*, SIAM Journal on Scientific Computing, 18 (1997), pp. 1–22.

[52] K. SIGMON AND T. A. DAVIS, *MATLAB Primer*, Sixth Edition, Chapman and Hall/CRC, Boca Raton, FL, 2002.

[53] SOLAR INFLUENCES DATA CENTER, *Sunspot archive and graphics*.
http://sidc.oma.be

[54] C. SPARROW, *The Lorenz Equations: Bifurcations, Chaos, and Strange Attractors*, Springer-Verlag, New York, 1982.

[55] G. W. STEWART, *Introduction to Matrix Computations*, Academic Press, New York, 1973.

[56] G. W. STEWART, *Matrix Algorithms: Basic Decompositions*, SIAM, Philadelphia, 1998.

[57] L. N. TREFETHEN AND D. BAU, III, *Numerical Linear Algebra*, SIAM, Philadelphia, 1997.

[58] L. N. TREFETHEN, *A hundred-dollar, hundred-digit challenge*, SIAM News, 35 (1) (2002).
http://www.siam.org/siamnews/01-02/challenge.pdf
http://www.siam.org/siamnews/07-02/challengeupdate.pdf
http://web.comlab.ox.ac.uk/oucl/work/nick.trefethen/
hundred.html

[59] N. TROJE.
http://journalofvision.org/2/5/2

[60] N. TROJE.
http://www.biomotionlab.de/Text/WDP2002_Troje.pdf

[61] C. VAN LOAN, *Computational Frameworks for the Fast Fourier Transform*, SIAM, Philadelphia, 1992.

[62] J. C. G. WALKER, *Numerical Adventures with Geochemical Cycles*, Oxford University Press, New York, 1991.

[63] E. WEISSTEIN, *World of Mathematics, Prime Spiral*.
http://mathworld.wolfram.com/PrimeSpiral.html

[64] E. WEISSTEIN, *World of Mathematics, Stirling's Approximation*.
http://mathworld.wolfram.com/StirlingsApproximation.html

[65] J. WILKINSON, *The Algebraic Eigenvalue Problem*, Clarendon Press, Oxford, 1965.

索 引

索引中的页码为英文原书的页码，与书中边栏的页码一致。

A

A4 paper（A4 大小纸张），42

adaptive quadrature（自适应数值积分），167

affine transformation（仿射变换），14

anonymous function（匿名函数），126

ANSI（美国国家标准局），34

ASCII（美国信息交换标准码），26

automatic differentiation（自动微分），120

B

backslash（反斜线符号），42，54，61，76，87，104，142，148，154，233，235，310，312，314

band matrix（带状矩阵），72

Barnsley, Michael, 13

basic solution（基本解），154

Beamon, Bob, 226

Bessel function（贝赛尔函数），124，129，136，316

biorhythms（人体生理周期预测），50

bird chirps（鸟叽叽喳喳叫），255

bisection（二分），117

blackjack, 266

brownian, 266

BS23 algorithm（BS23 算法），194，220

bslashtx, 61

C

calendar（日历），50

cannonball（炮弹），225

carbon dioxide（二氧化碳），227

cell array（单元数组），76

census（人口普查），116

censusgui, 144, 159

centering and scaling（居中和按比例缩放），116

CFL condition（CFL 条件），313

chaos（混沌），202，233

char, 26

characteristic polynomial（特征多项式），275

Chebyshev（切比雪夫），66，113

Cholesky, Andre-Louis, 85

circlegen, 294, 304

circuit（电路），83

clf, 16

color（颜色），16

complete pivoting（完全选主元），63，88

cond, 71

condeig, 279

condest, 72, 277, 279

condition（条件数），67，89

connectivity matrix（连接矩阵），74

continued fraction（连续分数），6

crypto, 29

cryptography（密码系统），26

curve fitting（曲线拟合），141

D

dblquad, 186

defective matrix（退化矩阵），284

del2, 311

delsq, 311

denormal（非规范），38

determinant（行列式），85，86

digraph, 303

discretization error（离散误差），213

DTMF（双音多频），237

Dürer, Albrecht, 22, 292

E

eigenvalue（特征值），21，85，190，191，222，269-305，314，315，317

eigenvalue condition（特征值条件数），278

eigenvalue decomposition（特征值分解），270

eigshow, 273

eigsvdgui, 287, 300

el Niño, 254

elimination（消去法），57

encrypt, 44

eps, 35, 38, 46, 70, 133, 259, 264

erasemode, 16

erf, 220

error（误差），63

Euler's method（欧拉法），191

events（事件），208

exponent（指数），34

ezplot, 4, 175

F

fern, 13, 43

fern.png, 13

feval, 127

fft, 242, 301

fftgui, 242

fftmatrix, 251

ffttx, 250

FFTW, 249
fibnum, 10
fibonacci, 8
Fibonacci, Leonardo(斐波那契), 7
Filip data set(Filip 数据集), 162
finite difference methods(有限差分法), 308
finite Fourier transform(快速傅里叶变换), 241, 249
finitefern, 13, 43
flame(火焰), 205
flint(浮点整数), 39
flipud, 19
floatgui, 35
floating-point(浮点), 33-41
fminbnd, 134
fminsearch, 134
fmintx, 134
Forsythe, George, ix
Fourier matrix(傅里叶矩阵), 241, 254, 298
fractal(分形), 13
fraction(分数), 34
Frank matrix(Frank 矩阵), 300
function function(函数函数), 125
function handle(函数句柄), 125
fzero, 175
fzerogui, 129, 135
fzerotx, 124

G

gallery, 272, 281, 298
gamma function(γ 函数), 136
Gauss, C. F.(高斯), 57
gcf, 5, 16
gettysburg, 44, 303
global error(全局误差), 214
global warming(全局警告), 227
golden ratio(黄金分割比), 1, 11, 37, 41, 113, 123, 133,
    265, 304
goldfract, 6
goldrect, 4
golub, 88
Golub, Gene, 88
Google, 见 PageRank
Gosper, Bill, 137
greetings, 44
gstop, 209

H

hand(手), 111, 185, 323
handle(句柄), 16
harmonic oscillator(谐波振荡器), 200
harvard500, 81, 89
hashfun, 90
heat equation(热方程), 307
Hermitian matrix(埃尔米特矩阵), 276

Hessenberg form(Hessenberg 形), 287
Hill cipher(希尔密码), 26
Householder reflection(Householder 反射), 145, 159
human gait(人类行走), 301
humps, 134, 138, 175, 176, 179, 319

I

IEEE(电子与电器工程师协会), 34
image, 22, 47
image processing(图像处理), 292
imagesvd, 300
inf, 38
initial value problem(初值问题), 187
inline, 4, 173
inline object(内嵌对象), 126
inpolygon, 185
inregion, 312
interest(利息), 219
interp2dgui, 116
interpgui, 108, 116
interpolation(插值), 93
    Hermite(埃尔米特), 100, 184
    osculatory(接触), 100
inverse(逆), 53, 87
inverse iteration(逆迭代), 76
IQI, 123

J

Jacobian(雅可比), 190
JCF, 284
jordan, 284
Jordan canonical form(约当标准型), 见 JCF
JPEG, 300

L

L-shaped membrane(L 形区域), 314
Lagrange interpolation(拉格朗日插值), 93
Lambert, J. H., 208
lambertw, 183, 208
Laplacian(拉普拉斯), 307
least squares(最小二乘法), 141-165, 317
left eigenvectors(左特征向量), 278
Lehmer, D. H., 257
Lo Shu(洛书), 18
Lobatto quadrature(Lobatto 数值积分), 182
local error(局部误差), 214
long jump(跳远), 226
Longley data set(Longley 数据集), 164
Lorenz attractor(洛伦茨吸引子), 202, 222
Lorenz, Edward, 202
lorenzgui, 204
Lotka – Volterra model(Lotka – Volterra 模型), 223
LU factorization(LU 分解), 58
lucky(幸运), 265

lugui, 62, 88

lutx, 60

M

magic square(幻方), 18, 298

Markov chain(马尔可夫链), 74

Marsaglia, George, 259

maximum-likelihood(最大相似度), 141

Melancolia, 22, 292

membranetx, 318, 325

method of lines(线方法), 322

midpoint rule(中点公式), 168

minimum norm solution(最小范数解), 154

mod, 27

modular arithmetic(模运算), 27

momentum, 44

Moore-Penrose, 153, 161

multiple eigenvalue(多重特征值), 280

multiplicative congruential algorithm(相乘取模算法), 257

multistep methods(多步方法), 212

N

NaN, 38

ncmgui, x

Nelder-Meade algorithm(Nelder-Meade 算法), 134

Newton's method(牛顿法), 119, 233

NIST, 162, 323

norm(范数), 66, 144

norm, 67

normal distribution(正态分布), 260

normal equations(法方程), 147

null vector(化零向量), 154

numgrid, 311

Nyquist frequency(奈奎斯特频率), 244

O

ode113, 217

ode23, 217

ode23s, 206

ode23tx, 194, 196

ode45, 193, 205, 212, 217

odephas2, 200

odeset, 195, 217

orbit, 211

orbitode, 223

order(阶数), 193, 215

orthogonalization(正交化), 148

outliers(局外者), 144

overflow(上溢), 34, 38

P

PageRank(Google 搜索引擎的核心算法), 74-81, 89-92

pagerank, 74-81, 89, 92

pagerankpow, 91

paratrooper(伞兵), 225

partial pivoting(部分选主元), 60, 63

pascal, 88

Pascal matrix(帕斯卡矩阵), 300

PCA, 289-293, 300, 301, 303

pchip, 100

pchiptx, 102, 105

pdegui, 314, 322

peaks, 321

pendulum(钟摆), 227, 233

penny, 323

pennymelt, 323

periodic time series(周期时间序列), 248

periodogram(周期图), 246

permutation(排列), 56

phase plane(相平面), 200

piecelin, 99

piecewise interpolation(分段插值), 98

pinv, 153, 160

pivot(主元), 58

pivotgolf, 88

PNG, 43

Poisson equation(泊松方程), 307

polar algorithm(极点算法?), 261

polyfit, 143, 163

polyinterp, 95

positive definite(正定), 85

powersin, 47

predator-prey model(掠食者－被掠食者模型), 223

pretty, 3

precision(精度), 34

primespiral, 48

principal component analysis(主分量分析), 见 PCA

pseudoinverse(伪逆), 153, 154, 160

pseudorandom(伪随机), 257

push button(按钮), 32

Q

qr, 148

QR algorithm(QR 算法), 285

QR factorization(QR 分解), 147

　　economy-sized(精简大小), 148

qrsteps, 148, 150

quad, 170, 175

quadgui, 170

quadl, 182

quadratic convergence(二次收敛), 120

quadratic formula(二次求根公式), 46

quadrature(数值积分), 167

quadtx, 170

R

randgui, 258

randmcg, 259

randncond, 89

randntx, 263

randssp, 258

randtx, 263

RANDU, 258

range(范围), 34

rank(秩), 23

rank deficiency(不满秩), 154

rcond, 72

realmax, 38, 46

realmin, 38, 46

recursion(递归), 250

recursive(递推的), 10

relative residual(相对剩余), 70

rem, 27

residual(剩余), 63, 143

Romberg integration(龙贝格积分), 170

roots, 3

rosser, 299

roundoff(舍入), 7, 31, 33-41, 42, 63, 66, 70, 76, 88, 133, 147, 156, 173, 213, 275, 277, 282, 313

Runge-Kutta methods(龙格－库塔方法), 192, 220

rungeinterp, 114

S

schur, 285

Schur form(Schur 型、舒尔型), 284

secant method(割线法), 122

separable(可分离), 142, 156

Shampine, Larry, 205

shg, 16

shooting method(试射法), 231

Sierpinski's triangle(Sierpinski 三角形), 44

similarity transformation(相似变换), 270

Simpson's rule(辛普森公式), 169

single-step methods(单步方法), 192

singular value(奇异值), 见 SVD

singular value condition(奇异值条件数), 283

singular value decomposition(奇异值分解), 见 SVD

solve, 3

sparse matrix(稀疏矩阵), 72

spline(样条), 102

splinetx, 104, 105

spy(间谍), 43

stability(稳定性), 313

statistical reference datasets(统计参考数据集), 162

stegano, 47

steganography(图像密码), 47

stiff, 204-208, 221, 230

Stirling's approximation(Stirling 逼近), 137

sunspots(太阳黑子), 244

sunspotstx, 248

surfer, 79, 89

SVD, 21, 70, 317

economy-sized SVD(简化 SVD), 271

swinger, 235

sym, 21

Symbolic Toolbox(符号工具箱), 3, 21, 41, 96, 113, 135, 175, 180, 181, 183, 208, 221, 222, 253, 272, 284, 295, 297, 299, 319

symmetric matrix(对称矩阵), 276

T

three-body problem(三体问题), 223

threenplus1, 31, 32

tic, toc, 17

touchtone, 237, 254

train whistle(火车鸣笛), 255

trapezoid rule(梯形公式), 168

trapz, 177

Trefethen, Nick, 183

triangular(三角), 56

tridiagonal matrix(三角矩阵), 73

tridisolve, 73, 104

Troje, Nikolaus, 301

truss(托架), 82

tspan, 208

twins(双胞胎), 110

two-body problem(二体问题), 189, 222

twobody, 189, 201, 210

U

uicontrol, 16

Ulam, Stanislaw, 48

ulp, 259

underflow(下溢), 34, 38

uniform distribution(均匀分布), 257

V

vandal, 113

vander, 94

Vandermonde matrix(范德蒙德矩阵), 94, 116, 163

vpa, 4

W

walker, 302

wave equation(波动方程), 308

waveguide(波导), 315

waves, 325

Weddle's rule(Weddle 公式), 170

weekday, 50

well posed(适定), 156

Wilkinson, J. H., 70, 276, 285

Wolfer index(Wolfer 索引), 244

Z

zeroin(zeroin 算法), 124

ziggurat(金字形神塔), 261